Schutz gegen Berührungsspannungen

Schutzmaßnahmen gegen elektrische Unfälle
durch Berührungsspannungen in
Niederspannungsanlagen

Von

Ingenieur W. Schrank VDE

München und Berlin 1942
Verlag von R. Oldenbourg

Druck von R. Oldenbourg, München

Printed in Germany

— 7 —

I. Allgemeine Grundlagen des Berührungs-spannungsschutzes.

A. Statistik elektrischer Unfälle.

Die Elektrizität als bequemste, vielseitigste und modernste Energie-form hat auf der Welt die verbreitetste Anwendung gefunden. Ohne ihre Anwendung ist das wirtschaftliche Leben aller Kulturvölker heute nicht mehr denkbar. Viele Menschen kommen daher mit elektrischen Einrichtungen täglich in »Berührung« und zwar im wahrsten Sinne dieses Wortes.

Wie jede andere Energieform hat auch die Elektrizität ihre Gefahren. Es ist daher verständlich, daß die Technik dauernd bemüht ist, die An-wendung der Elektrizität für den Menschen so gefahrlos wie irgend mög-lich zu machen.

Einen Anhalt über die in elektrischen Anlagen möglichen Gefähr-dungen kann nur eine genaue Statistik der elektrischen Unfälle ver-mitteln. Bedauerlicherweise besteht aber eine solche Statistik, die alle elektrischen Unfälle in einem größeren Landgebiet erfaßt, nicht. Die bestehenden statistischen Unterlagen sind insofern unzulänglich, als alle jenen elektrischen Unfälle, die nicht gemeldet werden, auch nicht erfaßt werden können. Zur Kenntnis kommen im allgemeinen nur Be-triebsunfälle und solche, die einen tödlichen Ausgang nehmen oder zu besonders schweren Gesundheitsstörungen führen, so daß Entschädi-gungsansprüche gestellt werden. Schließlich noch solche, nach denen aus wissenschaftlichen oder sonstigen Gründen Nachfrage gehalten wird. Alle übrigen Unfälle gehen für die Statistik verloren. Der Ver-fasser muß sich deshalb darauf beschränken, die ihm zur Verfügung gestellten statistischen Unterlagen, die nur Teilgebiete umfassen, aus-zuwerten.

1. Statistische Angaben der Reichsunfallversicherung.

Die Statistik umfaßt nur den Arbeitsbereich der Berufsgenossen-schaft der Feinmechanik und Elektrotechnik[1]. Die Verunglückten sind also überwiegend die mit Elektrizität Beschäftigten.

---

[1] Jahresberichte der Berufsgenossenschaft der Feinmechanik und Elektro-technik 1930...1938.

Wie aus der Zahlentafel 3 hervorgeht, sind in den 9 Berichtsjahren insgesamt 1788 tödliche Unfälle durch Elektrizität bekannt geworden. Hiervon entfallen 749 auf Hochspannungs- und 1039 auf Niederspannungsanlagen. In dieser Zahlentafel sind von vornherein solche Unfälle ausgeschieden worden, die nicht einwandfrei als elektrische Unfälle festgestellt werden konnten. Gleichfalls sind Selbstmorde nicht enthalten.

In der folgenden Zahlentafel 4 sind wieder die Unfälle in Hochspannungsanlagen unberücksichtigt geblieben. Die Zahlentafel vermittelt einen Überblick über die tödlichen Niederspannungsunfälle, je nachdem, ob sie durch unmittelbare Berührung spannungführender Teile oder durch Körperschlüsse hervorgerufen wurden.

Zahlentafel 4.

Tödliche elektrische Unfälle in Niederspannungsanlagen
in den Jahren 1928—1933 und 1935—1937.

Jahr	1928	1929	1930	1931	1932	1933	1935	1936	1937	Summe
Unmittelbare Berührung spannungführender Teile	103	97	87	80	64	41	89	88	106	755
Körperschlüsse	28	48	30	29	28	21	18	27	20	249
ungeklärt	10	7	12	6						35
Summe	141	152	129	115	92	62	107	115	126	1039

Von den 1039 Niederspannungsunfällen sind 755 auf die unmittelbare Berührung spannungführender Teile und 249 auf Körperschlüsse zurückzuführen. In 35 Fällen waren die Ursachen nicht einwandfrei festzustellen.

Die Frage, wieviel Unfälle durch Anwendung von Schutzmaßnahmen vermieden werden, und wieviel Unfälle trotz bestehender Schutzmaßnahmen vorgekommen sind, ist sehr schwer zu beantworten. Man müßte wissen, wieviel Körperschlüsse in einem bestimmten Zeitraum vorgekommen sind, wie viele von diesen Fehlern durch die Schutzmaßnahmen unschädlich gemacht worden sind und wie viele zu Unfällen führten. Solche Statistik liegt jedoch nicht vor. Fest steht jedenfalls, daß auch in Anlagen mit Schutzmaßnahmen Unfälle eingetreten sind. Jedoch waren diese meistens durch eine unsachgemäße Ausführung der Schutzmaßnahmen bedingt.

Die geringe Zahl der bekanntgewordenen elektrischen Unfälle, die durch die Unzulänglichkeit der Schutzmaßnahmen bedingt waren, läßt einerseits ein Urteil über die praktische Bewährung der Schutzmaßnahmen schwer finden. Andererseits kann aber aus der geringen Zahl solcher Fälle geschlossen werden, daß sich die Schutzmaßnahmen gut bewährt haben.

B. Wann ist der elektrische Strom für den Menschen gefährlich?

Eine Gefährdung des Menschen durch den elektrischen Strom kann

1. durch Verbrennungen,
2. durch Einwirkung auf das Herz und
3. durch Einwirkung auf das Nervensystem

eintreten.

1. Verbrennungen.

Verbrennungen werden durch Lichtbogen oder durch die Stromwärme hervorgerufen. Durch Lichtbogen können Verbrennungen er-

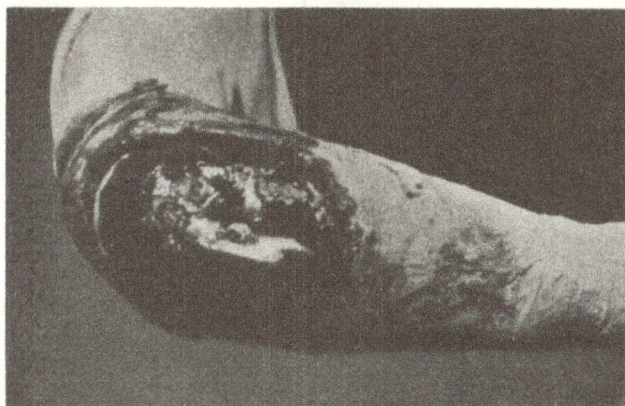

Bild 1. Durch Lichtbogen verursachte Verbrennung
(3 Monate nach dem Unfall).

folgen, ohne daß der menschliche Körper vom Strome durchflossen
wird, z. B. durch Kurzschluß- oder Erdschluß-Lichtbogen. Dagegen
treten Verbrennungen durch Stromwärme nur dann auf, wenn der
menschliche Körper oder Teile desselben im elektrischen Stromkreis
liegen.

Verbrennungen durch Lichtbogen (Bild 1) haben die gleichen Folgen
wie Verbrennungen durch andere Ursachen und sind auch ebenso zu
behandeln. Sie sind meistens lokaler Natur und verlaufen, sofern sie
nicht allzu schwer sind und lebenswichtige Organe betroffen werden,
im allgemeinen nicht tödlich. Sie können aber so tiefgreifend sein, daß
sie den Körper verstümmeln.

Durch Stromwärme verursachte Verbrennungen treten erst bei verhältnismäßig großen, den Körper durchfließenden Strömen auf. Sie
sind oft die Folge von Unfällen an Hochspannungsanlagen, können
aber auch unter entsprechenden Bedingungen an Niederspannungsanlagen

eintreten. Sie haben gleichfalls oft schwere Brandwunden zur Folge
(Bild 2). Die Brandwunden entstehen durch Temperatursteigerung an
den Stromübergangsstellen, so daß eine Verdampfung der Gewebeflüssig-
keit eintritt. Elektrische Brandwunden zeichnen sich durch besondere

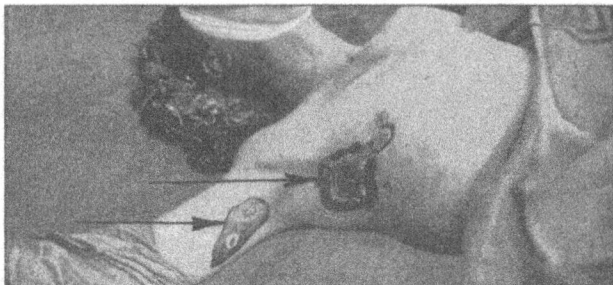

Bild 2. Durch Stromwärme verursachte Brandwunden.

Schmerzhaftigkeit aus und neigen besonders zu Entzündungen und
Infektionen[1]).

Bei kleineren Strömen bilden sich oft, jedoch nicht immer, an den
Stromübergangsstellen des vom Strom durchflossenen Körpers sog.

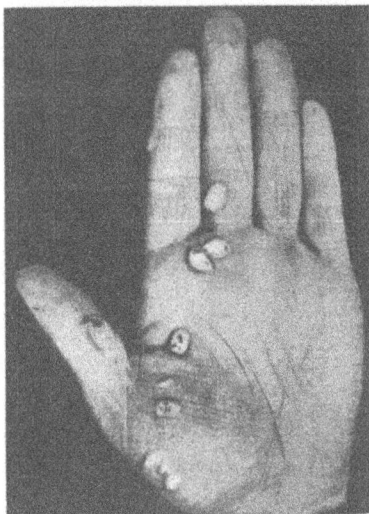

Bild 3. Strommarken.

Strommarken (Bild 3). Sie sind
meist flache, kreis- oder ellipsenför-
mige Erhebungen in der Haut und
von blaßgelber Färbung. Die Strom-
marke zeigt in ihrer Umgebung keine
Spur von Rötung oder Entzündung
und ist auch vollkommen schmerzfrei.
Die in ihrem Bereich befindlichen
Haare bleiben unversehrt, d. h. sie
zeigen keinerlei Merkmale von Verbrennungen oder Ansengungen, weisen
aber oft eine eigenartige schrauben-
förmige Drehung auf.

Unfälle, bei denen der menschliche Körper vom Strome durchflossen wird, können, von den Verletzungen durch Brandwunden abgesehen,
den Tod zur Folge haben. Indessen
können die Verbrennungen aber so
eingreifend sein, daß sie für sich allein den Tod zur Folge haben.

---

[1]) Gundlach, Über einen Fall von Starkstromverbrennung, Dissertation Med.
Fakultät der Universität Heidelberg (1941).

2. Einwirkung des Stromes auf das Herz.

Über die Einwirkungen des elektrischen Stromes auf den menschlichen Organismus und im besonderen auf das Herz sind im Laufe der letzten Jahre eine Reihe wesentlicher Aufklärungen erfolgt[1]. Auf Grund der Untersuchungen an den von elektrischen Unfällen Betroffenen und aus Tierversuchen schließt man, daß der elektrische Tod ein Herztod ist [2]. Bei einer »gewissen« Stromstärke tritt das sog. »Herzkammerflimmern« ein, d. h. das Herz wird durch die Einwirkung des Stromes zu starker unregelmäßiger Tätigkeit veranlaßt und dadurch erschöpft. Bild 4 zeigt ein von Koeppen aufgenommenes Kardiogramm an einem betäubten Versuchstier, das einem Stromstoß von 0,2 s ausgesetzt wurde. Der Versuch zeigt einen schnellen Anstieg und Abfall des Blut-

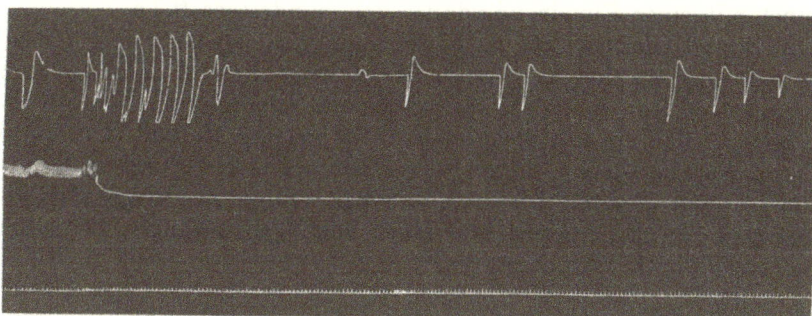

Bild 4. Kardiographische Aufnahme von Atmung und Blutdruck bei einem 0,2 s andauernden Stromstoß von 1000 V und 2,8 A an einem betäubten Versuchstier.
Atmung (oben) und Blutdruck (Mitte).   (Untere Linie: Zeit in Sekunden.)

druckes und Herzstillstand, während die Atmung auch nach Aufhören der Herztätigkeit noch einige Zeit andauert. Aus diesen und ähnlichen Versuchen wurde geschlossen, daß die Stromstärke, die solche Wirkungen beim Menschen auslöst, oberhalb 20 mA und unterhalb 150 mA liegen muß. Höhere Ströme führen jedoch oft nur zu einer augenblicklichen krampfartigen Lähmung des Herzens, die sich, wenn die Einwirkung des Stromes nicht zu lange anhält[3], oftmals auch erst nach angestellten Wiederbelebungsversuchen, wieder löst[4]. Hinsicht-

---

[1] Alvensleben, Stand der Forschung über die Wirkung industrieller Ströme auf lebenswichtige Organe, ETZ 62 (1941), S. 706.

[2] Koeppen, Der elektrische Tod, ETZ 55 (1934), S. 835.

[3] Freiberger, Der Widerstand des menschlichen Körpers gegen technischen Gleich- und Wechselstrom, S. 133. Verlag Springer, Berlin 1934.

[4] Es kann deshalb nicht dringend genug gefordert werden, mit Wiederbelebungsversuchen unverzüglich nach dem Unfall zu beginnen und sie mindestens einige Stunden lang bzw. bis zum Eintreffen des Arztes fortzusetzen. Ein Erfolg wird um so aussichtsreicher sein, je schneller mit den Wiederbelebungsversuchen begonnen wird. Die ersten Minuten sind somit für die Rettung des Verunglückten von allergrößter Bedeutung.

C. Elektrischer Widerstand des menschlichen Körpers.

Bei der Untersuchung elektrischer Unfälle taucht immer wieder die Frage auf: »Wie groß war die tödliche Stromstärke?« Da einerseits die Spannung meistens bekannt ist, könnte man sich die Stromstärke errechnen, wenn andererseits der elektrische Widerstand des menschlichen Körper bekannt wäre.

Grundlegende Versuche zur Ermittlung des elektrischen Körperwiderstandes wurden von Dr. Freiberger im Jahre 1933 an einer großen Anzahl von Leichen und zum kleineren Teil an lebenden Menschen durchgeführt[1]).

Die Versuche haben erwiesen, daß der Körperinnenwiderstand bei technischen Frequenzen an sich ein rein Ohmscher Widerstand ist. Bemerkenswert ist, daß der Widerstand des menschlichen Körpers in hohem Maße von der Berührungsfläche und Beschaffenheit der Haut sowie deren Temperatur und Feuchtigkeitsgrad abhängt, und die Feststellung, daß die Hornhaut, d. h. die oberste Schicht der Haut an den Innenflächen der Hände und Füße im trockenen Zustande eine dielektrische Schicht darstellt. Die Hornhaut — das Dielektrikum des kapazitiven Widerstandes also — wird aber je nach ihrer Stärke, Beschaffenheit und der Dauer der Stromeinwirkungen bei genügend hohen Spannungen vollständig durchschlagen. Unterhalb der Durchbruchsspannung stellt die Haut im trockenen Zustande einen wesentlichen elektrischen Schutzwert dar. Diese Feststellung beweist ferner, daß oberhalb der Durchbruchsspannung der Körperwiderstand für Gleich- und Wechselstrom technischer Frequenz den gleichen Wert besitzt, so daß die Annahme, Gleichströme seien ungefährlicher als technische Wechselströme in elektrischer Hinsicht nicht mehr gerechtfertigt ist, wenn die Haut bereits durchschlagen ist. Bild 5 zeigt das Ersatzschaltbild des Haut- und Körperwiderstandes.

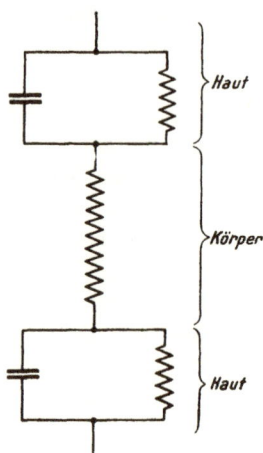

Bild 5. Ersatzschaltbild des Haut- und Körperwiderstandes.

Das Hauptergebnis der Freibergerschen Versuche besteht darin, daß der Widerstand des menschlichen Körpers mit steigender Spannung abnimmt, und zwar bis zu einem asymptotischen Grenzwert. Die Ursache der Abnahme des Widerstandes liegt darin, daß eben die Haut von der Spannung elektrisch durchschlagen, d. h. fein durchlöchert wird, und dies um so mehr, je größer die Spannung ist. Von dem Gesamt-

---

[1]) Freiberger, Der elektrische Widerstand des menschlichen Körpers gegen technische Gleich- und Wechselstrom. Verlag Springer, Berlin 1934.

widerstand, der sich aus dem Haut- und Innenwiderstand zusammensetzt, bleibt nur noch der letztere Widerstandsanteil übrig. Dieser
Widerstand ist im wesentlichen als konstant zu betrachten, d. h. er hängt
nicht mehr von der Höhe der Spannung ab, dagegen aber von der
Strombahn, d. h. von der Länge und dem Querschnitt des Körpers.
Wegen der Verschiedenheit
des Körperbaues ist er somit
von Person zu Person etwas
verschieden. Nach den Versuchen ist mit einem auf den
lebenden Menschen bezoge-
nen Körperwiderstand von
rd. 1000 Ω bei einer Strombahn Hand — Fuß oder linke
Hand — rechte Hand zu rechnen. Bei kürzeren Wegen ist
der Widerstand geringer und
beträgt beispielsweise von
Armmitte zu Armmitte rd.
750 Ω.

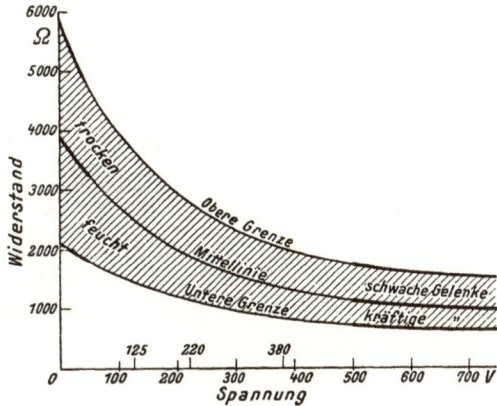

Bild 6 zeigt die von F r e i -
b e r g e r konstruierten Kurven, die den mutmaßlichen Verlauf der Widerstandswerte beim lebenden Menschen in Abhängigkeit von der Spannung zeigen. Auf Grund der Kurvenmittelwerte errechnen sich bei

Bild 6. Widerstand des menschlichen Körpers
in Abhängigkeit von der Spannung.

Zahlentafel 5.

Stromstärken in Abhängigkeit vom Körperwiderstand.

Spannung in V	Widerstand in Ω	Strom in mA
20	3500	6
35	3300	11
50	3200	16
65	3000	22
80	2900	28
110	2600	42
150	2300	55
220	1900	116
380	1300	290
500	1100	455
750	1000	750

den verschiedenen Spannungen die in Zahlentafel 5 zusammengestellten
Stromstärken. Bei noch höheren Spannungen steigt der Strom proportional der Spannung, da der Widerstand nicht weiter sinkt.

2*

D. Welche Spannung ist für den Menschen gefährlich?

Mit Rücksicht auf die Tatsache, daß

1. Ströme von einer gewissen Stärke für den Menschen lebensgefährlich sind, bei größeren und kleineren Strömen die Gefährdung aber wieder abnimmt,

2. der elektrische Widerstand des menschlichen Körpers von einer Reihe Faktoren und

3. die Gefährdung des Menschen durch den elektrischen Strom von vielen Begleitumständen abhängt,

ist es schwer, von einer gefährlichen Spannung zu sprechen. Denn es ist durchaus denkbar und durch viele Beobachtungen erwiesen, daß bei entsprechenden äußeren Bedingungen eine auffällig niedrige Spannung zum elektrischen Tode führt, während bei anscheinend gleichen Verhältnissen die mehrfach höhere Spannung keine nachteiligen Folgen hinterläßt.

Trotzdem kann in der Praxis nicht auf eine Festlegung einer Spannungsgrenze verzichtet werden, damit die oberhalb dieser Grenze liegenden Spannungen als »gefährlich« und die unterhalb liegenden Spannungen als »ungefährlich« bezeichnet werden können.

Die Ergebnisse der bekannten Versuche von Professor Weber, die er im Jahre 1897 an sich selbst vorgenommen hat, sind auszugsweise in der Zahlentafel 6 zusammengestellt. Die Versuche sind mit Wechselspannung von 50 Per/s durchgeführt. Der Stromdurchgang erfolgte durch Anfassen zweier Elektroden.

Auf Grund seiner Versuche bezeichnet Professor Weber die Spannung als gefährlich, bei der ein Loslassen der Elektroden infolge krampfartiger Einwirkung des Stromes nicht mehr möglich ist. Nach den Versuchsergebnissen ist das der Fall, wenn bei Stromübergang von der linken zur rechten Hand die Spannung 100 V im trockenen Zustand und 50 V im feuchten Zustand der Hände beträgt.

Auch in einer zweiten Versuchsreihe unter ähnlichen Bedingungen hat Professor Weber grundsätzlich die gleichen Ergebnisse erzielt[1]).

Die Festsetzung einer Spannung, die man als »gefährlich« bezeichnen könnte, war somit nicht möglich. Das ist auch erklärlich insofern, als eine Gefährdung des Menschen je nach den Begleitumständen schon bei kleineren Spannungen eintreten kann. Unterstellt man beispielsweise die Tatsache, daß ein Mensch einer Spannung ausgesetzt ist, die einen tödlichen Strom durch das Herz treibt, so ist diese Spannung als lebensgefährlich zu bezeichnen im Gegensatz zu derselben oder

---

[1]) Weber, Welche Spannung ist für den Menschen gefährlich? Bull. schweiz. elektrotechn. Ver. 19 (1928), S. 703.

Zahlentafel 6.

Auszugsweise Ergebnisse der Versuche von Prof. Weber.

1. Versuchsdurchführung mit trockenen Händen.

U Volt	I mA	Wahrnehmung	Widerstand in Ω
10...30	—	Keine oder nur schwache Wirkung.	—
40	—	In den Fingern leichtes Surren.	—
50	< 0,1	Leichte Erschütterungen der Muskeln in den Fingern und Händen.	> 500 000
60	ca. 0,8	Lebhafte Erschütterungen in den Fingern, Händen und Unterarmen. Hände und Arme sind noch leicht beweglich.	ca. 75 000
70	1,8	Starke Erregung in den Fingern, Händen und Unterarmen. Hände und Arme sind nur noch schwach beweglich.	39 000
80	9...11	Finger, Hände und Arme sind ganz steif; lebhafter Schmerz. Loslassen nur mit größter Anstrengung möglich.	≈ 8000
90..100	—	Nur 1..2 s auszuhalten; Loslassen unmöglich.	—

2. Versuchsdurchführung mit feuchten Händen.

10	1	Sehr geringe Muskelerschütterungen in den Fingern.	10 000
20	2,2	Sehr starke Muskel- und Nervenerschütterung bis zum Unterarm.	9100
30	12...15	Lähmung bis Oberarm; lebhafte Schmerzen, Elektroden können nicht mehr losgelassen werden.	≈ 2200
40	20	Sofortige Lähmung der Arme; Drähte nicht mehr loszulassen.	2000
50	> 20	Nur 1..2 s auszuhalten; Strom nicht abzulesen.	< 2500

sogar einer höheren Spannung, bei der das Herz aber nicht in der Strombahn liegt, also eine unmittelbare Gefährdung noch nicht vorliegt.

Während also einerseits von einer gefährlichen Spannung nicht die Rede sein kann, weil die Lebensgefahr von der Stromstärke und nicht von der Spannung abhängt, muß andererseits mit Rücksicht auf die Forderungen der Praxis doch eine Spannungsgrenze festgelegt werden. Der Verband Deutscher Elektrotechniker (VDE) hat in seinen Vorschriften diese Spannungsgrenze für allgemeine Fälle auf 65 V festgesetzt[1]). Die Erfahrungen haben ergeben, daß diese Spannung auch im allgemeinen als ungefährlich betrachtet und nur beim Zusammentreffen ungünstigster Umstände für den Menschen erst gefährlich werden kann. Muß in besonderen Fällen mit dem Zusammentreffen ungünstigster Umstände gerechnet werden, so ist eine Spannungsgrenze von 42 V oder sogar nur 24 V anzunehmen[2]).

---

[1]) VDE 0140/1932.
[2]) VDE 0100/X 38. § 15.

E. Berührungsspannung.

1. Begriffserklärung, Übergangswiderstand des Standortes.

Unter dem Begriff »Berührungsspannung« wird im Sinne der VDE-Vorschriften die Spannung verstanden, die im Störungsfalle zwischen den der Berührung zugänglichen, nicht zum Betriebsstromkreis gehörigen elektrisch leitenden Teilen und der Erde oder zwischen diesen Teilen auftritt, soweit sie von einem Menschen überbrückt werden kann[1]. Ihre zulässige Grenze ist auf 65 V festgesetzt. Der menschliche Körper wird dann nach Maßgabe der von ihm überbrückten Spannung, seines eigenen elektrischen Widerstandes sowie der im Stromkreis liegenden Übergangswiderstände von einem Strom durchflossen. Mit Rücksicht auf die außerordentliche Bedeutung der Berührungsspannung und weil ohne eine zahlenmäßige Einsicht eine vollständige Klarheit erschwert wird, sollen in den nachstehenden Erklärungen Zahlenwerte eingesetzt werden. Nach Bild 7 treibt die Spannung $U = 220$ V einen Strom über die Fehlerstelle F durch den Stromkreis, der sich unter Vernachlässigung der Induktivität aus folgenden Widerständen zusammensetzt:

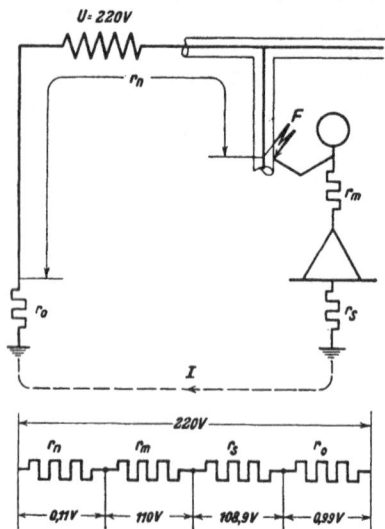

Bild 7. Zur Erklärung der Berührungsspannung.

r_n = Netzwiderstand . . . . 1 Ω
r_m = Widerstand des Menschen[2] . . . . . 1000 »
r_s = Übergangswiderstand des Standortes . 990 »
r_0 = Widerstand der Betriebserdung . . . 9 »

Die Widerstandssumme ist somit $\Sigma\, r =$ . . 2000 Ω.

Für die Berührungsspannung gilt ganz allgemein:

$$U_B = \frac{U}{\sum\limits_{\infty} r}\, r_m = I\, r_m \quad \ldots \ldots \ldots \ldots \quad (1)$$

---

[1] VDE 0100f XII. 40. § 2, Abs. e.

[2] Der Einfachheit halber soll in den folgenden Zahlenbeispielen zunächst der Widerstand des menschlichen Körpers mit dem konstanten Wert von 1000 Ω, das ist nach Bild 6 der Wert, bei dem die Haut bereits durchschlagen ist, angenommen werden.

Treibende Spannung und Widerstandssumme bringen einen Strom von

$$I = \frac{U}{\sum r} = \frac{220}{2000} = 0{,}11 \text{ A}$$

zustande. Durch Multiplikation der einzelnen Widerstände mit dem Strom ergeben sich·die in dem Bild eingetragenen Spannungen. Die Teilspannung nach Gl. (1)

$$U_{\scriptscriptstyle B} = r_m I = 1000 \cdot 0{,}11 = 110 \text{ V}$$

soll als Berührungsspannung bezeichnet werden. Ihre Höhe ist im wesentlichen durch die Spannung des Netzes gegen Erde sowie durch die Größe des Übergangswiderstandes r_s bestimmt, während die noch im Stromkreis liegenden Widerstände praktisch keine Rolle spielen. Besitzt der Standort also einen mehr oder weniger großen Übergangswiderstand nach Erde ($r_s > 0$, aber $< \infty$), so wird sich die Spannung unter dem Einfluß des durch den Körper- und Übergangswiderstand des Standortes bedingten Stromes im Verhältnis dieser beiden Widerstände aufteilen. Nur die Teilspannung, die auf den Körperwiderstand entfällt, ist in diesem Falle als Berührungsspannung zu bezeichnen.

Für den Fall, daß der Übergangswiderstand des Standortes r_s nach Erde im Verhältnis zum Körperwiderstand r_m vernachlässigbar klein ist ($r_s \ll r_m$), ist die Berührungsspannung gleich der Spannung gegen Erde, die im Störungsfalle zwischen den nicht zum Betriebsstromkreis gehörenden Teilen und der Erde besteht. Demzufolge ist nach Bild 8 die Berührungsspannung

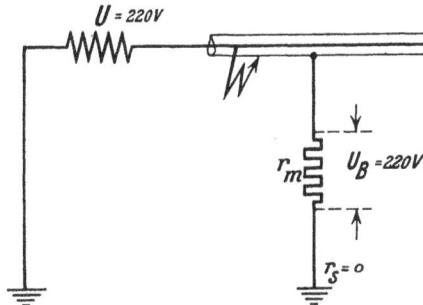

Bild 8. Berührungsspannung gleich der Spannung gegen Erde bei vernachlässigbar kleinem Widerstand des Standortes.

$$U_{\scriptscriptstyle B} = \frac{U}{r_m + r_s} r_m = \frac{220}{1000 + 0} \cdot 1000 = 220 \text{ V}$$

Ist der Standort von Erde isoliert ($r_s \gg r_m$), so ist nach Bild 9 die Berührungsspannung

$$U_{\scriptscriptstyle B} = \frac{220}{1000 + \infty} \cdot 1000 = 0 \text{ V}.$$

In diesen Fällen ist angenommen, daß an der Fehlerstelle unter dem Einfluß des Stromes kein erheblicher Spannungsabfall auftritt. Das wird oft, aber nicht immer der Fall sein. Besitzt nämlich die Fehlerstelle einen mehr oder weniger großen Übergangswiderstand, so wird natürlich auch an diesem Widerstand unter dem Einfluß des Stromes ein Spannungsabfall auftreten. In diesem Falle ist als Berührungsspannung ebenfalls nur die Teilspannung zu verstehen, die an dem Körper-

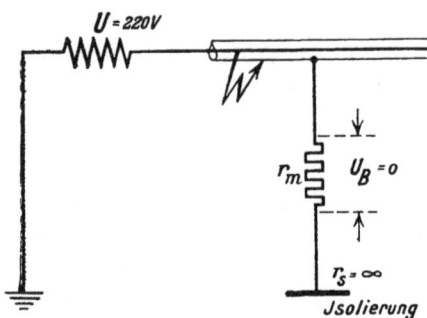

Bild 9. Keine Berührungsspannung bei isoliertem Standort.

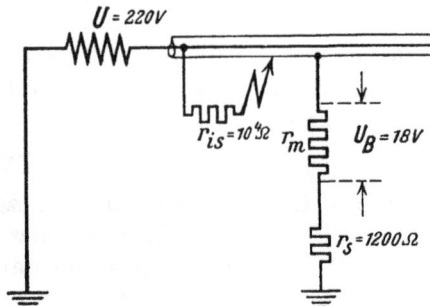

Bild 10. Begrenzung der Berührungsspannung durch Widerstand der Fehlerstelle.

widerstand liegt. Nach Bild 10 ist somit

$$U_B = \frac{U}{r_{is} + r_m + r_s} \, r_m = \frac{220}{10\,000 + 1000 + 1200} \cdot 1000 = 18 \text{ V}$$

Die Zahlenbeispiele lassen erkennen, daß sich die Berührungsspannung durch Multiplikation des Körperwiderstandes mit dem durch den Körper fließenden Strom, den man als Berührungsstrom bezeichnen kann, ergibt. Die Größe des Berührungsstromes wird wesentlich durch den Standortübergangswiderstand mitbestimmt. Bei Einsatz des konstanten, nicht mehr von der Spannung abhängigen Körperwiderstandes von 1000 Ω, ist der Berührungsstrom eine lineare Funktion der Berührungsspannung, wenn der Standortübergangswiderstand vernachlässigbar klein ist. Wird der Körperwiderstand mit > 1000 Ω, also einem spannungsabhängigen Wert angenommen, dann ist der Berührungsstrom und gleichfalls die Berührungsspannung keine lineare, sondern analog Bild 6 eine nichtlineare Funktion vom veränderlichen Körperwiderstand. Da nun nach Bild 6 bei Spannungen bis etwa 500 V mit einem spannungsabhängigen Körperwiderstand gerechnet werden muß, müßte auch der sich aus diesem funktionellen Zusammenhang ergebende jeweilige Körperwiderstand bei der jeweiligen Berührungsspannung eingesetzt werden. Für die praktischen Bedürfnisse genügt es aber, einen Mittelwert aus der in Bild 6 dargestellten Kurve einzusetzen, wenn nicht besondere Umstände eine Abweichung erfordern. Der Körperwiderstand kann daher bei den üblichen Spannungen im Mittel zu rd. 3000 Ω angenommen werden. Nach Zahlentafel 5 entspricht dieser Wert einer Spannung von 65 V. Hieraus ergibt sich auch gleichzeitig das eigentliche Kriterium der Gefährdung, denn der Berührungsstrom beträgt bei 65 V und vernachlässigbar kleinem

Standortübergangswiderstand

$$I_h = \frac{65}{3000} \approx 20 \text{ mA.}$$

Dieser Wert liegt an der äußersten Grenze, die für die Gefährdung des Menschen gerade noch als zulässig angesehen werden kann (vgl. Zahlentafel 6). Hiermit findet gleichzeitig die VDE-mäßig noch zugelassene Berührunsspannung von 65 V ihre sicherheitstechnische Bestätigung, wenn man ihren Begriff so erweitert, daß unter ihr die Spannung verstanden wird, die

1) die Grenze von 65 V nicht übersteigt und
2) keinen größeren Berührungsstrom als rd. 20 mA durch den menschlichen Körper zu treiben vermag.[1])

Folglich muß auch für den Körperwiderstand ein Wert von 3000 Ω eingesetzt werden. Ist der Standortübergangswiderstand vernachlässigbar klein oder groß, dann ist der absolute Wert des Körperwiderstandes für die Ermittlung der Berührungsspannung bedeutungslos, da im Nenner der Formeln für $r_s = 0$ bezw. $\curvearrowright$ steht. Bei nicht vernachlässigbarem Standortübergangswiderstand würde bei Einsatz des Körperwiderstandes mit 1000 Ω eine zu kleine Berührungsspannung ermittelt werden, die aber in Wirklichkeit wesentlich höher liegt. Diese Erkenntnis ist sehr wichtig. So würde z. B. im vorhergehenden Zahlenbeispiel bei Einsatz des Körperwiderstandes mit 3000 Ω nicht eine Berührungsspannung von 18 V, sondern eine solche von 46,5 V ermittelt werden. Andererseits dürfen nach dieser Begriffserweiterung die Spannungen, die zwar 65 V übersteigen, aber unter dem Einfluß des zulässigen Berührungsstromes auf < 65 V zusammenbrechen, nicht als unzulässige Berührungsspannungen bezeichnet werden,

Folgerung: Im engeren Sinne ist also unter der Berührungsspannung der Spannungsabfall am Widerstand des menschlichen Körpers zu verstehen. Nur diese Spannung bestimmt den durch den menschlichen Körper fließenden Strom. Durch die Berücksichtigung des Übergangswiderstandes des Standortes ist sie also stets kleiner als die Spannung des Netzes gegen Erde. Ist der Übergangswiderstand des Standortes vernachlässigbar klein, so kann sie gleich der Spannung des Netzes gegen Erde gesetzt werden. Wird die Berührungsspannung durch einen

---

[1]) In den VDE-Vorschriften VDE 0860/1933 § 8 und VDE 0874/1936 § 7 befindet sich eine ähnliche Definition der Berührungsspannung, bei der ein Berührungsstrom von rd. 1 mA festgelegt ist. Diese Festlegung hat aber nur für Rundfunkempfangsanlagen bzw. Rundfunkentstörungsmaßnahmen in Starkstromanlagen Gültigkeit. Diese schärfere Definition besteht auch hier zu Recht, da es sich in diesen Fällen nicht um Berührungsspannungen handelt, die im Fehlerfalle auftreten, sondern um Spannungen, die betriebsmäßig dauernd vorhanden sind und von einem Menschen unter den ungünstigsten Umständen überbrückt werden können.

Übergangswiderstand der Fehlerstelle begrenzt, so ist zwar für die
Gefährdung des Menschen nur die am menschlichen Körper wirksame
Spannung anzusehen; in der Praxis rechnet man aber mit solchen Übergangswiderständen nur dann, wenn es sich um absichtliche betriebsmäßige Strombegrenzungen handelt und nicht um Fehlerstellen, deren
Übergangswiderstände jeden beliebigen und unkontrollierbaren Wert
annehmen können.

2. Messung der Berührungsspannung und des Standort-Übergangswiderstandes.

Die vermittelten Begriffserklärungen, in deren Mittelpunkt Berührungsspannung und Übergangswiderstand des Standortes stehen, gestatten eine Messung der Berührungsspannung. Als Ersatzwiderstand
für den Widerstand des menschlichen Körpers dient am besten ein
Spannungsmesser, dessen Widerstand gleich dem Körperwiderstand, also
3000 Ω, ist. Indessen ist bei der Nachprüfung von elektrischen Unfällen
für den Spannungsmesser ein Widerstand zu wählen, der dem mutmaßlichen Widerstand des vom Strome durchflossenen Körpers entspricht. Meistens werden die Messungen aber den Nachweis der Schutzbedürftigkeit erbringen sollen. Es ist dann, wenn die Messung einen
Sinn haben soll, ein Spannungsmesser, dessen Widerstand gleich dem
Körperwiderstand bei der höchstzulässigen Berührungsspannung von
65 V ist, also 3000 Ω, zu verwenden.

Außerdem muß noch der Übergangswiderstand des Menschen zur
Erde bzw. zum Standort berücksichtigt werden. Dieser Widerstand ist
in hohem Maße von der Größe der Auflagefläche der menschlichen
Füße, sowie vom Körpergewicht, d. h. dem Berührungsdruck, und dem
Widerstand der Fußbekleidung[1]) abhängig. Der Berührungsdruck ist
insofern von Bedeutung, als durch denselben eine Vergrößerung der
Berührungsfläche erzeugt wird. Je nach Ausbildung des Fußes (ob
Hohl- oder Senkfuß) und der Größe des Körpergewichtes kann die Be-
rührungsfläche mehr oder weniger verschieden sein. Empirisch wurde
ermittelt, daß die effektive Auflagefläche eines menschlichen Fußes im
Mittel mit ungefähr 150 cm² angenommen werden kann.

Nun beträgt der Erdübergangswiderstand einer auf der Erde liegenden Kreisplatte aus Metall

$$R = \frac{\varrho}{2d} \tag{2}$$

---

[1]) Der Widerstand der Fußbekleidung soll bei der Messung der Berührungsspannung als vernachlässigbar klein angenommen werden. Bei der Nachprüfung
von Berührungsspannungen anläßlich elektrischer Unfälle muß er jedoch berücksichtigt werden.

worin U wieder die Spannung des Netzes gegen Erde und U_a die am Spannungsmesser abgelesene Spannung bedeuten.

Für die Messung einer Berührungsspannung in einem Raum mit sehr feuchtem Betonfußboden wurde ein Spannungsmesser mit einem Widerstand $R_i = 4150\ \Omega$ verwendet. Die Spannung des Netzes gegen Erde war $U = 220\ \mathrm{V}$. Das Instrument zeigte eine Spannung von $U_a = 197\ \mathrm{V}$ an. Die Berührungsspannung betrug also nach Gleichung (6)

$$U_n = \frac{220}{1 + \dfrac{4150}{3000}\left(\dfrac{220}{197} - 1\right)} = 190\ \mathrm{V}.$$

Der Übergangswiderstand des Standortes war dann entsprechend Gleichung (4)

$$r_s = \left(\frac{220}{197} - 1\right) \cdot 4150 = 473\ \Omega$$

und der spezifische Widerstand des feuchten Betonfußbodens

$$\varrho = \frac{r_s}{1{,}8} = \frac{473}{1{,}8} = 262\ \Omega.$$

Zu der Berechnung des spezifischen Widerstandes des Betonfußbodens ist zu bemerken, daß die physikalischen Voraussetzungen, die zur Aufstellung der Gleichung (2) führten, nicht mehr ganz vorhanden sind, weil die Platte nicht auf dem Erdboden, sondern auf dem Betonfußboden liegt. Die Stromverteilung in vertikaler Richtung ist aber dann offenbar nicht mehr die gleiche wie im Erdboden. In der Praxis genügt es daher ohnehin, die Berührungsspannung und als Vergleichsgrundlage den Übergangswiderstand des Standortes zahlenmäßig zu kennen.

3. Praktische Meßergebnisse.

Mit Spannungsmessern verschiedener Widerstände wurden die Spannungen zwischen einer auf dem Fußboden liegenden Blechplatte von $24{,}5 \times 24{,}5$ cm Fläche und einem Netzleiter gemessen und daraus die Berührungsspannungen und Übergangswiderstände errechnet. Die Ergebnisse aus den Messungen und Rechnungen sind in der Zahlentafel 7 zusammengestellt. Wie die Ergebnisse zeigen, ist die Höhe der Berührungsspannung

1. von der Spannung des Netzes gegen Erde und
2. von dem Übergangswiderstand des Standortes, d. h. seiner elektrischen Leitfähigkeit

abhängig. Während die Spannung des Netzes gegen Erde im allgemeinen durch die Netzverhältnisse bestimmt wird, ist die Leitfähigkeit des Standortes durch seine Struktur gegeben und in hohem Maße von

Zahlentafel 7.

Durch Messung und Rechnung ermittelte Berührungsspannungen und Übergangswiderstände.

Nr.	Ort	Art des Fuß-bodens	Beschaffen-heit des Fußbodens	U	U_a	R_i	U_B	r_s
1	Garage für Elektro-Straßenfahrzeuge	Asphalt	säuredurch-tränkt	127	111	4166	105	585
2	Öffentliche Fern-sprechzelle	Zement	schwach feucht	220	154	4166	139	1780
3	desgl.	Fliesen	desgl.	226	81	4166	65	7500
4	Elektrische Groß-küche	Terrazzo	desgl.	225	103	4166	85	4900
5	Montagehalle	Beton	trocken	210	—	5000	—	—
6	desgl.	Beton	feucht	210	174	5000	157	1050
7	desgl.	Beton	naß	210	200	5000	195	250
8	Laderampe im Freien	Schlacke	feucht	210	195	5000	185	400
9	Laderampe, überdacht	Klein-pflaster	trocken	210	50	5000	33	16000
10	Laderampe, überdacht	desgl.	feucht	210	150	5000	125	2000
11	Sägewerk	Stirnholz	trocken	210	—	5000	—	—
12	desgl.	desgl.	feucht	210	137	3500	130	1850
13	desgl.	desgl.	naß	210	190	5000	180	500
14	Luftschutzkeller	Zement	schwach feucht	127	75	4166	65	2860
15	Galvanisierwerkstatt	Holz-rasten	sehr feucht	222	200	4332	192	480

seinem Feuchtigkeitsgrad abhängig. Dieser hängt jedoch wieder von

1. der Art und Dauer der Feuchtigkeitseinwirkung,
2. dem Feuchtigkeitsaufnahmevermögen und
3. der relativen Luftfeuchtigkeit

ab. Während Art und Dauer der Feuchtigkeitseinwirkung durch die örtlichen Verhältnisse bedingt sind, ist das Feuchtigkeitsaufnahme-vermögen durch die Struktur des Fußbodenbelages im allgemeinen und durch die Zusammensetzung des Materials im besonderen gegeben. Die relative Luftfeuchtigkeit ist nicht nur zu verschiedenen Zeiten und an verschiedenen Orten verschieden, sondern auch in verschiedenen Räumen unterschiedlich. Außerdem sind noch Untergrund und Ober-flächenbeschaffenheit des Fußbodenbelages, als auch seine mehr oder weniger leitfähige Verbindung mit Gebäudemauern durch Eisenträger u. ä. von nicht zu unterschätzender Bedeutung. Es ist deshalb nicht möglich, die Standortübergangswiderstände bei den verschiedenen Fuß-bodenbelegen zahlenmäßig zu ordnen, ohne diese Einflüsse alle zu be-rücksichtigen. Weil aus diesem Grunde zahlenmäßige Angaben der Standortübergangswiderstände nicht verallgemeinert werden können, ist es notwendig, sie von Fall zu Fall durch Messung zu ermitteln, wobei notwendigenfalls die einen Einfluß ausübenden Faktoren be-rücksichtigt werden müssen, wenn nicht ausreichende Erfahrungswerte aus ähnlichen Fällen zur Beurteilung herangezogen werden können.

Um beurteilen zu können, ob bei einer bestimmten Spannung gegen
Erde U und dem jeweiligen Fußbodenbelag die Berührungsspannungsgrenze von 65 V und der kritische Berührungsstrom von rd. 20 mA
nicht überschritten wird, darf der Übergangswiderstand des Standortes den Wert

$$r_s = \frac{U - 65}{0,02} \tag{7}$$

nicht unterschreiten. Hieraus ergeben sich für die üblichen Spannungen
gegen Erde (vgl. folgenden Abschn. F.) von 110 ... 250 V die in Zahlentafel 8 eingetragenen Grenzwerte.

Zahlentafel 8.

Zulässige Standortübergangswiderstände in Abhängigkeit von der
Spannung gegen Erde bei Einhaltung der Berührungsspannungsgrenze.

$U =$	110	127	150	220	250 V
$r_s =$	2250	3100	4250	7750	9250 Ω

Werden andere Standortübergangswiderstände ermittelt, dann ist
die jeweilige Berührungsspannung nach Gl. (1) zu errechnen.

F. Netzverhältnisse.

1. Allgemeines.

Wie im Abschnitt E gezeigt, ist die Höhe der Berührungsspannung
in hohem Maße von der Spannung des Netzes gegen Erde abhängig.
Die Angabe der Betriebsspannung eines Netzes allein erlaubt noch
keinen Rückschluß auf die gegen Erde wirksame Spannung. Zur ge-
nauen Beurteilung müssen noch Schaltung und Stromart des Netzes
bekannt sein.

Hinsichtlich der Spannung gegen Erde werden grundsätzlich zwei
Netzarten unterschieden:

1. Netze mit betriebsmäßig geerdetem Netzpunkt,
2. Netze ohne geerdeten Netzpunkt.

Der Begriff — betriebsmäßige Erdung eines Netzpunktes — ist so zu
verstehen, daß ein Punkt des Netzes absichtlich, also nicht durch einen
Netzfehler, mit der Erde leitend verbunden ist. Betriebsmäßige Erdungen von Netzpunkten werden im allgemeinen in solchen Netzen
hergestellt, in denen einerseits mit Rücksicht auf Ausdehnung und Lei-
stungsfähigkeit höhere Spannungen als 250 V verwendet werden müssen,
andererseits aber höhere Spannungen als 250 V gegen Erde nicht auftreten sollen. Aber auch in Netzen mit Betriebsspannungen unter 250 V
werden oft betriebsmäßige Erdungen hergestellt.

Die bekanntesten Netzarten und Spannungen sind:

1. Drehstromnetze,
   a) mit Nulleiter 3 × 380/220 V als Vierleitersystem,
   b) »   »   3 × 220/127 V »   »
   c) ohne   »   3 × 220 V   » Dreileitersystem,
   d) »   »   3 × 125 V   »   »

2. Gleichstromnetze,
   a) mit Nulleiter 2 × 220 V als Dreileitersystem,
   b) »   »   2 × 110 V   »   »
   c) ohne   »   220 V   » Zweileitersystem,
   d) »   »   110 V   »   »

Außer diesen Netzen werden in vereinzelten Fällen noch Wechselstrom-Einphasennetze mit 110 oder 220 V, Gleichstromnetze in Fünfleiterausführung mit 110/220/440 V und in Fabriken Dreh- und Gleichstromnetze mit 500 V betrieben.

2. Netze mit geerdetem Netzpunkt.

Es sollen zunächst die Spannungsverhältnisse der Netze betrachtet werden, in denen ein Netzpunkt betriebsmäßig geerdet ist. Diese Netze werden mit und ohne Nulleiter ausgeführt.

a) Nulleiternetze.

Bild 13 zeigt ein Drehstromnetz, dessen Transformatorsternpunkt betriebsmäßig geerdet ist.

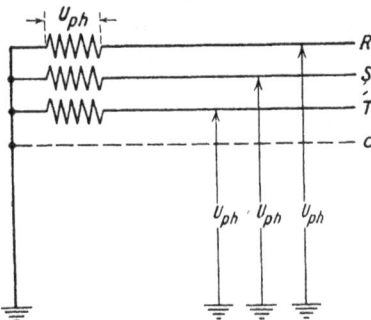

Bild 13. Drehstrom-Vierleiternetz mit geerdetem Nulleiter.

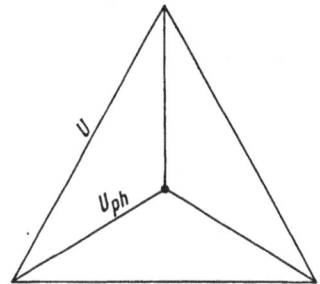

Bild 14. Spannungsdiagramm eines Drehstromsystems.

Der an diesen Sternpunkt angeschlossene Nulleiter ist mitgeführt. Bezeichnet man die Spannungen an den einzelnen Transformatorwicklungen mit U_{Ph} (Phasenspannung), so ist bekanntlich die verkettete Spannung (Dreieckspannung) wie im Spannungsdiagramm (Bild 14) dargestellt,

$$U = \sqrt{3} \cdot U_{Ph}.$$

Diese Spannung besteht zwischen den einzelnen Außenleitern untereinander. Mit Rücksicht auf die Erdung des Transformatorsternpunktes
kann gegen Erde jedoch nur die Phasenspannung, also

$$U_e = \frac{U}{\sqrt{3}}$$

auftreten. Beträgt z. B. in einem sternpunktsgeerdeten Drehstromnetz
die verkettete Spannung 380 V, so ist die höchste gegen Erde auftretende
Spannung 220 V.

Bild 15 zeigt ein Gleichstromnetz, das durch zwei in Reihe geschaltete Maschinen gespeist wird. Der Mittelpunkt der Reihenschal-
tung ist geerdet. Ist die Spannung
zwischen den Außenleitern U (Außenleiterspannung), dann ist die Spannung zwischen dem geerdeten Mittelpunkt und je einem Außenleiter stets

$$U_e = \frac{U}{2}.$$

Der Mittelpunkt hat gegenüber dem
Außenleiter N ein positives und
gegenüber dem Außenleiter P ein
negatives Potential. Die Spannung
gegen Erde ist mit Rücksicht auf

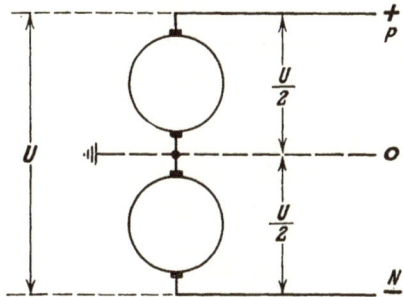

Bild 15. Gleichstrom-Dreileiternetz mit
geerdetem Nulleiter.

die Erdung des Netzmittelpunktes stets die halbe Außenleiterspannung,
z. B. in Gleichstromnetzen mit geerdetem Mittelpunkt und 440 V Außenleiterspannung, 220 V.

Wird in den unter a) beschriebenen Netzen an den geerdeten Punkt
ein Leiter angeschlossen und mitgeführt, so spricht man von Netzen
mit geerdetem Nulleiter.

b) Netze ohne Nulleiter.

In Bild 16 ist ein Drehstromnetz dargestellt, dessen Transformatorsternpunkt geerdet ist. Es liegen hier die gleichen Spannungsverhältnisse
vor, wie bei dem in Bild 13 dargestellten Netz. Die Spannung
gegen Erde ist also auch hier gleich der Phasenspannung. Bei einer
verketteten Spannung von 220 V tritt eine Spannung von 127 V gegen
Erde auf.

Bild 17 zeigt ein Drehstromsystem, das keinen Sternpunkt hat
und bei dem ein Dreieckpunkt geerdet ist. Bezeichnet man auch hier
wieder die Dreieckspannung mit U, so ist hier mit Rücksicht auf
die Erdung eines Dreieckpunktes die Spannung zwischen dem geerdeten
Netzpunkt, also der Erde, und je einem der beiden nicht geerdeten
Phasenleiter ebenfalls U, während der geerdete Phasenleiter keine Span-

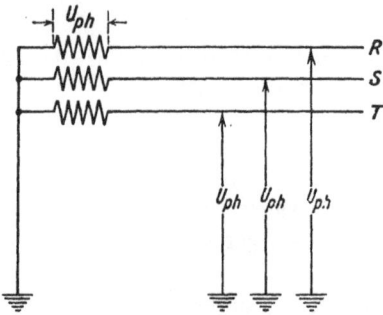

Bild 16. Drehstrom-Dreileiternetz mit geerdetem Sternpunkt.

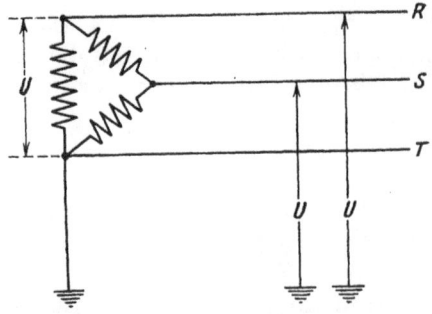

Bild 17. Drehstrom-Dreileiternetz mit Außenleitererdung.

nung gegen Erde hat. In solchen Netzen, die jedoch vereinzelt vorkommen, mit einer Spannung von 220 V ist die Spannung gegen Erde ebenfalls 220 V.

Folgerung: In den unter 2. beschriebenen Netzen mit geerdetem Netzpunkt ist die Spannung gegen Erde eindeutig festgelegt. Inwieweit die Spannungen gegen Erde in solchen Netzen höhere Werte annehmen können, hängt im wesentlichen von dem Übergangswiderstand des geerdeten Netzpunktes und von dem durch diesen Widerstand fließenden Strom ab. Hierauf ist im II. Teil Abschnitt D und E noch näher eingegangen.

3. Netze ohne geerdeten Netzpunkt.

a) Netzsysteme mit Durchschlagsicherungen.

Als Schutz bei Übertritt von Hochspannung auf die Niederspannungsseite der Netztransformatoren werden oft zwischen einem Netzpunkt und der Erde Spannungssicherungen (Durchschlagsicherungen) eingebaut. Bild 18 zeigt ein Drehstromsystem, bei dem zwischen der Erde und dem Transformatorsternpunkt eine Durchschlagsicherung eingeschaltet ist. Bei der Beurteilung der Spannungsverhältnisse gegen Erde muß folgenden Verhältnissen Rechnung getragen werden:

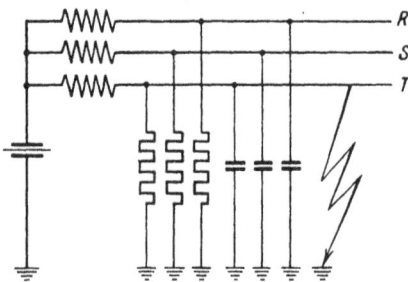

Bild 18. Drehstrom-Dreileiternetz mit Durchschlagsicherung.

Bei Ansprechen der Durchschlagsicherung wird der Transformatorsternpunkt geerdet. In diesem Augenblick nehmen naturgemäß die drei Leiter des Drehstromnetzes gegen Erde die Phasenspannung an, weil dieselben Verhältnisse vorliegen wie bei einem Drehstromnetz, dessen Sternpunkt betriebsmäßig

geerdet ist. Erfahrungsgemäß wird das Ansprechen der Durchschlagsicherungen nicht immer bemerkt, so daß diese Netze sehr oft mit
einem geerdeten Netzpunkt weiter betrieben werden, bis bei gelegent-
lichen Revisionen die Durchschlagsicherung erneuert wird. Bekanntlich
gibt es keinen absoluten Isolator. Schon der Umstand, daß ein Stromkreis nach den VDE-Vorschriften dann noch als betriebstüchtig gilt,
wenn er einen Isolationswert von 1000 Ω/V gegen Erde hat, führt in
einem Netz mit beliebiger Betriebsspannung zu Fehlerströmen von
1 mA/Stromkreis. Es ist klar, daß in einem Netz mit Tausenden
von Stromkreisen der Gesamtisolationsfehlerstrom erhebliche Werte annehmen kann. Hinzu addieren sich noch die Isolationsfehlerströme der
jeweilig eingeschalteten Geräte und Motoren. Zu diesen Fehlerströmen
addieren sich noch geometrisch die in Kabelnetzen unvermeidlichen
Kapazitätsströme, da die Kabel als Kondensatoren wirken.

Die sich aus dem Isolations- und
Kapazitätszustand eines Netzes ergeben-
den Fehlerströme bezeichnet man kurz
als Gesellschaftsfehler. Wenn diese
Gesellschaftsfehler eine symmetrische Belastung darstellen würden, wäre die Spannung aller drei Phasenleiter gegen Erde
genau der Phasenspannung, da sich ein
Nullpunkt bildet. Dieser Idealzustand ist
jedoch meistens nicht vorhanden, weil die
Gesellschaftsfehler das Netz auch ebensogut unsymmetrisch belasten können.

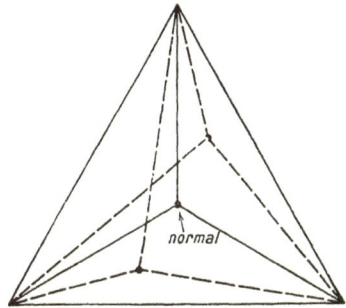

Bild 19. Nullpunktsverlagerung
im Drehstromnetz.

Durch unsymmetrische Belastung wird
der frei schwingende Nullpunkt innerhalb des Spannungsdreiecks jede
beliebige Lage einnehmen (Bild 19) und durch einen Erdschluß eines
Phasenleiters sogar mit dem jeweiligen Knotenpunkt des Spannungsdreiecks zusammenfallen, so daß der mit Erdschluß behaftete Außenleiter keine, die beiden übrigen gesunden Außenleiter aber die volle
Betriebsspannung gegen Erde haben.

b) Netzsysteme ohne Durchschlagsicherungen.

Bild 20 und 21 zeigen zwei Drehstromnetzsysteme, bei denen
kein Punkt des Netzes eine besondere Behandlung erfährt. Hinsichtlich
der Spannung gegen Erde gelten die gleichen Erkenntnisse wie bei den
unter 3. a) beschriebenen Netzen.

Bild 22 zeigt ein Gleichstrom-Zweileiternetz. Für solche Netze
gelten mit Ausnahme der Kapazitätserscheinungen ebenfalls grundsätzlich die gleichen schon genannten Gesichtspunkte hinsichtlich der Beurteilung der Spannung gegen Erde. Bei symmetrischer Belastung
durch die Isolationsfehlerströme würde hier die halbe Betriebsspannung

3*

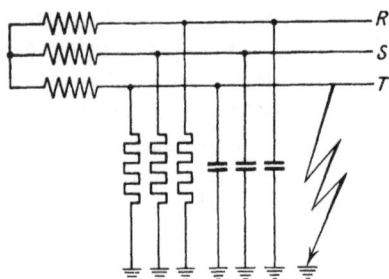

Bild 20. Drehstromnetz in Sternschaltung ohne geerdeten Netzpunkt.

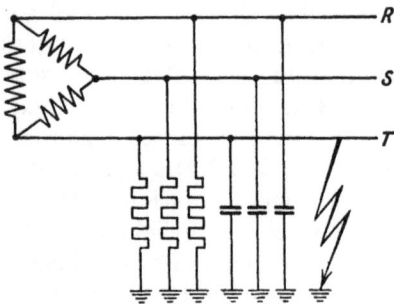

Bild 21. Drehstromnetz in Dreieckschaltung ohne geerdeten Netzpunkt.

gegen Erde auftreten. Bei unsymmetrischer Belastung wird die Spannung jeden beliebigen Zwischenwert und bei Erdschluß eines Leiters den Wert der vollen Betriebsspannung annehmen.

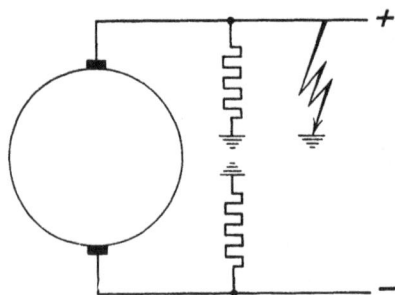

Bild 22. Gleichstrom-Zweileiternetz ohne geerdeten Netzpunkt.

Folgerung: Die oft vertretene Ansicht, in Netzen ohne geerdeten Netzpunkt bestehe keine Spannung gegen Erde und somit keine Berührungsgefahr, weil der Erdrückschluß fehle, ist also vollkommen falsch. In Netzen ohne geerdeten Netzpunkt ist stets mit dem Auftreten der vollen Betriebsspannung gegen Erde zu rechnen, unabhängig davon, ob die Spannung gegen Erde manchmal geringer als die Betriebsspannung ist oder nicht, da sich in jedem Augenblick die Spannungsverhältnisse ändern können.

Zusammenfassend sind in Tafel 9 die Spannungen gegen Erde bei den in Deutschland üblichen Netzarten übersichtlich geordnet. In Einzelfällen können jedoch Abweichungen vorkommen. Die Spannungen gegen Erde sind mit einer Toleranz von etwa $\pm$ 10 % zu verstehen, die sich aus der jeweiligen Netzbelastung und etwaiger unsymmetrischer Anzapfungen an Generatoren und Transformatoren ergibt.

G. Überstromschutzorgane.

Die Überstromschutzorgane stellen in der Technik des Berührungsspannungsschutzes ein wesentliches Element dar, wie im II. Teil Abschnitt D und E noch genauer dargelegt ist. Es ist deshalb notwendig, auf ihre wesentlichsten Eigenschaften einzugehen, soweit sie für den Berührungsspannungsschutz wichtig sind.

Zahlentafel 9.

Spannungen gegen Erde bei den in Deutschland üblichen Netzarten[1].

Netzschaltung		Behandlung des Netzpunktes	Stromart	Leiter-zahl	Betriebs-spannung	U_e
Netze mit betriebsmäßig geerdetem Netzpunkt	mit Nulleiter	Sternpunkt geerdet	Drehstrom	4	380/220	220*
		» »	»	4	220/127	127*
		Mittelpunkt »	Gleichstrom	3	2×220	220*
		» »	»	3	2×110	110
		» »	»	5	4×110	110 od. 220
	ohne Nulleiter	Sternpunkt geerdet	Drehstrom	3	3×220	127*
		Außenleiter »	»	3	3×220	220
		Sternpunkt »	»	3	3×500	290**
		Mittelpunkt »	Gleichstrom	2	500	250**
		» »	»	2	220	110
		Einpolig »	»	2	500	500**
Netze ohne betriebsmäßig geerdetem Netzpkt.		Durchschlagsich. oder keine bes. Behandlung	Drehstrom	3	3×220	220*
			»	3	3×125	125
		keine besondere Behandlung	Gleichstrom	2	500	500**
			»	2	220	220
			»	2	110	110
			Wechselstrom	2	220	220
			»	2	125	125

Die mit einem * gekennzeichneten Netze sind überwiegend vorhanden, die mit ** gekennzeichneten Netze sind für reinen Kraft- und Bahnbetrieb in Industrieanlagen anzutreffen.

Alle Überstromschutzorgane sind grundsätzlich dazu bestimmt, elektrische Leitungen, Geräte und Maschinen gegen Überlastungen, die unzulässige Erwärmungen hervorrufen, zu schützen.

1. Arten der Überstromschutzorgane.

Mit Rücksicht auf die vielseitigen Betriebsverhältnisse werden die verschiedensten Überstromschutzorgane verwendet. Grundsätzlich werden unterschieden:

1. Schmelzsicherungen,
2. Selbstschalter.

Von den Schmelzsicherungen gibt es zwei Arten, und zwar

a) normale (flinke) Sicherungen,
b) überstromträge Sicherungen.

Auch die Selbstschalter unterscheiden sich in

a) Installations-Selbstschalter (I. S.-Schalter),
b) Motorschutzschalter.

---

[1] WEV, Elektrizitätswirtschaft im Deutschen Reich, 5. Aufl. Verlag Hoppenstedt, Berlin 1938.

2. Abschaltströme und Abschaltzeiten.

Im Rahmen des Berührungsspannungsschutzes übernehmen alle Überstromschutzorgane nur die Aufgabe, den fehlerhaften Anlagenteil abzuschalten. Es interessiert hier also nur der Abschaltstrom. Nach den VDE-Vorschriften wird unter Abschaltstrom in diesem Sinne der Strom verstanden, der innerhalb »kurzer Zeit« eine Abschaltung bewirkt[1]). Welche Zeit mit der Angabe »kurze Zeit« gemeint ist, wird zahlenmäßig nicht angegeben. Dagegen wurde der Abschaltstrom mit Rücksicht auf die Verschiedenheit der Überstromschutzorgane auf den 2,5 fachen Wert der Sicherungsnennstromstärke festgelegt.

In Zahlentafel 10 sind die VDE-mäßigen Grenzwerte der Abschaltzeiten bei den 2,5 fachen Sicherungsnennstromstärken ($2,5 \cdot I_n$) eingetragen[2]).

Zahlentafel 10.

VDE-mäßige Abschaltzeiten der Sicherungsorgane.

I_n	normale Sicherungen Abschaltzeiten bei 2,5 I_n		träge Sicherungen Abschaltzeiten bei 2,5 I_n	
	mindestens s	höchstens s	mindestens s	höchstens s
6	0,2	7	15	120
10	0,3	8,5	16	120
15	0,35	9	17	120
20	0,35	10	19	130
25	0,6	12	22	140
35	1	16	25	150
60	1,5	24	25	150

Wie aus der Zahlentafel hervorgeht, ist die Abschaltzeit

1. von der Art,
2. von der Streuung und
3. von der Nennstromstärke

der Sicherungsorgane abhängig. Unter dem Begriff »kurze Zeit« sind somit die Zeiten 0,2...24 s bei normalen und die Zeiten 15...150 s bei trägen Sicherungsorganen zu verstehen.

In der Sicherungstechnik dient als Beurteilungsmaßstab für Abschaltzeit und Abschaltstrom die Strom-Zeit-Kennlinie, d. h. eine graphische Darstellung der Abschaltzeit in Abhängigkeit von dem Abschaltstrom. Aus der Kennlinie eines Sicherungsorgans kann man die Abschaltzeiten bei den verschiedensten Abschaltströmen unmittelbar ablesen. Die nachstehend gezeigten Kennlinien stellen Mittelwerte aus umfangreichen Versuchen dar, die vom Verfasser an Sicherungsorganen ver-

---

[1]) VDE 0140/1932. § 8.
[2]) VDE 0635/XI 39. § 16.

schiedenster Herstellerfirmen durchgeführt wurden[1]). Die Kennlinien, bei denen der Abschaltstrom im Vielfachen des Nennstromes aufgetragen ist, gelten für Sicherungsorgane von 6...25 A Nennstromstärke.

Bild 23 zeigt den mittleren Kennlinienverlauf normaler Sicherungen. Wie ersichtlich, liegt die Abschaltzeit bei den untersuchten Sicherungen

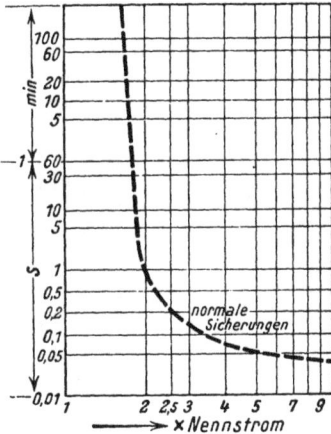

Bild 23. Kennlinie einer normalen Sicherung.   Bild 24. Kennlinie einer trägen Sicherung.

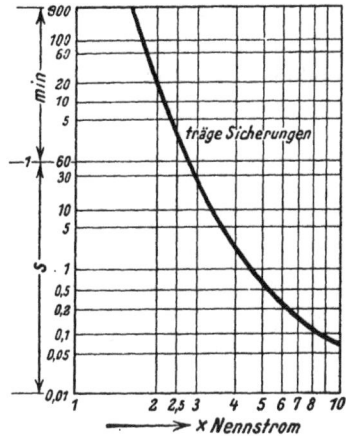

und dem 2,5 fachen Wert des Sicherungsnennstromes ungefähr bei 0,2 s. Diese Abschaltzeit deckt sich also genau mit der Zeitangabe in Abschn. B, in welcher der menschliche Organismus unter dem Einfluß eines durch den Körper fließenden Stromes in der Regel noch keine Gefährdung erleidet.

Bild 24 zeigt den Kennlinienverlauf überstromträger Sicherungen. Aus der Kennlinie ist zu entnehmen, daß die Abschaltzeit bei dem 2,5 fachen Wert des Nennstromes erheblich größere Werte als bei normalen Sicherungen hat. Sie beträgt etwa das 600 fache, also rd. 2 min.

Die Kennlinie eines I. S.-Schalters zeigt Bild 25. Bemerkenswert ist bei dieser Kennlinie der Knick. Das ist der Punkt, bei dem die Abschaltung von der thermischen in die Kurzschlußauslösung übergeht. Wie ersichtlich,

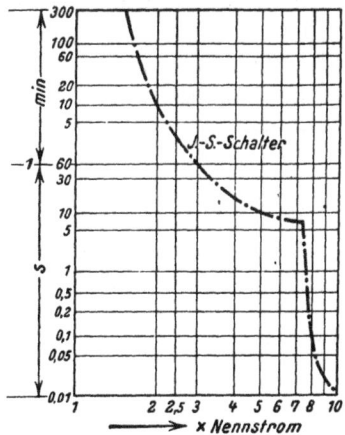

[1]) Schrank, Schmelzsicherungen, Installationsselbstschalter und Motorschutzschalter als Leitungs- und Geräteschutz, ETZ 58 (1937), S. 773.

Bild 25. Kennlinie eines IS-Schalters.

wird bei dem 2,5fachen Wert des Nennstromes die Abschaltung noch durch die thermische, also nicht durch die Schnellauslösung bewirkt. Die Abschaltzeit ist praktisch die gleiche wie bei den überstromträgen Sicherungen.

Motorschutzschalter sind entweder nur mit einer thermischen oder mit einer thermischen und Kurzschlußauslösung versehen[1]). Für den Berührungsspannungsschutz interessieren nur die letztgenannten, da Motorschutzschaltern mit nur thermischer Auslösung Schmelzsicherungen vorgeschaltet werden müssen. Bild 26 zeigt die Kennlinie eines Motorschutzschalters mit thermischer und Kurzschlußauslösung. Bei der

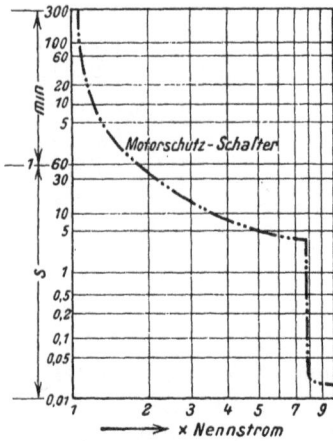

Bild 26. Kennlinie eines Motorschutzschalters.

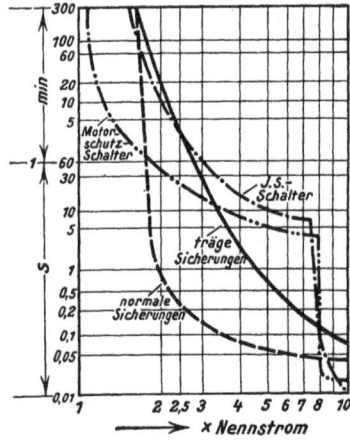

Bild 27. Vergleich der Kennlinien verschiedener Überstromschutzorgane.

Beurteilung der Abschaltzeit auf Grund der Kennlinie ist folgendes zu beachten: Bei den meisten Motorschutzschaltern ist eine Verstellung der Auslöser vorgesehen, damit die Auslösezeiten den jeweiligen Betriebsbedingungen angepaßt werden können. Demzufolge lassen sich allgemein gültige Angaben über den Kennlinienverlauf wie bei Sicherungen und I.S.-Schaltern nicht machen. Auf jeden Fall fällt aber auch hier die Abschaltzeit bei dem 2,5fachen Wert des Auslösernennstromes stets in den thermischen Auslösebereich, was ungünstig ist.

Bild 27 stellt einen Vergleich der vier gezeigten Kennlinien dar. Der Vergleich zeigt, daß normale Sicherungen bei dem 2,5fachen Wert des Nennstromes in einer Zeit von rd. 0,2 s abschmelzen, während träge Sicherungsorgane (träge Schmelzsicherungen, I.S.-Schalter und Motorschutzschalter) erst in rd. 2 min abschalten.

Folgerung: Wenn beabsichtigt wird, die Zeit von 0,2 s als Grundlage für die Beurteilung eines Gefahrenmoments im Falle einer auf-

---

[1]) VDE 0665/1930.

tretenden Berührungsspannung anzusehen, so empfiehlt es sich, die VDEmäßig definierte Abschaltstromstärke für träge Sicherungsorgane auf den etwa 6fachen Wert der Sicherungsnennstromstärke festzusetzen, anderenfalls bei dem 2,5fachen Wert Berührungsspannungen bis zu 2 min und länger bestehen bleiben können.

H. Erdungswiderstand.

1. Begriffserklärungen.

a) Erder und Erdungsleitungen.

Der Begriff »Erdungswiderstand« nimmt im Wesen des Berührungsspannungsschutzes neben der Berührungsspannung den größten Raum ein. Als Erläuterung für diesen Begriff hat der VDE in seinen Leitsätzen VDE 0140/1932 § 3 Abs. 9 und 10 folgendes festgesetzt:

Abs. 9. Erdübergangswiderstand (Erdausbreitungswiderstand) ist der Widerstand zwischen dem Erder und dem weiter (mehr als 20 m) entfernten Erdboden.

Abs. 10. Erdungswiderstand ist die Summe von Erdübergangswiderstand und dem Widerstand der Erdungsleitung.

Nach diesen Festlegungen liegt der Unterschied zwischen dem Erdübergangswiderstand und dem Erdungswiderstand lediglich in dem Widerstand der Erdungsleitung. In der Praxis ist der Widerstand der Erdungsleitung gegenüber dem Erdübergangswiderstand meistens vernachlässigbar klein. In diesen Fällen kann man, ohne einen großen Fehler zu begehen, unter dem Erdübergangswiderstand auch den Erdungswiderstand und auch umgekehrt verstehen. Ist der Widerstandsunterschied aber nicht mehr zu vernachlässigen, so muß entsprechend den Festlegungen des VDE unterschieden werden.

Unter »Erder« versteht man Metallteile, die sich in der Erde befinden und mit ihr in elektrisch leitender Verbindung stehen. Es werden unterschieden:

1. Rohrerder ⎱
2. Plattenerder ⎰ (konzentrierte Erder),
3. Band- oder Seilerder (gestreckte Erder),
4. Rohrnetze (verzweigte Erder).

Die konzentrierten Erder bezeichnet man im allgemeinen und die Rohrerder im besonderen als Tiefenerder, weil sie in größeren Tiefen im Erdreich liegen. Die gestreckten Erder werden Oberflächenerder genannt, weil sie in der Nähe der Erdoberfläche verlegt werden. Die Rohrnetze als Erder setzen sich meistens aus einer Anzahl Oberflächen- und Tiefenerdern zusammen.

An die Erder werden die Erdungsleitungen angeschlossen. Werden mehrere Erder durch Erdungsleitungen verbunden, so sind diese, sowie überhaupt alle im Erdreich unisoliert verlegten Erdungsleitungen, Teile der Erder.

b) Potential- und Stromverteilung im Erdreich.

Eine Vorstellung, in welcher Weise die Potentialverteilung in der Erde vor sich geht, soll die in Bild 28 dargestellte Versuchsanordnung vermitteln. In dem Bild bedeuten A und B zwei in die Erde getriebene

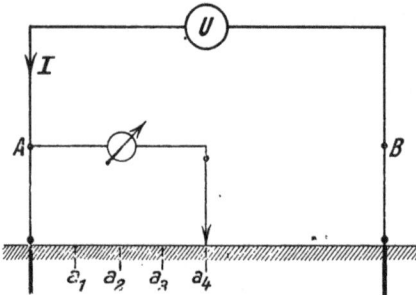

Bild 28. Versuchsanordnung zur Erklärung
der Potentialverteilung

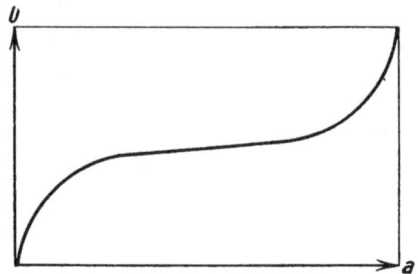

Bild 29. Potentialkurve
des Erders.

Rohre, also Rohrerder. Die Spannung U treibt einen Strom I durch die Erder, der sich über das zwischen den Erdern liegende Erdreich schließt.

Um zunächst einen Einblick in die im Erdreich auftretenden Potentialverhältnisse zu gewinnen, ist an den Erder A ein Spannungsmesser einerseits angeschlossen und andererseits mit einem ortsveränderlichen Erder, der sog. Sonde, verbunden. Diese Sonde wird, vom Erder A aus betrachtet, in regelmäßigen Abständen a_1, a_2 usw. in die Erde geschlagen und die Spannung zwischen dem Erder und dem jeweiligen Sondenabstand a abgelesen. Trägt man diese Spannungen, vom Potential des Erders A ausgehend, als Funktion der Abstände auf, so erhält man eine Kurve nach Bild 29. Die Kurve zeigt, daß das Potential in der Nähe des Erders A zunächst stark ansteigt, dann bei zunehmender Entfernung nahezu unverändert bleibt und in der Nähe des Erders B wieder stark ansteigt.

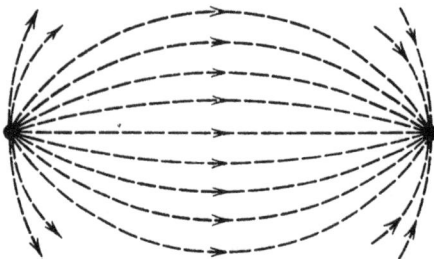

Bild 30. Stromverteilung in der Erde.

Dieser Verlauf findet seine Erklärung in der Stromverteilung im Erdreich (Bild 30). Der durch die Erde fließende Strom muß durch die verhältnismäßig kleinen Berührungsflächen zwischen dem Erder und dem Erdreich hindurch, während ihm im Erdreich ein praktisch unendlich großer Leiterquerschnitt zur Verfügung steht. Die Stromdichte ist somit an den Erdern am größten und in der Mitte zwischen den Erdern sehr klein.

c) Sperrfläche (Spannungstrichter) der Erder.

Mißt man die Spannungen eines stromdurchflossenen Rohrerders gegen seine Umgebung, so erhält man einen Spannungsverlauf, wie Bild 31 zeigt und auch aus der Potentialkurve zu erwarten war. Die gemessenen Spannungen sind nicht proportional den Halbmessern der Kreise. Dagegen sind die Spannungen zwischen dem Erder und einer der beliebigen Kreislinien in jeder Richtung gleich. Die Zunahme der Spannung ist in unmittelbarer Nähe des Erders am größten und nimmt mit der Entfernung mehr oder weniger schnell ab. In einem gewissen Abstand vom Rohrerder wird man praktisch ein Spannungsmaximum, dessen Höhe etwa 80...95% des theoretischen Grenzwertes beträgt, feststellen. Der theoretische Grenzwert erstreckt sich streng genommen bis ins Unendliche.

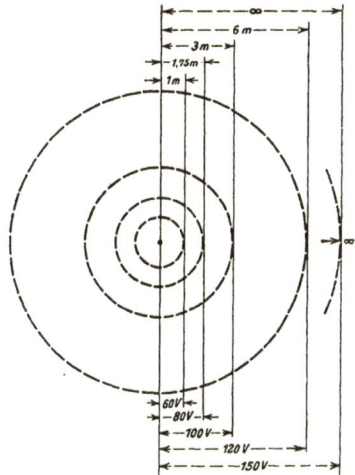

Bild 31. Sperrfläche eines konzentrierten Erders.

Dieses Spannungsmaximum wird als Spannung des Erders gegen Erde, während der Punkt, gegen den die Spannung des Erders auftritt, als Erdpunkt oder als Bezugserde bezeichnet wird. Die Fläche, innerhalb der die wesentlichsten Spannungsänderungen auftreten, heißt Sperrfläche oder Spannungstrichter eines Erders. Größe und Form hängen von den Abmessungen des Erders ab. Die Sperrfläche eines konzentrierten Erders ist kreisförmig. Dagegen nimmt sie bei gestreckten Erdern etwa die Form einer Ellipse an (Bild 32). Bei

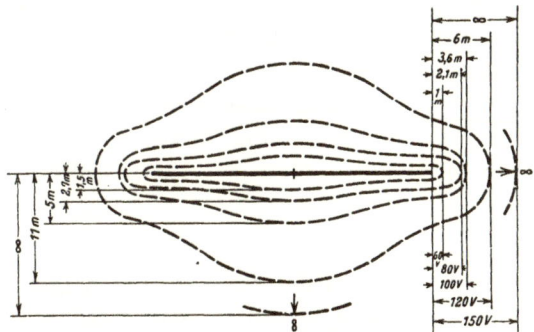

Bild 32. Sperrfläche eines gestreckten Erders.

verzweigten Erdern, z. B. Rohrnetzen können sich noch andere Formen ergeben, doch werden diese in größeren Entfernungen in Kreise übergehen.

Trägt man die Spannungen eines Erders in Abhängigkeit von den Abständen in ein Koordinatensystem auf, so erhält man für einen konzentrierten Erder eine Kurve nach Bild 33.

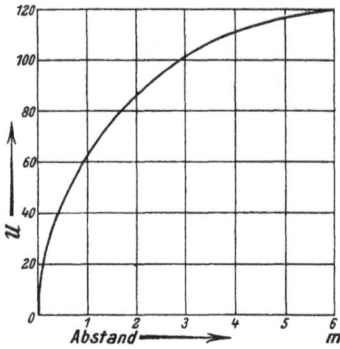

Bild 33. Spannungen eines konzentrierten
Erders gegen Erde.

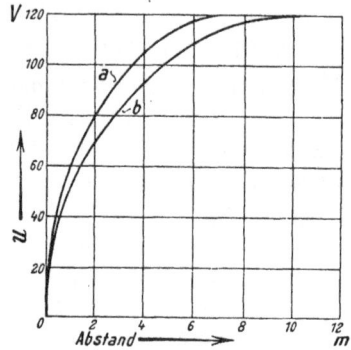

Bild 34. Spannungen eines gestreckten
Erders gegen Erde.

Bild 34 zeigt diese Darstellung bei einem gestreckten Erder. Die Kurve *a* zeigt den Spannungsverlauf in Achsrichtung des Erders, während die Kurve *b* die Spannungen von der Mitte rechtwinklig zur Achsrichtung des Erders angibt.

Bei konzentrierten Erdern kann man mit einem Halbmesser der Sperrfläche von 6....8 m rechnen. Bei gestreckten Erdern liegt die Grenze der Sperrfläche von den Endpunkten der Achsrichtung bei etwa 6 m und von der Mitte des Erders rechtwinklig zur Achsrichtung bei etwa 12 m. Bei verzweigten Erdern lassen sich allgemeine Angaben nicht machen.

d) Elektrischer Widerstand des Erders.

Eine Vorstellung vom elektrischen Widerstand eines Erders gewinnt man am besten durch die Betrachtung nachstehender Versuchsanordnung: Ordnet man neben dem Erder X noch zwei Hilfserder A und B so an, daß alle drei Erder in den Endpunkten eines gleichseitigen Dreiecks von der Seitenlänge s liegen (Bild 35a), so ist der elektrische Widerstand des Erders X näherungsweise durch den Quotienten

$$R_x \approx \frac{U_e}{I} \qquad (8)$$

gegeben, in dem I der durch X und A fließende Strom und U_e die dabei zwischen X und B auftretende Spannung darstellt. Dieser Quotient strebt bei wachsender Seitenlänge s einem Grenzwert zu, welcher der wahre Widerstand des Erders X ist. Der Einfluß des wachsenden Abstandes s auf den Erdungswiderstand ist jedoch nur im Bereich der Sperrfläche von Bedeutung. Außerhalb der Sperrfläche ergeben sich nur ganz unwesentliche Unterschiede. So wurden z. B. bei einem 2 m langen und 2″ starken Rohrerder im Abstand von $s = 10$ m bereits 90%, bei $s = 20$ m schon 95% und bei $s = 60$ m etwa 99% des theoretischen Grenzwertes ($s = \infty$) gemessen. Wenn auch bis zu einem gewissen Grade der Einfluß des Abstandes s auf den Erdungswiderstand von der geometrischen Form und den Hauptabmessungen des Erders abhängt, so erreicht man doch in der Praxis

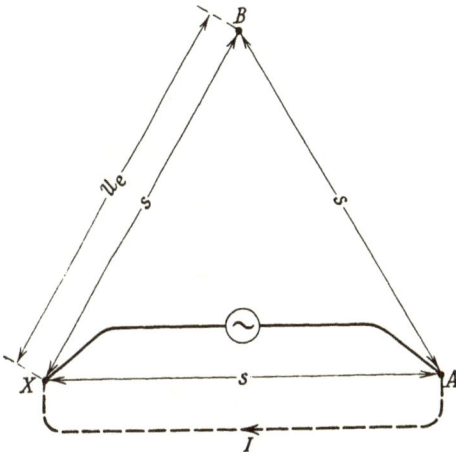

a) Theoretisch günstigste Anordnung von Erder und Hilfserdern,

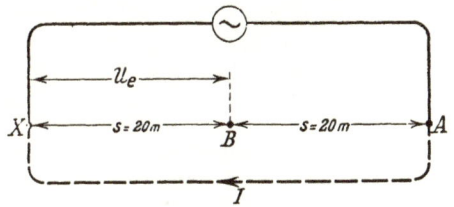

b) praktische und gebräuchlichste Anordnung von Erder und Hilfserdern.

Bild 35. Zur Erklärung des elektrischen Erdungswiderstandes.

eine ausreichende Genauigkeit, wenn man $s = 20$ m wählt, wie auch in den VDE-Vorschriften festgelegt ist[1]). Falls die theoretisch günstigste Anordnung der drei Erder in den Ecken eines gleichseitigen Dreiecks aus räumlichen Gründen nicht möglich ist, ist es am zweckmäßigsten, den Hilfserder B in die Mitte der Verbindungslinie $X—A$ zu legen, wie Bild 35 b zeigt.

2. Messung des Erdungswiderstandes.

a) Allgemeine Gesichtspunkte.

Da die Messung des Erdungswiderstandes eines geerdeten Punktes gegen Erde, praktisch betrachtet, nicht möglich ist, weil die Erde als solche für die Messung nicht erfaßt werden kann, bleibt nichts weiter übrig, als den Widerstand zwischen zwei Erdern zu messen.

Der Erdungswiderstand ist ein Elektrolytwiderstand. Deswegen kann man ihn wegen der bei Gleichstrom auftretenden Polarisationserscheinungen zuverlässig nur mit Wechselstrom bestimmen.

An sich ist der Erdungswiderstand ein rein Ohmscher Widerstand und daher auch in allen Messungen und Rechnungen als solcher zu behandeln. Lediglich bei Wechselströmen höherer Frequenz tritt eine gewisse Frequenzabhängigkeit ein, die durch einen anderen Verlauf der Strombahn im Erdreich begründet ist. Seine Messung erfolgt daher am

---

[1]) VDE 0140/1932. § 3, Abs. 9.

besten mit Wechselstrom technischer Frequenz. Wo Beeinflussungen durch Erdströme technischer Frequenz zu erwarten sind, wird für die Messung zweckmäßigerweise eine von der Störfrequenz abweichende verwendet.

Eine Stromabhängigkeit des Erdungswiderstandes ist praktisch kaum vorhanden; es sei denn, daß Übergangswiderstände (nicht einwandfreie metallische Verbindungen, verrostete Erder u. ä.) im Stromkreis liegen.

Nach den aus den Begriffserklärungen gewonnenen Erkenntnissen müssen bei der Messung von Erdungswiderständen folgende Gesichtspunkte beachtet werden:

1. Jeder stromdurchflossene Erder hat eine Spannung gegen Erde,
2. die Spannung des stromdurchflossenen Erders wird erst·außerhalb der Sperrfläche konstant,
3. die Sperrflächen der Erder dürfen sich nicht überdecken.

Den Erdungswiderstand kann man grundsätzlich auf zweierlei Weise bestimmen, und zwar:

1. mit Hilfe einer Strom- und Spannungsmessung durch Messung und Rechnung oder
2. mit einer Erdungsmeßbrücke durch Messung und Rechnung oder auch nur durch Messung.

Bei allen Meßmethoden müssen Erder, Hilfserder und Sonde so weit auseinandergelegt werden, daß sie sich nicht gegenseitig stören. Liegt die Sonde zu nahe am Erder, ist der Meßwert zu klein, liegt sie zu nahe am Hilfserder, ist er zu groß. Während man für konzentrierte Erder mit einem Abstand von rd. 20 m auskommt, genügt dieser Abstand bei ausgedehnten Oberflächenerdern nicht mehr. Ist D die größte Diagonale des Erders und s die Entfernung Erdermitte-Sonde, so wird der Fehler angenähert

$$f = \frac{D}{2\,s} \cdot 100 \text{ in } \% \quad \ldots \ldots \ldots \quad (9)$$

Soll ein Fehler von 10% zugelassen werden, dann wird der Mindestabstand Erdermitte-Sonde

$$s = \frac{D}{2\,f} \cdot 100 = \frac{D \, 100}{2 \cdot 10} = 5\,D.$$

Die Entfernung Erder-Hilfserder muß dann etwa das Doppelte betragen. Können die Entfernungen nicht genügend groß gemacht werden, so empfiehlt es sich, durch Wandern mit der Sonde (vgl. Bild 28) die Potentialkurve aufzunehmen, wodurch man feststellt, ob man sich im flachen Teil der Kurve befindet[1]).

---

[1]) H. Weber, Der Erdschluß in Hochspannungsnetzen, S. 30. Verlag R. Oldenbourg, München-Berlin 1936.

Zu beachten ist ferner der Erdungswiderstand der Sonde. Ist der Widerstand zu groß, so wird bei der Messung mittels Strom und Spannung das Meßergebnis gefälscht und bei Brückenmessungen die Empfindlichkeit herabgesetzt. Zur Bestimmung des Sonden- und Hilfserderwiderstandes vertauscht man diese jeweils in der Meßanordnung mit dem zu bestimmenden Erder.

b) Meßverfahren mittels Strom- und Spannungsmessung.

Bild 36 zeigt eine Meßanordnung, bei der die Meßenergie aus einem Transformator T entnommen wird. R_x ist der Widerstand des zu bestimmenden Erders. In einem Abstand von 40 m ist ein zweiter Erder, der Hilfserder, errichtet. Die Wechselspannung U treibt einen Strom I durch die Erder, der am Strommesser A abgelesen wird. Der Spannungsmesser V ist an den Erder X und an einen weiteren Erder, die Sonde, die in einem Abstand von 20 m vom Erder X in den Erdboden eingeschlagen ist, angeschlossen und zeigt die Spannung des Erders X gegen Erde U_e an.

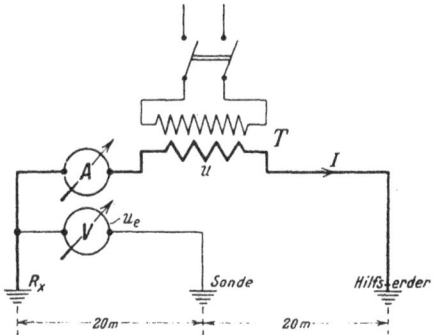

Bild 36. Meßanordnung zur Bestimmung des Erdungswiderstandes bei mittelbarer Stromentnahme aus dem Netz.

Der Widerstand des Spannungsmessers muß gegenüber dem Sondenwiderstand hinreichend groß sein, da sonst das Meßergebnis gefälscht wird. Läßt man einen Meßfehler von 10% zu, so darf bei einem Instrumentenwiderstand von R_i der Sondenwiderstand nicht größer als

$$R_s = \frac{R_i}{10} \qquad \ldots \ldots \ldots \ldots \ldots (10)$$

sein. Bei einem Instrumentenwiderstand von 2000...3000 Ω und einem zulässigen Meßfehler von 10% muß also ein Sondenwiderstand von 200...300 Ω erreicht werden. Bei gut leitendem Erdreich (Moor-, Acker- und Lehmboden) genügt eine Sondentiefe von 0,5...1 m. Bei schlecht leitendem Erdreich (Sand- oder Kiesboden) ist entweder eine größere Sondentiefe anzustreben oder der Sondenwiderstand durch Bewässern des die Sonde umgebenden Erdreichs zu vermindern, oder ein Spannungsmesser mit größerem Widerstand zu verwenden. Wird am Strommesser ein Strom von $I = 5$ A und am Spannungsmesser eine Spannung von $U_e = 30$ V abgelesen, so errechnet sich der Erdungswiderstand des Erders X nach Gleichung (8) zu

$$R_x = \frac{U_e}{I} = \frac{30}{5} = 6\,\Omega.$$

Vertauscht man den Anschluß des Spannungsmessers am Erder X mit dem Hilfserder und wird eine Spannung von 60 V abgelesen, dann ist der Erdungswiderstand des Hilfserders

$$R_h = \frac{60}{5} = 12\,\Omega.$$

Um den Erdungswiderstand der Sonde zu bestimmen, legt man auch noch die Stromzuführungsleitung vom Hilfserder an die Sonde. Wird dann ein Strom von 0,5 A abgelesen und zeigt der Spannungsmesser eine Spannung von 87 V an, dann ist der Erdungswiderstand der Sonde

$$R_s = \frac{87}{0,5} = 174\,\Omega.$$

Ist schließlich der Widerstand des Spannungsmessers $R_i = 2000\,\Omega$, dann ergibt sich ein Korrektionsfaktor von

$$\frac{R_i + R_s}{R_i} = \frac{2000 + 174}{2000} = 1,085 \ \ \dots \ \ (11)$$

mit dem der Widerstand des Erders X zu multiplizieren wäre, also

$$1,085 \cdot 6 = 6,5\,\Omega.$$

Der Fehler ist also

$$\frac{6,5 - 6}{6} \cdot 100 = 8,35\%,$$

welcher als zulässig angesehen werden kann.

Bild 37 zeigt eine Meßanordnung, bei der die Meßenergie unmittelbar aus einem Drehstromnetz entnommen wird. Der Meßstrom I, der mit Hilfe des Regelwiderstandes R_w auf einen Wert entsprechend des zu erwartenden Stromes eingestellt wird, schließt sich über den zu messenden Erder X und den geerdeten Transformatorsternpunkt. Die Spannung U_e des Erders X wird mit dem Spannungsmesser gegen die im Abstand von 20 m eingeschlagene Sonde gemessen. Aus der Spannung U_e und dem Meßstrom I errechnet sich wieder der Erdungswiderstand R_x. Bei dieser Meßanordnung ist ein besonderer Hilfs-

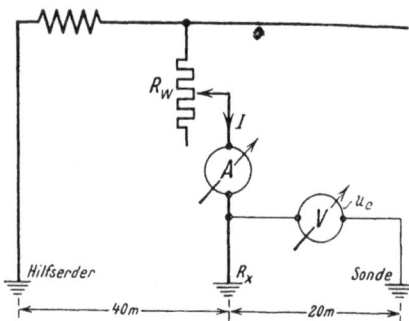

Bild 37. Meßanordnung zur Bestimmung des Erdungswiderstandes bei unmittelbarer Stromentnahme aus dem Netz ohne besonderen Hilfserder.

erder nicht nötig, da er bereits durch den geerdeten Transformatorsternpunkt ersetzt wird. Da man in solchen Fällen die Ausmaße des Hilfserders und somit die Größe seiner Sperrfläche nicht immer genau kennt und außerdem über solche Hilfserder Fremdströme fließen können, empfiehlt es sich, einen größeren Abstand zwischen dem zu messenden Erder und dem Hilfserder (etwa 40 m) zu wählen.

Etwas anders gestaltet sich die Messung in solchen Netzen, in denen ein geerdeter Netzpunkt nicht vorhanden ist. Bild 38 zeigt die Meßanordnung. Damit sich der Meßstrom schließen kann, muß hier ein besonderer Hilfserder geschaffen werden. Liegt zwischen einem Netzpunkt und der Erde eine Durchschlagsicherung, so kann diese vorübergehend überbrückt werden, so daß die Betriebserdung als Hilfserder verwendet werden kann.

Das Verfahren, den Erdungswiderstand durch eine Strom- und Spannungsmessung zu bestimmen, empfiehlt sich besonders für die

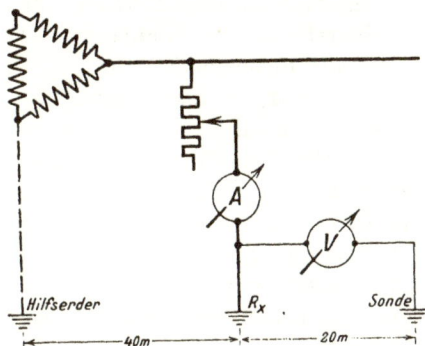

Bild 38. Meßanordnung zur Bestimmung des Erdungswiderstandes bei unmittelbarer Stromentnahme aus dem Netz mit besonderem Hilfserder.

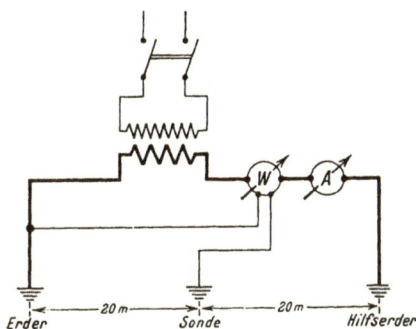

Bild 39. Meßanordnung zur Bestimmung sehr kleiner Erdungswiderstände.

Messung sehr kleiner ($< 1\ \Omega$) Erdungswiderstände. Es können dabei jedoch Beeinflussungen auftreten, wenn über die Erder Irrströme gleicher Frequenz fließen. Um diese Einflüsse zu verhindern, kann man die Spannung des Erders gegen Erde durch die Einschaltung eines Wattmeters ermitteln (Bild 39). Ein etwaiger Einfluß der Irrströme kann dann durch Umpolen der Wattmeterstromspule kompensiert werden. Der Erdungswiderstand errechnet sich dann zu

$$R_x = \frac{\alpha C}{I^2}\left(\frac{R_e + R_s}{R_e}\right) \quad \ldots \ldots \ldots (12)$$

worin α = Ausschlag und C = Konstante des Wattmeters, I = Meßstrom, R_e = Widerstand der Wattmeterspannungsspule und R_s = Erdungswiderstand der Sonde bedeuten. Ist der Erdungswiderstand R_s gegenüber R_e vernachlässigbar klein, was meistens erreichbar ist, so kann der Klammerausdruck in Gleichung (12) fortfallen[1]). Selbstver-

---

[1]) H. Weber, Der Erdschluß in Hochspannungsnetzen. Verlag Oldenbourg, München-Berlin (1934), S. 31.

ständlich kann diese Methode auch dann angewendet werden, wenn die Meßenergie nicht über einen Transformator sondern unmittelbar dem Netz entnommen wird.

c) Schrittspannung.

Da jeder stromdurchflossene Erder eine Spannung gegen Erde hat, deren Höhe im wesentlichen von der verwendeten Meßspannung abhängt, ergeben sich bei der Messung Gefahrenmomente, wenn die Spannung. des Erders gefährliche Werte annimmt. Begibt sich nämlich ein Mensch oder ein Tier in den Bereich der Sperrfläche in Richtung des Spannungsgefälles, so wird sein Körper nach Maßgabe der von ihm überbrückten

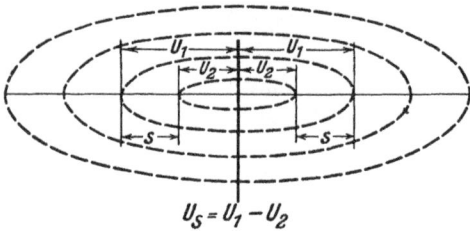

$$U_S = U_1 - U_2$$

Bild 40. Zur Erklärung der Schrittspannung.

Spannung von einem Strom durchflossen (Bild 40). Diese Spannung wird als Schrittspannung bezeichnet. Ist die Schrittlänge s, so erhält man die Schrittspannung U_s als Differenz zweier Spannungswerte der Sperrfläche, welche voneinander den Abstand s haben[1]). Die Schrittspannung ist unmittelbar am Erder am größten. Sie nimmt dann schnell mit dem Abstand vom Erder ab (Bild 41).

Die Gefährdung für einen Menschen ist dann am größten, wenn er bei gespreizten Beinen mit einem Fuß den Erder berührt. Das Herz liegt hierbei allerdings nicht in der Strombahn. Besonders gefährlich ist die Schrittspannung für Pferde

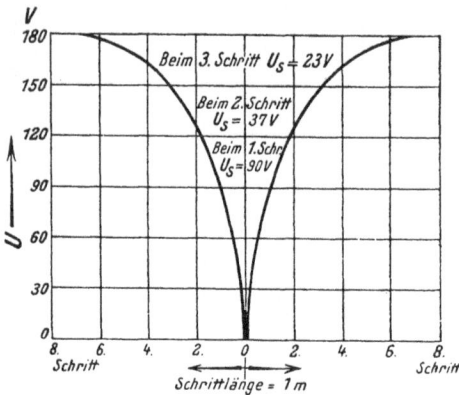

Bild 41. Schrittspannungen um einen Rohrerder.

und Rinder, die eine große Schrittlänge haben, somit eine hohe Schrittspannung überbrücken und das Herz stets in der Strombahn liegt.

Um die Möglichkeit solcher Gefährdungen auszuschließen, darf man sich nicht selbst in den Gefahrenbereich der Sperrfläche begeben. Gleichfalls hat man dafür zu sorgen, daß sich auch nicht andere Personen oder Tiere innerhalb der Sperrfläche aufhalten.

---

[1]) Pohlhausen, Grundlagen der Bemessung von Starkstromerdern, VDE-Fachberichte (1927), S. 39.

d) Sicherheitsmaßnahmen.

Mit Rücksicht auf die Gefahrenmomente müssen bei der Messung einige Sicherheitsmaßnahmen beachtet werden. Wo es die örtlichen Verhältnisse erfordern oder gestatten, kann man eine Abgrenzung der Sperrflächen vornehmen. Jedoch nicht immer kann eine Abgrenzung der Sperrfläche eine Gefährdung verhindern. Bild 42 zeigt einen praktischen Fall, wo bei einer Messung des Erdungswiderstandes an einem Brunnensaugrohr zwischen dem Wasserhahn und dem gußeisernen Abflußbecken, dessen Abflußrohr in eine Senkgrube am Rande der Sperrfläche mündete, eine Spannung auftrat. Das am Rande der Sperrfläche auftretende Potential wurde durch das Abflußrohr in unmittelbare Nähe des Wasserhahns gebracht, der durch die metallische Verbindung des Wasserrohrs mit dem Erder das Potential des letzteren besaß. Da diese Span-

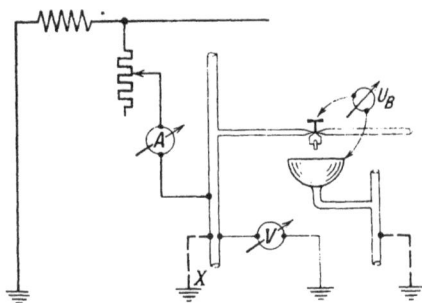

Bild 42. Berührungsspannung bei der Messung von Erdungswiderständen.

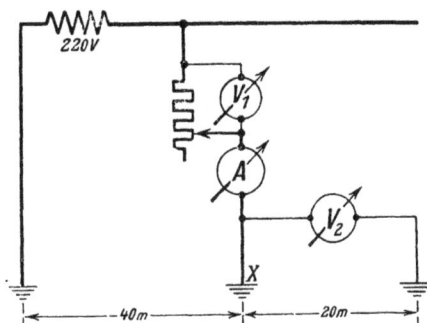

Bild 43. Meßschaltung zur Begrenzung der Spannung gegen Erde.

nung von einem Menschen überbrückt werden konnte, war sie als Berührungsspannung zu werten. In solchen Fällen, in denen solche Potentialverschleppungen auftreten können, ist besondere Vorsicht geboten.

Um diese Gefahren auszuschließen, sind die Messungen möglichst mit kleineren Spannungen auszuführen. Eine Herabsetzung der Meßspannung ist bei mittelbarer Energieentnahme aus dem Netz durch Transformatoren ohne weiteres möglich.

Eine Meßschaltung, nach der man auch ohne Transformator die Gefahr vermindern kann, ist in Bild 43 dargestellt. Um eine Kontrolle der dem Erder aufgedrückten Spannung zu bekommen, legt man parallel zum Regelwiderstand den Spannungsmesser V_1. Dieser Spannungsmesser muß mindestens den Wert $220 - 65 = 155$ V anzeigen, d. h. man hat dem Erder nur eine Spannung von $220 - 155 = 65$ V (höchstzulässige Berührungsspannung) aufgedrückt. Der Spannungsmesser V_2 kann dann allerdings nur 80...95% des theoretischen Grenzwertes von 65 V anzeigen. Bei der erstmaligen Einschaltung des Meßstromes ist aber besonders vorsichtig zu verfahren, da die aufgedrückte Spannung um so

4*

höher ist, je größer der noch unbekannte Widerstand des Erders X ist. Diese Methode kann übrigens in allen Fällen angewendet werden, in denen es nicht möglich ist, die Sperrflächen abzugrenzen.

e) Meßverfahren mit Erdungsmeßbrücken.

Für die Messung von Erdungswiderständen sind die verschiedensten Brückenschaltungen gebräuchlich.

Eine von Nippold angegebene Brückenschaltung benötigt als Stromquelle eine Trockenbatterie. Der erforderliche Wechselstrom wird durch einen Summer erzeugt und durch einen Transformator herauftransformiert. Als Nullinstrument dient ein Telephon in Kopfhörerform. Die

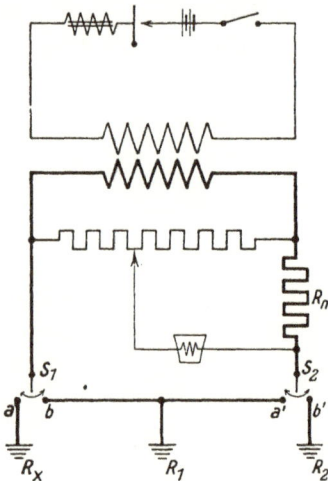

Bild 44. Messung des Erdungswiderstandes mit der Nippold-Brücke.

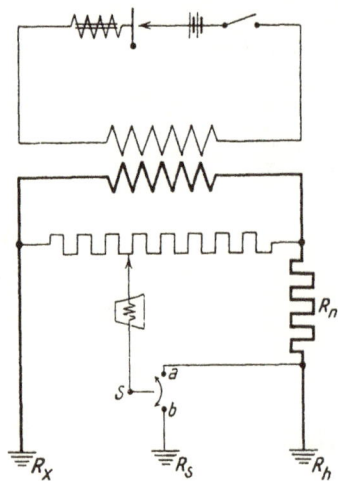

Bild 45. Messung des Erdungswiderstandes mit der Wichert-Brücke.

Nippold-Brücke erfordert für die Messung zwei Hilfserder. Um das Meßresultat zu erhalten, müssen drei Messungen hintereinander ausgeführt werden. Bild 44 zeigt die Brückenschaltung und die Meßanordnung. Bei der Stellung der Schalter S_1 auf a und S_2 auf a' mißt man den Summenwiderstand $R_x + R_1$, bei den Schalterstellungen S_1 auf a und S_2 auf b' den Summenwiderstand $R_x + R_2$ und bei der Schalterstellung S_1 auf b und S_2 auf b' den Summenwiderstand $R_1 + R_2$. Aus diesen drei Messungen bestimmt sich der Erdungswiderstand für R_x zu

$$R_x = \frac{(R_x + R_1) + (R_x + R_2) - (R_1 + R_2)}{2}$$

Da man auf der Brücke die einzelnen Summenwiderstände ablesen kann, vereinfacht sich die Gleichung, wenn A_1, A_2 und A_3 die Ablesungen bedeuten, in

$$R_x = \frac{A_1 + A_2 - A_3}{2} \quad \ldots \ldots \ldots \ldots (13)$$

Diese Brücke ist nur verwendbar, wenn die Erdungswiderstände der Hilfserder mit dem Erdungswiderstand des zu messenden Erders in gleicher Größenanordnung liegen. Ihr Anwendungsgebiet ist daher insofern sehr begrenzt.

Eine von Wichert angegebene Brückenschaltung erfordert einen Hilfserder und eine Sonde, die während der Messung stromlos ist. Die Schaltung zeigt Bild 45. Der Widerstand der stromlosen Sonde R_s erscheint nicht in der Rechnung. Um R_x zu bestimmen, sind nur zwei Messungen auszuführen, und zwar bestimmt man bei der Schalterstellung des Schalters S auf a den Summenwiderstand $R_x + R_h$ mit dem Normalwiderstand R_n. Bei der zweiten Messung, die Schalterstellung b erfordert, bestimmt man den Summenwiderstand $R_h + R_n$ mit dem Widerstand R_x. Hieraus ermittelt sich R_x zu

$$R_x = \frac{R_x}{R_h + R_n} R_n \frac{1 + \dfrac{R_x + R_h}{R_n}}{1 + \dfrac{R_x}{R_h + R_n}}$$

in vereinfachter Form, wenn

$$A_1 = \frac{R_x + R_h}{R_n} \quad \text{und} \quad A_2 = \frac{R_x}{R_h + R_n}$$

die einzelnen abgelesenen Meßergebnisse bedeuten,

$$R_x = A_2 R_n \frac{1 + A_1}{1 + A_2} \quad . \ . \ (14)$$

Die Wichert-Brücke hat wohl gegenüber der Nippold-Brücke gewisse Vorteile, beide Brücken erfordern aber gute Hilfserder, die nicht immer zur Verfügung stehen bzw. ohne erheblichen Aufwand nicht hergestellt werden können. Im übrigen wird es vom Standpunkt des Praktikers als sehr unangenehm und zeitraubend empfunden, erst mehrere Messungen auszuführen, um aus den gewonnenen Meßergebnissen das geforderte Resultat zu errechnen.

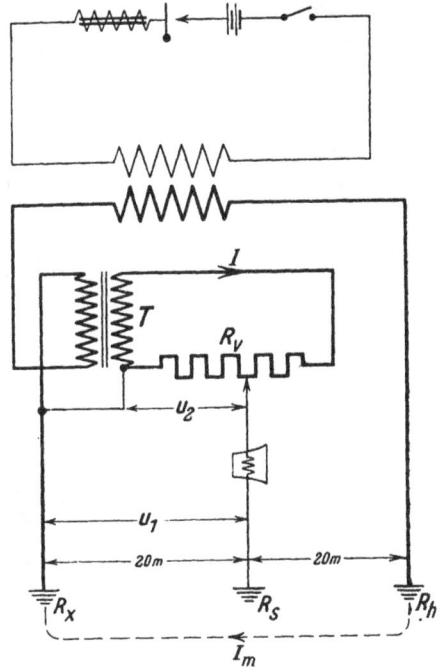

Bild 46. Messung des Erdungswiderstandes mit der Behrend-Brücke.

Eine moderne Kompensationsschaltung zur Bestimmung von Erdungswiderständen bietet die Anwendung der Schaltung nach Behrend[1]. Als Stromerzeuger dient bei dem kleinen Gerät ebenfalls eine

---

[1] Skirl, Elektrische Messungen, S. 613. Verlag Walter de Gruyter u. Co., Berlin u. Leipzig 1936.

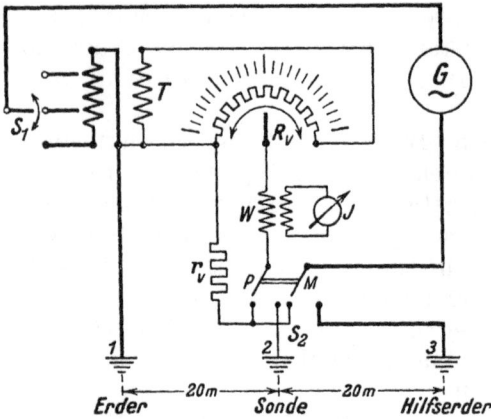

Bild 47. Schaltung des großen Behrend-
Erdungsmessers.

Trockenbatterie mit Summer und Transformator. Als Kontrollinstrument dient auch ein Telephon. Es sind zur Messung ein Hilfserder und eine Sonde erforderlich. Bild 46 zeigt das Schaltbild des Gerätes. Der durch R_x fließende Meßstrom I_m hat einen Spannungsabfall u_1 in R_s zur Folge, der mit dem am Vergleichswiderstand R_v wirksamen Spannungsabfall u_2 verglichen wird; denn der R_v durchfließende Strom ist infolge des Übersetzungsverhältnisses des Transformators von 1 : 1 gleich dem durch R_x fließenden Meßstrom I_m. Da zu gleichen Spannungsabfällen und gleichen Strömen auch gleiche Widerstände gehören, muß $R_x = R_v$ sein, d. h. R_x kann unmittelbar auf der Skala für R_v abgelesen werden. Die direkte Ablesung des Erdungswiderstandes R_x ist ein ganz besonderer Vorteil der Kompensationsschaltung gegenüber den vorhin beschriebenen Brückenschaltungen. Der Widerstand des Hilfserders R_h bestimmt den Meßstrom und somit die Empfindlichkeit der Meßschaltung. Die Sonde R_s ist bei der Abgleichung stromlos. Wenn Sonde und Hilfserder den Widerstand von etwa 1000...1500 Ω nicht überschreiten, sind die Meßergebnisse sehr zuverlässig.

Das größere Gerät ist grundsätzlich auf dem gleichen Prinzip aufgebaut (Bild 47)[1].

Statt der Trockenbatterie und des Summers ist ein Handkurbelgenerator G, der eine Wechselspannung von 75 Per/s erzeugt, eingebaut. Das Telephon ist durch ein

Bild 48. Ansicht des Behrend-Erdungsmessers
für Starkstromanlagen.

[1] Pflier, Die Siemens-Erdungsmesser, Siemens-Zeitschrift 19 (1939), S. 39.

Zeigerinstrument J, das über einen Isolierwandler W angeschlossen ist, ersetzt, was wesentlich angenehmer ist, da das Telephon infolge Kapazitätswirkung gegen Erde nicht auf Null, sondern nur auf ein Tonmiminum gebracht werden kann. Der Transformator T hat einige Anzapfungen zur Anpassung des Meßbereichs von 1, 10 und 100 Ω, der mit dem Schalter S_1 gewählt werden kann. Die Einschaltung eines eingebauten Vergleichswiderstandes r_v von 10 Ω durch Umlegen des Schalters S_2 auf Stellung P ermöglicht eine

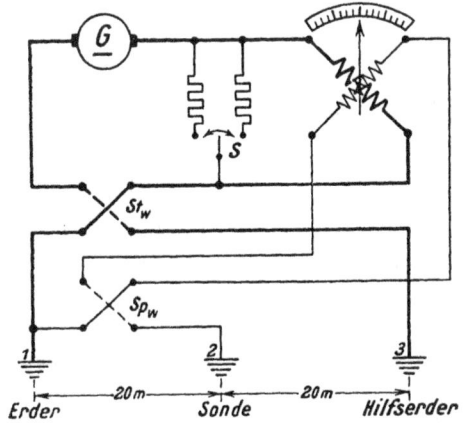

Bild 49. Schaltung des Evershed-Erdungsmessers.

Kontrolle der Meßbrücke vor jeder Messung. Nach Umlegen des Schalters S_2 auf Stellung M kann unter Berücksichtigung des gewählten Meßbereichs der Erdungswiderstand auf der Skala unmittelbar abgelesen werden, wenn R_v so eingeregelt wird, bis der Zeiger des Nullinstruments in der Mitte auf Null steht. Die Meßgenauigkeit ist außerordentlich groß. Bei den praktisch vorkommenden Verhältnissen beträgt der Fehler meistens weniger als 1%.

Als besondere Bequemlichkeit ist noch zu erwähnen, daß man auch Leitungswiderstände messen kann, wenn man die Klemmen 2 und 3 kurzschließt und den zu messenden Widerstand an die Klemmen 1 und 2 anlegt. Die äußere Ansicht dieses Erdungsmessers zeigt Bild 48.

Ein Erdungsmesser, bei dem der Erdungswiderstand unmittelbar an einem Zeigerinstrument abgelesen werden kann, wird von Evershed hergestellt. Die Schaltung zeigt Bild 49. Der Meßstrom wird durch einen Gleichstrom-Kurbelgenerator G erzeugt. Der Stromwender St_w zerhackt den Gleichstrom, so daß über die Erder ein Wechselstrom fließt, während der

Bild 50. Ansicht des Evershed-Erdungsmessers.

Gleichstrom der Stromspule des Ohmmeters zugeführt wird. Die Wechselspannung des Erders gegen Sonde wird durch den mit dem Stromwender gekuppelten Spannungswender Sp_w gleichgerichtet, so daß auch die Spannungsspule des Ohmmeters Gleichstrom erhält. Der Umschalter S dient zur Wahl des Meßbereichs. Die logarithmische Teilung der Skala des Kreuzspulinstrumentes ermöglicht eine sehr genaue Ablesung. Bild 50 zeigt die äußere Ansicht des Erdungsmessers. Auch dieses Gerät ermöglicht selbstverständlich die Messung von Leitungswiderständen, wenn man die Klemmen 2 und 3 kurzschließt und den zu messenden Widerstand an die Klemmen 1 und 2 anschließt.

Die beiden zuletzt beschriebenen Erdungsmesser, bei denen der Meßstrom Kurbelgeneratoren entnommen wird, sind besonders für Erdungsmessungen in Starkstromanlagen geeignet, während die übrigen Brückenarten zur Bestimmung höherer Widerstände, wie sie meistens in Schwachstromanlagen vorkommen, gedacht sind.

3. Beurteilung des Erdungswiderstandes.

Die Bestimmung des Erdungswiderstandes wird nicht immer ein befriedigendes Ergebnis liefern. Die Höhe des Erdungswiderstandes ist nämlich

1. von der elektrischen Leitfähigkeit des Erdreichs,

2. von den Abmessungen des Erders und

3. von seiner Erdberührungsfläche

abhängig.

a) Spezifischer Widerstand des Erdreichs.

Für den elektrischen Strom ist der Erdboden ein Halbleiter. Sein elektrischer Widerstand, den er dem Strom entgegensetzt, ist in hohem Maße von der geologischen und chemischen Zusammensetzung und von dem Feuchtigkeitsgehalt des Erdbodens abhängig, also örtlich und zeitlich außerordentlich verschieden.

Ein Maßstab für die Beurteilung der elektrischen Leitfähigkeit des Erdreichs bietet die Angabe des spezifischen Widerstandes ϱ. Unter dem spezifischen Widerstand ist theoretisch der Widerstand zu verstehen, den ein linearer homogener Leiter mit dem Einheitsquerschnitt (z. B. 1 m²) pro Längeneinheit (z. B. 1 m) besitzt. Unter Voraussetzung homogener Beanspruchung kann ϱ als der in Ω gemessene Widerstand eines Meterwürfels Erdreich zwischen zwei gegenüberliegenden Würfelflächen, also

$$\varrho = \frac{\Omega\,\mathrm{m}^2}{\mathrm{m}} = \Omega\,\mathrm{m} \quad \ldots \ldots \ldots \quad (15)$$

betrachtet werden. Unter sinngemäßer Anwendung der Potentialfeldtheorie läßt er sich durch nachstehende Versuchsanordnung ermitteln: Ein 1...2 m langes und 1...2″ starkes Rohr wird in die Erde getrieben und der Erdungswiderstand nach einer der beschriebenen Methoden gemessen. Es ist dann

$$\varrho = \frac{R\,a}{C} \qquad \dots \dots \dots \dots (16)$$

worin ϱ = der spezifische Widerstand in Ωm, R = der gemessene Erdungswiderstand in Ω, a = die Hauptabmessung des Versuchserders in m, also seiner Länge von der Spitze bis zur Erdoberfläche und C eine Konstante, deren Wert von der Form und Art des Versuchserders abhängig ist, bedeuten. Für den gewählten Versuchserder ist $C = 0,9$.

Um die Leitfähigkeiten des Erdreichs in einem größeren Gelände zu beurteilen, wird man zweckmäßig den Mittelwert aus einer Reihe von Meßergebnissen bilden. So wurden z. B. auf dem Gelände einer Waldsiedlung spezifische Widerstände von 690...1400 Ωm gemessen, so daß mit einem Mittelwert von rd. 1000 Ωm zu rechnen war.

Um einen Überblick über die spezifischen Widerstände der verschiedensten Bodenarten zu erhalten, sind in der Zahlentafel 11 die wichtigsten mittleren Werte zusammengestellt.

Zahlentafel 11.
Spezifische Erdungswiderstände verschiedener Bodenarten.

Bodenart	Spezifischer Erdungswiderstand
Moorboden	50 Ωm
Acker- oder Lehmboden . . .	100 Ωm
Sandboden	600 Ωm
Kiesboden	1000 Ωm
Felsen	3000 Ωm

Es ist auch interessant zu wissen, in welchem Verhältnis die Leitfähigkeit des Erdreichs zu der Leitfähigkeit des Kupfers steht. Der spezifische Widerstand von Elektrolytkupfer ist

$$\varrho_u = 0,0175 \ \frac{\Omega \text{mm}^2}{\text{m}} = 1,75 \cdot 10^{-6} \ \Omega\text{cm} = 1,75 \cdot 10^{-8} \ \Omega\text{m}.$$

Da Ackerboden einen spezifischen Widerstand von $\varrho = 100$ Ωm hat, ist seine Leitfähigkeit

$$\frac{\varrho}{\varrho_{Cu}} = \frac{100}{1,75 \cdot 10^{-8}} = 5,7 \cdot 10^{9}$$

also 5,7 Milliarden mal so schlecht als Kupfer.

b) Vorausberechnung der Erder.

Die Kenntnis des spezifischen Erdungswiderstandes gestattet eine Vorausberechnung von Erdungswiderständen. Ganz allgemein gilt derjenige Erder als der günstigste, der bei kleinstem Übergangswiderstand den geringsten Material- und Kostenaufwand verursacht.

Für die Vorausberechnung der gebräuchlichsten Erderformen können nachstehende, im Schrifttum[1]) mehrfach erwähnte Formeln angewendet werden:

1. Plattenerder $\qquad R = \dfrac{\varrho}{4\,a}$ . . . . (17)

2. Rohrerder $\qquad R = \dfrac{\varrho}{2\,\pi\,a}\ln\dfrac{4\,a}{d}$ . . . . (18)

3. Seilerder $\qquad R = \dfrac{\varrho}{2\,\pi\,a}\ln\dfrac{a^2}{d\,h}$ . . . . (19)

4. Banderder $\qquad R = \dfrac{\varrho}{2\,\pi\,a}\ln\dfrac{a^2}{h\,b/_2}$ . . . . (20)

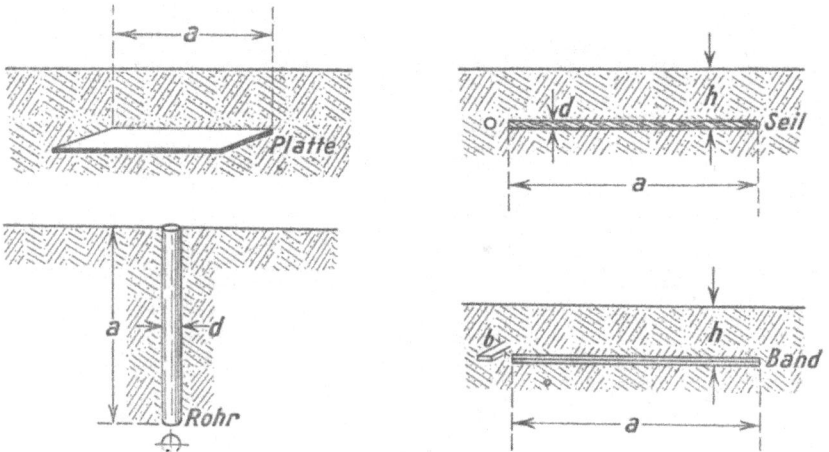

Bild 51. Lagen der verschiedenen Erderformen zur Erklärung der Gleichungen (17...20).

Die Erklärungen für die Formelzeichen gehen aus Bild 51 hervor. Für die praktischen Bedürfnisse genügen meist die in Anlehnung an diese Formeln abgeleiteten vereinfachten Formeln, wenn die nachstehenden Bedingungen erfüllt sind:

1. Plattenerder in quadratischer Form und senkrecht im Erdreich stehend,

2. Rohrerder mit einem Durchmesser von 1...2″ und 1...6 m Länge im Erdreich,

3. Seilerder mit einem Durchmesser von etwa 8 mm, einer Länge von 25...100 m und einer Verlegungstiefe von etwa 0,5 m im Erdboden,

---

[1]) H. Weber, Der Erdschluß in Hochspannungsnetzen, S. 27. Verlag R. Oldenbourg, München-Berlin 1936.

4. Banderder mit einem Bandquerschnitt in der Größenordnung von 3 × 16 mm, gleicher Länge und Verlegungstiefe wie bei Seilerdern.

,Sind vorstehende Bedingungen erfüllt, so kann mit nachstehenden vereinfachten Formeln gerechnet werden:

1. Plattenerder $\quad 0{,}25 \cdot \dfrac{\varrho}{a}$ . . . . (21)

2. Rohrerder $\quad\quad 0{,}9 \cdot \dfrac{\varrho}{a}$ . . . . (22)

3. Band- oder Seilerder $2{,}1 \cdot \dfrac{\varrho}{a}$ . . . . (23)

worin a immer die Hauptabmessungen in m bedeuten.

Eine Vorausberechnung von Erdern wird sich in allen Fällen empfehlen, in denen die Überschreitung eines gewissen Erdungswiderstandes unzulässig, die Bodenverhältnisse bezüglich ihrer Leitfähigkeit unbekannt sind und bindende Kostenanschläge abgegeben werden müssen. Das ist besonders in den Anlagen der Fall, wo die Kosten für die Erdungen einen erheblichen Anteil an den Gesamtkosten ausmachen.

Zahlentafel 12.
Erdungswiderstände gebräuchlicher Erder
bei verschiedenen Bodenarten.

Bodenart	1—2 zöllige Rohrerder Tiefe in m			Banderder (Querschnitt 50 mm²) Länge in m			Quadratische Plattenerder Eins. Oberfl. in m²		
	2	4	6	25	50	100	0,5	1	2
Moorboden	23	12	7,5	4,2	2,1	1,1	25	12	6 Ω
Acker- oder Lehmboden	45	23	15	9	4,5	2,5	50	25	12 Ω
Sandboden	270	135	90	50	25	12	300	150	75 Ω
Kiesboden	450	230	150	95	45	25	500	250	120 Ω

Auf Grund der in Zahlentafel 11 angegebenen spezifischen Erdungswiderstände und der Bemessungsformeln ergeben sich die in Zahlentafel 12 zusammengestellten Widerstandswerte, wobei aber zu bemerken ist, daß die errechneten Werte nur angenäherte, für die praktischen Verhältnisse aber genügend genaue sind.

c) Abmessungen der Erder, Mehrfacherder.

Der Erdungswiderstand eines Erders ist proportional des spezifischen Widerstandes des Erdreichs und umgekehrt proportional seiner Hauptabmessungen z. B. der Länge eines Rohres oder Bandes. Ist die Länge eines Erders l_1, sein Erdungswiderstand R_1, so beträgt bei Veränderung der Länge auf l_2 sein Erdungswiderstand

$$R_2 = \frac{l_1}{l_2} R_1 \quad . . . . (24)$$

wobei vorausgesetzt ist, daß die Leitfähigkeit des Erdreichs im Bereich des Erders gleichförmig ist. Diese Gleichförmigkeit ist aber oft nicht vorhanden. Wenn Rohrerder in größere Tiefen getrieben werden, können Erdschichten anderer Leitfähigkeit angetroffen werden, als die, durch welche der Erder bereits vorgetrieben ist. In horizontaler Richtung sind die Erdreichstrukturen über kurze Strecken meist gleichartig, können sich aber auch bei größeren Entfernungen erheblich unterscheiden, was bei der Verlegung langer Banderder zu beachten ist. In solchen Fällen ist die Widerstandsabnahme nicht proportional der Länge, sondern folgt einer Kurve, deren Form von der Leitfähigkeit der Erdreichschichten abhängig ist. Bild 52 zeigt einige Widerstandskurven von

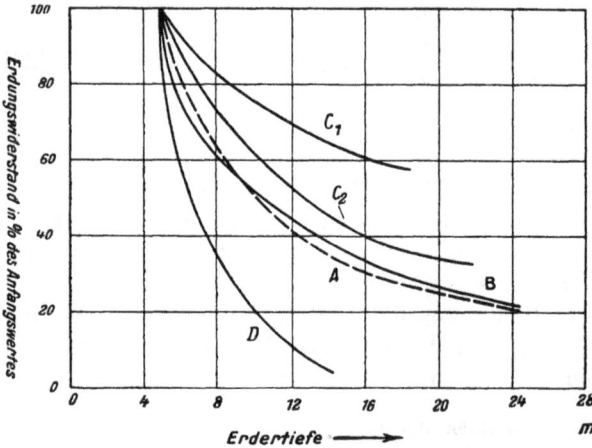

Bild 52. Widerstandsabnahme von Rohrerdern in Abhängigkeit von der Erdertiefe.

Rohrerdern. Die Kurven sind wie folgt zu bewerten: Kurve A stellt die nach Gleichung (24) errechnete Vergleichsgrundlage dar. Die Kurve B, die sich praktisch mit der Kurve A deckt, läßt auf ein gleichförmiges Erdreich schließen. Aus dem Verlauf der Kurven C_1 und C_2 ist zu entnehmen, daß die tieferliegenden Erdschichten eine schlechtere Leitfähigkeit (Kiesschichten) haben, als die oberen Erdschichten. Aus der Kurve D sind die umgekehrten Verhältnisse zu folgern, also mit zunehmender Tiefe werden Erdschichten mit besserer Leitfähigkeit (Lehmschichten) erreicht.

Da es in der Praxis nicht immer möglich ist, einen bestimmten Erdungswiderstand durch die errechnete Länge

$$l_2 = \frac{R_1}{R_2} \, l_1$$

zu erreichen, weil sich zu große Längen ergeben würden, kann man mehrere Erder parallel schalten. Der 1. Satz des Kirchhoffschen Gesetzes gilt für die Parallelschaltung von Erdungswiderständen, ebenso wie der 2. Satz für die Hintereinanderschaltung, angenähert nur dann, wenn sich die Sperrflächen der Erder nicht überdecken. Es ist daher sinnlos, den Erdungswiderstand eines Erders zu vermindern, wenn man in unmittelbarer Nähe, also innerhalb der Sperrfläche einen zweiten Erder errichtet und ihn zum ersten Erder parallel schaltet. Der Gesamtwiderstand wird wohl etwas kleiner, keinesfalls aber um den Wert, den man erreicht, wenn man den zweiten Erder außerhalb der Sperrfläche des ersten Erders versetzt, so daß sich beide Sperrflächen nicht überdecken. Inwieweit der Abstand der Erder den Gesamtwiderstand beeinflußt, zeigt Bild 53. In dem Bild ist angenommen, daß die Sperrflächen der Erder einen Halbmesser von je 6 m haben.

Da die Größe der Sperrfläche von der Hauptabmessung des Erders abhängt, ist der gegenseitige Abstand bei Mehrfacherdern auch durch die Hauptabmessungen der Einzelerder bedingt. Um den Geländebedarf für Mehrfacherder nicht unnötig zu vergrößern, ist es nicht unbedingt notwendig, die Sperrflächengrenzen genau einzu-

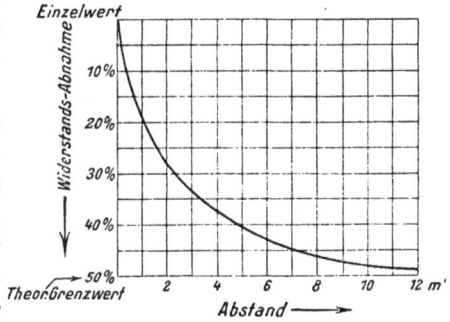

Bild 53. Prozentuale Widerstandsabnahme bei Parallelschaltung von Erdern in Abhängigkeit vom gegenseitigen Abstand.

halten; das um so weniger, als der Kombinationswiderstand mit zunehmendem Abstand von einer gewissen Grenze ab nur noch unwesentlich sinkt. Bild 54 zeigt den Kombinationswiderstand zweier Rohrerder von je 2 m Länge in Abhängigkeit vom gegenseitigen Abstand. Da der Kombinationswiderstand bei $d = 2$ m Abstand nicht mehr wesentlich abnimmt, genügt es, diesen Abstand einzuhalten. Ordnet man n Rohrerder von je l m Länge in einem Kreise vom Durchmesser D gleich-

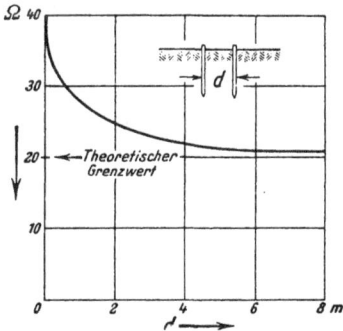

Bild 54. Kombinationswiderstand zweier Rohrerder von je 2 m Länge in Abhängigkeit vom gegenseitigen Abstand.

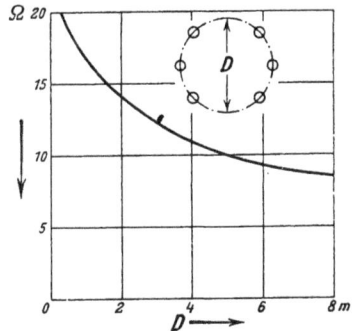

Bild 55. Kombinationswiderstand eines kreisförmig angeordneten Mehrfacherders in Abhängigkeit vom Kreisdurchmesser.

mäßig an, so ist der Kombinationswiderstand natürlich um so kleiner, je größer n ist. In bezug auf einen wirtschaftlich noch vertretbaren Material- und Arbeitsaufwand sowie Geländebedarf darf angenähert

$$n_{max} \approx \frac{D \pi}{l} \qquad \dots \dots \dots \dots \dots (25)$$

nicht überschritten werden, d. h. der günstigste Kombinationswiderstand ist zu erwarten, wenn man den gegenseitigen Abstand der Einzelerder etwa gleich der Hauptabmessung der Einzelerder wählt, wobei vorausgesetzt ist, daß alle Einzelerder die gleiche Hauptabmessung haben. Bild 55 zeigt den Kombinationswiderstand von sechs Einzelerdern je 2 m Länge in Abhängigkeit vom Durchmesser D. Es ist erkennbar, daß ein Durchmesser von 3...5 m entsprechend Gleichung (25) den günstigsten Wert ergibt. Mit weiter zunehmendem D nimmt der Kombinationswiderstand nur noch unwesentlich ab.

d) Erdberührungsfläche der Erder.

Man sollte annehmen, daß die Erdberührungsfläche eines Erders für seinen Erdungswiderstand eine große Rolle spielt. Das ist aber nicht der Fall. Eine doppelte Berührungsfläche eines Erders zieht nämlich nicht eine Verminderung seines Erdungswiderstandes auf den halben Wert nach sich; d. h. benötigt man den halben Widerstandswert, so bedingt das bei Plattenerdern eine vierfache und bei Rohrerdern etwa eine zehnfache Vergrößerung der Erdberührungsfläche. Aus Bild 56 ist zu entnehmen, daß bei Plattenerdern der Erdungswiderstand durch Verdoppelung der Erdberührungsfläche um etwa 30% und bei Rohrerdern nur um etwa 10% abnimmt. Man erkennt, daß der Durchmesser eines Rohrerders auf den Erdungswiderstand keinen allzu großen Einfluß hat. Man wird daher Rohrerder aus Gründen der Werkstoffersparnis nur so stark wählen, wie es mit Rücksicht auf die mechanische und Korrosionsfestigkeit gefordert werden muß. Aus wirtschaftlichen Gründen ist es daher notwendig, die Verminderung eines Erdungswiderstandes nicht durch Vergrößerung der Erdberührungsfläche, sondern durch Vergrößerung seiner Hauptabmessungen anzustreben. In Unkenntnis dieser Sachlage, sowie auch durch Parallelschaltung von Erdern, deren Sperrflächen sich weit überdeckten, sind schon öfter bei beabsichtigter Verminderung von Erdungswiderständen große Mittel aufgewandt worden, ohne einen nennenswerten Erfolg zu erreichen.

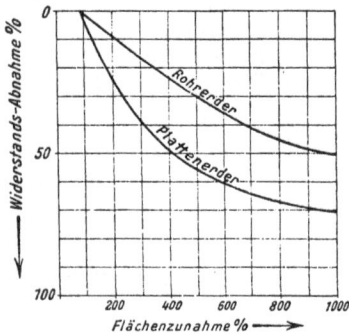

Bild 56. Einfluß der Erdberührungsfläche bei Rohr- und Plattenerdern auf den Erdungswiderstand.

e) Veränderung des Erdungswiderstandes.

Die Leitfähigkeit des Erdbodens ist in hohem Maße von seinem Feuchtigkeitsgehalt abhängig. Da der Feuchtigkeitsgehalt wieder Witterungseinflüssen unterworfen ist, sind Erdungswiderstände in mehr oder weniger hohem Maße vom Einfluß der Witterung abhängig. Das gilt für Oberflächenerder mehr als für Tiefenerder, weil besonders die oberen Schichten des Erdbodens (etwa 1 m unter Erdoberfläche) bezüglich ihres Feuchtigkeitsgehaltes durch längere Regenperioden günstig und durch längere Trockenheit und Frostdauer ungünstig beeinflußt werden. Dagegen sind wieder die Erdungswiderstände der Tiefenerder den Schwankungen des Grundwasserspiegels, verursacht durch in der Nähe liegende größere Saugbrunnen ungünstig ausgesetzt. Bild 57 zeigt

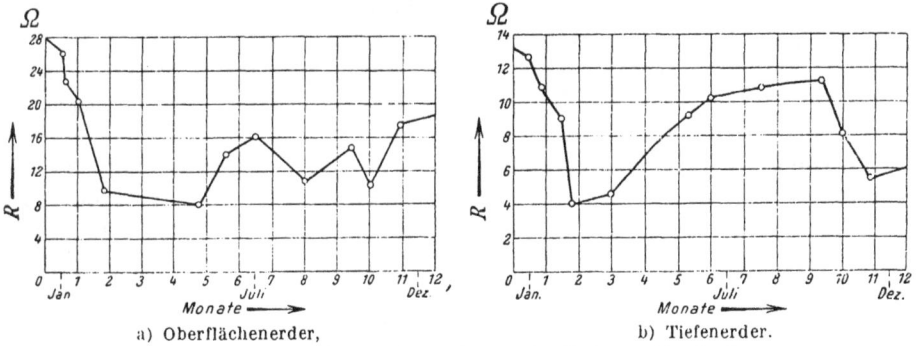

a) Oberflächenerder, b) Tiefenerder.
Bild 57. Zeitabhängige Veränderung des Erdungswiderstandes.

aus Messungen die Größe der Veränderungen, denen die Oberflächen- und Tiefenerder durch Witterungseinflüsse und Schwankungen des Grundwasserspiegels ausgesetzt sind.

Charakteristisch ist bei den Kurven, daß der Widerstand zunächst stark abfällt, um sich dann erst allgemein den Veränderungen der Bodenleitfähigkeit zu unterwerfen. Das liegt darin begründet, daß der Erder zunächst noch keine allzu innige Berührung mit dem Erdreich hat, die aber durch natürliches Absacken des Erdreiches und Regenfälle oder auch durch Stampfen und Bewässern des umgebenden Bodens verbessert werden kann. Dagegen kann sich ein Absacken des Erdreichs ungünstig auswirken, wenn Plattenerder flach in den Erdboden verlegt werden. Es ist daher notwendig, Plattenerder nur hochkant in den Erdboden zu stellen.

Mit Rücksicht auf die andauernden Änderungen der Erdungswiderstände ist daher ein Wert anzustreben, der auch noch im ungünstigsten Falle den an die Erdung zu stellenden Forderungen entspricht, anderenfalls die Erdung mit einem großen Unsicherheitsfaktor behaftet ist.

f) Tränkerder.

Die Tatsache, daß die Kosten einer Erdung durch ihren geforderten Erdungswiderstand und durch die jeweilige Leitfähigkeit des Bodens bestimmt sind, kann unter Umständen zu erheblichen Kosten führen, wenn der Erdboden eine besonders schlechte Leitfähigkeit besitzt. Das Tränkverfahren gestattet eine Verbesserung der Leitfähigkeit um das

3...5fache. Da das Spannungsgefälle und damit die Stromdichte unmittelbar am Erder am größten ist, genügt es auch, nur in der unmittelbaren Umgebung des Erders das Erdreich zu tränken. Als Tränklösung hat sich Sodalösung gut bewährt. Durch die Sodalösung wird das Material der Erder nicht angegriffen, somit sind Korrosionserscheinungen nicht zu befürchten. Die zahlreich angestellten Versuche haben gezeigt, daß eine Tränkung etwa 9...12 Monate ausreicht, ehe eine neue Tränkung erforderlich ist. Durch das Tränkverfahren konnten Verbesserungen bis zu $1/5$ des anfänglichen Widerstandswertes erreicht werden. Zahlenmäßige Werte lassen sich aber kaum verallgemeinern, da die Auswirkung des Tränkverfahrens in hohem Maße von der chemischen Bodenbeschaffenheit abhängig ist.

Um die Einfüllung der Tränklösung von Zeit zu Zeit zu ermöglichen, muß der Rohrerder mit Bohrlöchern versehen werden, durch die die Lösung in das umliegende Erdreich hindurchtritt. Der Kopf des Erders erhält zweckmäßigerweise eine verschließbare trichterförmige Öffnung zum Einfüllen der Tränklösung, während der Fuß eine zugeschweißte Spitze erhält. Inwieweit sich die Widerstände der Tränkerder mit der Zeit verändern, z. B. unter dem Einfluß der Witterung und der Ausbreitung der Tränklösung, geht aus Bild 58 hervor.

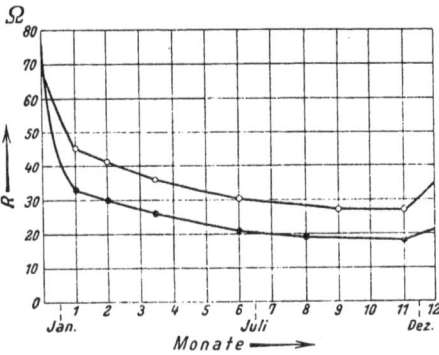

Bild 58. Zeitabhängige Widerstandsveränderung bei Tränkerdern.

Werden Erder nicht geschlagen oder gebohrt, sondern gegraben, so kann man auch noch zur Verbesserung einen Salzvorrat (Viehsalz) um den Erder schütten und einstampfen, der sich im Laufe der Zeit durch Regenfälle auflöst und die Leitfähigkeit des Erdreichs um den Erder herum wesentlich erhöht.

g) Gefahrenzone der Erder.

Bei der wirtschaftlichen Beurteilung von Erdern wird derjenige der günstigste sein, der bei kleinstem Erdungswiderstand den geringsten Werkstoff- und Kostenaufwand erfordert. Das ist im allgemeinen der Rohrerder, da er bei dem geringsten Werkstoffaufwand leicht herzustellen ist und den geringsten Geländebedarf erfordert gegenüber Seil- und Banderdern. Bei der sicherheitstechnischen Beurteilung ist jedoch außer dem Erdungswiderstand die Gefahrenzone, also Ausdehnung des Spannungstrichters und Höhe der Schrittspannung zu beachten. Je nach Lage und Verwendungszweck des Erders kann es erforderlich sein, Maßnahmen gegen die Gefahren durch Schrittspannung anzuwenden[1]). Hierzu kann man sich folgender Mittel bedienen:

1. Einzäunung der Gefahrenzone,
2. Herabsetzung der Schrittspannung.

Zu 1. Zu der Maßnahme, die Gefahrenzone einzuzäunen, wird man nur dann greifen, wenn der erforderliche Geländebedarf zur Verfügung steht und seine Entbehrung keine wirtschaftlichen Nachteile mit sich bringt.

Zu 2. Zur Herabsetzung der Schrittspannung ist der Erder mehrere Meter unter der Erdoberfläche zu versenken und an eine von Erde isolierte Erdungsleitung anzuschließen (Bild 59). Bei solchen Erdern, deren Erdungszuleitung isoliert in das Erdreich eingeführt ist, sind die Schrittspannungen erheblich geringer. Die Schrittspan-

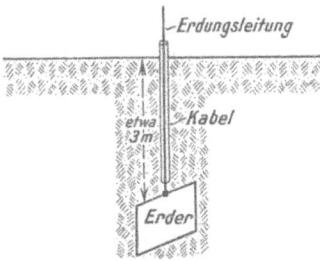

Bild 59. Erder in 3 m Tiefe unter Erdoberfläche mit isoliert von Erde verlegter Erdungsleitung.

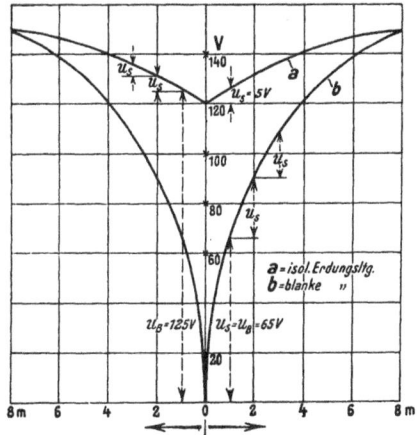

Bild 60. Schritt- und Berührungsspannungen eines Erders nach Bild 59 zur Beurteilung der Gefahrenzone.

nungen sind um so kleiner, je tiefer der Erder unter der Erdoberfläche liegt. Wie Bild 60 zeigt, wird nach den Kurven zwar durch Isolierung der Erdungsleitung vom Erdreich der Spannungstrichter des tief im Erdboden versenkten Erders abgeflacht und dadurch die Gefährdungsmöglichkeit durch Schrittspannung herabgesetzt. Während aber die Schrittspannung U_s herabgesetzt wird, steigt gleichzeitig die Spannung zwischen dem Erder und dem Erdreich seiner näheren Umgebung, die als Berührungsspannung U_B wirksam werden kann. Z. B. ist zwischen 0 und 1 m Abstand bei blank verlegter Erdungsleitung $U_s = U_B = 65$ V,

---

[1]) Die Anwendung solcher Maßnahmen braucht nur dann in Erwägung gezogen zu werden, wenn gefährliche Spannungen am Erder überhaupt auftreten können, z. B. Erdungen für Überspannungsableiter an Freileitungen in gewitterreichen Gegenden, wo mit der Zerstörung der Ableiter durch direkten Blitzschlag gerechnet werden muß, Betriebs- und Schutzerdungen in Netzstationen unter besonders ungünstigen Betriebsverhältnissen u. ä.

bei isoliert verlegter Erdungsleitung $U_s = 5$ V und $U_B = 125$ V. Dieser Tatsache muß bei Anwendung dieser Maßnahme Rechnung getragen werden. Sie ist deshalb auch nur bedingt anwendbar. Bild 61 a zeigt ein Beispiel, in dem die Voraussetzungen für seine Anwendung gegeben ist. Nach Bild 61 b sind die Voraussetzungen nicht vorhanden, da der an die Erdleitung angeschlossene leitfähige Anlageteil der allgemeinen Berührung zugänglich ist und somit eine hohe Berührungsspannung über- brückt werden kann, ganz abge-

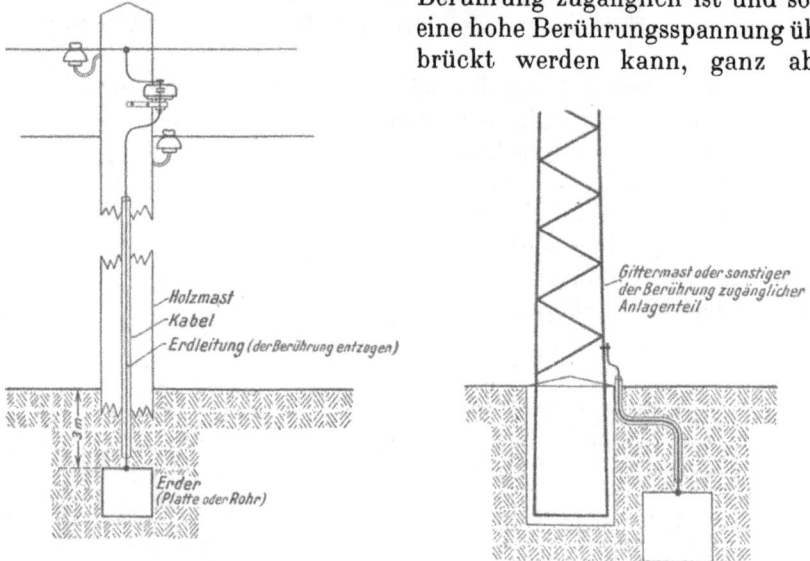

a) Vorteilhafte Anwendung als Erdung für einen Überspannungsableiter,

b) unzweckmäßige Anwendung als Erdung für einen der Berührung zugänglichen Gittermast.

Bild 61. Anwendung des Erders nach Bild 59.

sehen davon, daß in diesem Falle der leitfähige Anlagenteil schon durch seinen Standort geerdet ist. Da die Herstellungskosten solcher Erder erheblich sind, sollte man ihre Anwendung nur dort in Erwägung ziehen, wo Schrittspannungen eine besondere Gefahr darstellen, z. B. auf Viehweiden, Verkehrswegen u. ä.

4. Rohrnetze als Erder.

In der Erde verlegte Rohrsysteme, wie Wasser-, Gas-, Heizungs- und Abflußrohre, gehören, in ihrer Gesamtheit betrachtet, zu den ver- zweigten Erdern. Ihr Erdungswiderstand setzt sich aus den Erdungs- widerständen mehr oder weniger zahlreicher Tiefen- und Oberflächen- erder zusammen.

a) Meßschwierigkeiten.

Die genaue Bestimmung des Erdungswiderstandes eines ausge- dehnten Rohrnetzes stößt meßtechnisch auf praktische Schwierigkeiten, weil man die örtliche Lage der Rohre meistens nicht genau kennt, die Sperrflächen sich deswegen leicht überdecken können, die ohnehin schon wegen ihrer großen Ausdehnung die Übersichtlichkeit erschweren, so daß man bei den Messungen kaum aus ihrem Gebiet herauskommt.

Diese Schwierigkeiten sind in Stadtgebieten, in denen unkontrollierbare Verbindungen mit anderen Rohrnetzen bestehen oder anzunehmen sind und somit das Meßergebnis außerordentlich beeinträchtigen, nahezu unüberwindlich. In solchen Gebieten, z. B. auf dem Lande, sind die Messungen, sofern man wenigstens die Lage der Rohre kennt und Verbindungen mit anderen Rohrsystemen nicht bestehen, durchführbar. In Stadtgebieten beschränkt man sich meistens darauf, die Erdungswiderstände nach Maßgabe vorliegender Verhältnisse nur annähernd zu bestimmen. Die Erfahrungen haben ergeben, daß die annähernde Bestimmung für die praktischen Verhältnisse völlig ausreichend ist.

b) Übergangswiderstände.

Eine wesentliche Rolle bei der Messung und Beurteilung der Erdungswiderstände von Rohrnetzen spielen die Übergangswiderstände an den Flansch-, Muffen- und Schraubverbindungen sowie an sonstigen Stoßstellen. Diese Widerstände sind meistens auf das an den Verbindungsstellen eingefügte elektrisch isolierende Abdichtungsmaterial zurückzuführen. Sie sind oft, jedoch nicht immer, in mehr oder weniger hohem Maße strom- bzw. spannungsabhängig und werden manchmal bei entsprechenden Spannungen durchschlagen. Die Stromabhängigkeit dieser Übergangswiderstände erklärt sich wie folgt: Das Verhalten des Widerstandes bei zunehmender Spannung gleicht der physikalischen Erscheinung eines elektrischen Durchbruchs an feuchten Leitern mit Faserstruktur, wie z. B. feuchtem Holz, feuchtem geschichteten Papier, Baumwolle u. ä. Man kommt daher zu der Vermutung, als sei während des Meßvorganges ein im Stromkreis liegender Halbleiter durchschlagen worden. Als solche Halbleiter können die Muffenabdichtungen aus Hanf, Leder und sonstigen geschichteten Stoffen angesehen werden. Die Tatsache, daß eine zweite Messung bei einmal durchschlagenem Halbleiter nicht mehr die ursprünglichen, sondern kleinere Werte ergibt, kann als eine Bestätigung der Vermutung angesehen werden[1]).

Besonders hohe Übergangswiderstände sind an den Verbindungen von Abfluß-, Gas- und Heizungsrohren festzustellen, so daß diese Rohrsysteme für Erder in Starkstromanlagen grundsätzlich nicht in Frage kommen. Bild 62 und 63 zeigen die Stromabhängigkeit der Übergangswiderstände an Gas- und Heizungsrohren.

---

[1]) Schering, Die Isolierstoffe der Elektrotechnik, S. 39. Verlag Springer, Berlin 1924.

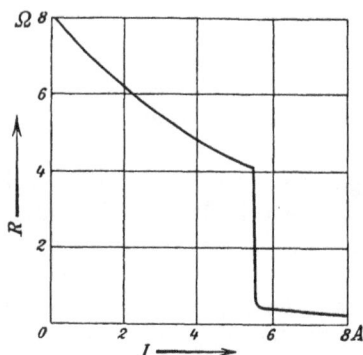

Bild 62. Stromabhängiger Übergangswiderstand gemuffter Gasrohre.

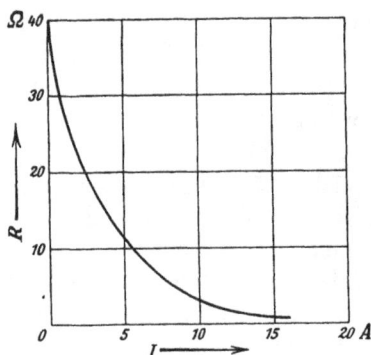

Bild 63. Stromabhängiger Übergangswiderstand gemuffter Heizungsrohre.

Auch bei Wasserrohrverbindungen muß man mit Übergangswiderständen rechnen, wenn auch nicht in dem Maße wie bei den Verbindungen
von Gas- und Heizungsrohren.

Die stromabhängige Eigenschaft der Übergangswiderstände führt zur
Folgerung, daß man die Erdungswiderstände von Rohrnetzen mit entsprechenden Strömen messen muß. Aus diesem Grunde können meistens
die Meßverfahren, die mit kleinen Meßströmen arbeiten (Meßbrücken),
nicht angewandt werden. Die Messung erfolgt deshalb zweckmäßig mit
Strom und Spannung entsprechender Größe unter besonderer Berücksichtigung von Sicherheitsmaßnahmen (vgl. Bild 43). Die Kurve in
Bild 64 stellt aus umfangreichen Ver-
suchen des Verfassers gewonnene Mittelwerte von Übergangswiderständen an
gemufften Wasserleitungsrohren in Abhängigkeit vom Meßstrom dar. Da der
Widerstand bei einem Strom von rd. 5 A
einen praktisch konstanten Wert erreicht, muß man auch mit Meßströmen
in dieser Größenordnung arbeiten.

Große Beachtung findet die Tatsache, daß in manchen, besonders neuen
Wasserrohrnetzen oder -netzteilen Rohre
mit isolierenden Deckschichten (Bitu-
men) oder solche aus elektrisch nicht
leitenden Werkstoffen (Zement, Eternit

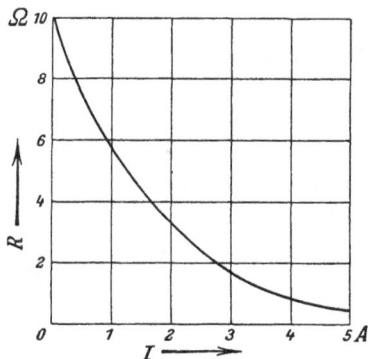

Bild 64. Stromabhängiger Übergangswiderstand gemuffter Wasserrohre.

u. ä.) in zunehmendem Umfange verwendet werden[1]. Auch Flansche
und sonstige Verbindungsstücke aus Isolierstoffen werden neuerdings

---

[1] Götting, Heimische Baustoffe in der Wasserversorgung, Gas- und Wasserfach 84 (1941) S. 121.

oft nachträglich eingebaut. Hierdurch kann die Eignung des Wasserrohrnetzes als Erder bedeutend herabgesetzt oder sogar ganz hinfällig werden, da sie die Erdungswiderstände außerordentlich erhöhen. Da die Erdungswiderstände ausgedehnter metallischer Wasserrohrnetze meistens < 0,1...1 Ω sind, wird man in den Fällen, wo erheblich größere Widerstände festgestellt werden, immer auf isolierende Zwischenteile im Rohrnetz schließen können.

c) Praktische Meßergebnisse.

Bei der Messung von Erdungswiderständen an Wasserrohren in Gebäuden muß man sich Klarheit verschaffen, inwieweit andere Rohrleitungen (Gasleitungen u. ä.) innerhalb der Gebäude mit den Wasserrohren in Verbindung stehen. Solche Verbindungen bestehen sehr oft in gasbeheizten Badeöfen oder durch gemeinsame Verlegung der Rohre an Eisenträgern od. dgl. Durch Lösen der Verbindung zwischen dem Straßen- und Hauswasserrohrnetz, was zweckmäßig durch Ausbau der Wassermesser erfolgte, wurden die in Zahlentafel 13 zusammengestellten Ergebnisse erzielt. Wie aus den Meßergebnissen ersichtlich, bestehen

Zahlentafel 13.

Meßergebnisse von Erdungswiderständen an Wasserleitungen in großstädtischen Häusern, bei denen die Straßen- und Hauswasserrohre durch Aus- und Einbau der Wassermesser getrennt bzw. verbunden werden.

Nr.	Nähere Bezeichnung des Hauses	I Straßen-rohr	II Haus-rohr	III Rohre verbunden
		Erdungswiderstand		
1	Zweistöckiges Haus mit 4 Wohnungen . .	3,7..10,6	0,24..0,77	0,24
2	Vierstöckiges Geschäftshaus.	1..4	0,10..0,36	0,12
3	Vierstöckiges Geschäfts- und Wohnhaus. .	0,56	0,59	0,45
4	Zweistöckiges Geschäfts- und Wohnhaus .	5,4..6,8	3,0	2,8
5	Zweistöckiges Wohnhaus	1,14	0,68	0,6

zwischen den in den Spalten II und III eingetragenen Widerstandswerten keine nennenswerten Unterschiede. Das ist ein Beweis, daß in allen Fällen das Hauswasserrohrnetz parallele Verbindungen mit anderen Rohrsystemen hatte. Mit solchen Verbindungen ist in großstädtischen Gebäuden, die an mehrere Rohrnetze angeschlossen sind, stets zu rechnen.

Anders liegen die Verhältnisse in ländlichen Siedlungshäusern, wie die in Zahlentafel 14 enthaltenen Meßergebnisse zeigen. Die Unterschiede zwischen den Erdungswiderständen der straßen- und hausseitigen Rohre sind hier ganz beträchtlich. In den Fällen, in denen die Widerstandsunterschiede gering sind oder sogar der Erdungswiderstand des Hauswasserrohrnetzes geringer ist als der des Straßenrohrnetzes, waren an das Hauswasserrohrnetz längere im Erdboden verlegte Wasserrohre angeschlossen.

Zahlentafel 14.

Meßergebnisse von Erdungswiderständen an Wasserleitungen in Siedlungshäusern, bei denen die Straßen- und Hauswasserrohre durch Aus- und Einbau der Wassermesser getrennt bzw. verbunden wurden.

		I	II	III
		\multicolumn{3}{|}{Erdungswiderstand}		
Nr.	Nähere Bezeichnung des Hauses	Straßenrohr	Hausrohr	Rohre verbunden
1	Landhaus mit 2 Wohnungen . . .	1,1	30	1,07
2	Einfamilienlandhaus	1,5	4,0	1,1
3	Siedlungshaus, Reihenbauweise . .	10	105	9,2
4	Landhaus mit Park	1,8	1,0	0,7
5	Doppellandhaus	200	250	115

Zahlentafel 15 zeigt Meßergebnisse von Erdungswiderständen an Wasserrohren mit isolierenden Deckschichten und streckenweise verlegten Eisen- und Eternitrohren. Die Meßergebnisse sind wie folgt zu bewerten:

Zahlentafel 15.

Meßergebnisse von Erdungswiderständen in Häusern an Wasserleitungen verschiedener Baustoffe, die durch Ein- und Ausbau der Wassermesser verbunden oder getrennt wurden.

Nr.	Nähere Bezeichnung des Hauses	Straßen- rohre	Haus- anschluß- rohre	Erdungswiderstand Wassermesser ein-	aus- gebaut
1	Vierstöckiges Wohn- und Geschäftshaus	Eisen, bit.	Eisen, bit.	0,4	0,4
2	kleines Siedlungshaus	Eternit	Eisen	5,0	5,0
3	zweistöckiger Wohnhausblock .	Eisen	Eternit	8,0	8,3
4	Landhaus	Eisen	Eisen	0,4	60,0
5	zweistöckiges Wohnhaus. . . .	Eisen	Blei	0,5	15
6	Siedlungshaus	Eisen	Eisen, bit.	15	70
7	Siedlungshaus	Eternit	Eisen, bit.	180	200

Zu 1. Da kein Widerstandsunterschied zwischen den Meßergebnissen besteht, ist anzunehmen, daß bei beiden Messungen der Widerstand eines anderen Rohrnetzes mitgemessen wurde.

Zu 2. Die gemessenen Widerstände beziehen sich nur auf das Hausanschlußrohr; das Straßenrohrnetz ist ohne Einfluß.

Zu 3. Die gemessenen Widerstände beziehen sich auf eine hinter die Eternitleitung angeschlossene Eisenrohrverteilungsleitung. Straßen- und Hauswasserrohre sind ohne Bedeutung.

Zu 4...7. Die kleineren Widerstände gelten für das Straßenrohrnetz, die größeren für das Hauswasserrohrnetz.

Zahlentafel 16 zeigt Meßergebnisse von Erdungswiderständen an hauseigenen Wasserrohrnetzen, die nicht an ein öffentliches Wasserrohr-

Zahlentafel 16.

Meßergebnisse von Erdungswiderständen an Wasserleitungen
hauseigener Wasserversorgungsanlagen.

Nr.	Nähere Bezeichnung des Hauses	Erdungswiderstand		
		Saugrohr	Hausrohre	Rohre verbunden
1	Landhaus	30	400	29
2	Sanatorium	25	15	10
3	Brauerei	3	2,8	1,5
4	Bauernhof	12	6	4,5
5	Gartenbaubetrieb	14	1,2	1,15

netz angeschlossen sind. Der Gesamterdungswiderstand setzt sich hier
immer aus den Erdungswiderständen des Brunnensaugrohres und den
mehr oder weniger langen, zum Teil im Erdboden verlegten Verteilungs-
leitungen zusammen.

Besondere Verhältnisse ergeben sich in Industrie- und Hochhäusern,
wo sämtliche Rohrleitungen untereinander und auch mit den elektrisch
leitenden Gebäudeteilen so verbunden sind, daß sie gemeinsam als ein
einziger Erder angesehen werden können. So wurde z. B. der Erdungswiderstand eines in Stahlskelettbauweise ausgeführten zehnstöckigen
Hochhauses zu 0,05 Ω bestimmt. Zahlentafel 17 zeigt die Meßergebnisse
der zwischen Stahlskelett und den Rohr- bzw. Leitungssystemen bestimmten Widerstände, die natürlich nur durch die metallischen Leitungen bedingt sind[1]).

Zahlentafel 17.

Widerstände verschiedener Erder gegen ein Stahlskelett
eines zehnstöckigen Hochhauses.

Nr.		Widerstand gemessen im	
		Keller	10. Stockwerk
1	Stahlskelett gegen Kaltwasserleitung . .	0,003	0,033
2	Stahlskelett gegen Warmwasserleitung .	0,004	0,024
3	Stahlskelett gegen Heizungsrohre	0,003	0,012
4	Stahlskelett gegen Netznulleiter	0,002	0,020

K. Auftreten von Berührungsspannungen.

1. Anforderungen an elektrische Geräte.

Berührungsspannungen im Sinne der VDE-Vorschriften treten auf,
wenn durch Schäden oder Fehler an elektrischen Anlagen die der Berührung zugänglichen, nicht zu Betriebsstromkreisen gehörigen leitfähigen Teile eine Spannung gegeneinander oder gegen Erde annehmen.
Dieses zu verhindern, ist in erster Linie Aufgabe des Baues und der Kon-

---

[1]) W. Starck, Erdungswiderstände in Hochhäusern, Elektrizitäts-Wirtsch. 31
(1932), S. 418.

struktion elektrischer Geräte und Anlagen sowie Sache sorgfältigster Montage.

Elektrische Geräte müssen so konstruiert sein, daß diejenigen Teile, in denen die Elektrizität wirksam ist, der Berührung durch den Benutzer entzogen sind. Um dieser Forderung weitgehendst Rechnung zu tragen, müssen oft alle elektrisch aktiven Teile nach außen völlig abgedeckt sein. Damit sind aber auch diese Teile der Beobachtung von außen entzogen. Es ist somit kaum möglich, die unter dem Einfluß normalen Gebrauchs auftretenden Veränderungen der elektrischen Teile festzustellen. Es muß deshalb dafür Sorge getragen werden, daß solche Veränderungen, soweit wie technisch, praktisch und wirtschaftlich möglich, nicht auftreten, d. h. die elektrisch aktiven Teile müssen innerhalb der Geräte mit ihren als Träger in Frage kommenden Isolierstoffen so gut verbunden werden, daß Lageveränderungen, die Berührungen mit den metallenen Abdeckteilen hervorrufen, möglichst nicht eintreten. Auch gegen Eindringen von Fremdkörpern, die eine leitende Verbindung zwischen den elektrisch aktiven Teilen und der metallenen Abdeckung herbeiführen können, müssen die elektrischen Geräte gesichert sein.

Obwohl diese grundsätzlichen Forderungen bei der Konstruktion der Geräte weitgehendst Beachtung finden, lassen sich Schäden, die zu Körperschlüssen führen, nicht ganz vermeiden. Die Entwicklung hat deshalb einen anderen Weg genommen. Soweit es technisch und wirtschaftlich möglich ist, werden für die Abdeckung der spannungführenden Teile nicht Metalle, sondern Isolierstoffe verwendet. Dieser Bauart ist aber wieder insofern eine natürliche Grenze gesetzt, als Isolierstoffe im allgemeinen nicht die mechanische und thermische Festigkeit besitzen wie Metalle. Es müssen deshalb nach wie vor die mechanisch und thermisch besonders hoch beanspruchten Geräte, wie z. B. Motoren, Heiz- und Kochgeräte mit Metall abgedeckt werden. Bei allen Geräten, deren Gehäuseteile aus metallenen Abdeckteilen bestehen, muß deshalb auch mit dem Eintreten von Körperschlüssen und somit mit dem Auftreten von Berührungsspannungen gerechnet werden.

2. Allgemein auftretende Fälle.

Die nachstehenden Bilder sollen die in der Regel auftretenden Fälle, in denen Personen Berührungsspannungen ausgesetzt sind, zeigen.

Bild 65 zeigt das Auftreten einer Berührungsspannung U_B zwischen dem Motorgehäuse und der Erde, hervorgerufen durch den Körperschluß K am Motor. Die Spannung kann von einem Menschen, der auf der Erde steht und das Motorgehäuse berührt, überbrückt werden.

Bild 66 zeigt das Auftreten einer Berührungsspannung zwischen einer Konsolkonstruktion und der Erde. Die Spannung wird durch den mit Körperschluß behafteten Motor auf die Eisenkonstruktion übertragen und wirkt sich somit zwischen dieser und der Erde als Berührungsspannung aus, wenn eine auf der Erde stehende Person die Eisenkonstruktion berührt. Sie kann in diesem Falle auch in einem

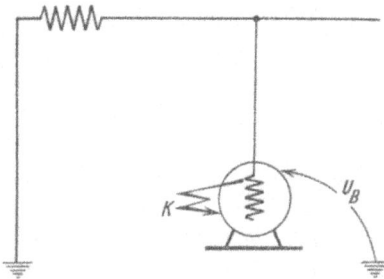

Bild 65. Berührungsspannung zwischen Motorgehäuse und Erde.

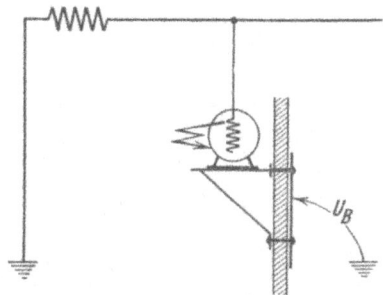

Bild 66. Berührungsspannung zwischen leitenden Konsolteilen und Erde.

Raum zur Geltung kommen, in dem keine elektrischen Anlagen vorhanden sind.

Wie Bild 67 zeigt, tritt hier durch den Körperschluß K im Motor zwischen Motorgehäuse und dem mit der Erde verbundenen Wasserhahn eine Berührungsspannung auf. Durch einen Menschen, der Motorgehäuse und Wasserhahn gleichzeitig berührt, kann sie überbrückt werden.

Nach Bild 68 würde zwischen dem Motorgehäuse und dem Eisenträger für den Fall, wenn letzterer von Erde isoliert wäre, keine Berüh-

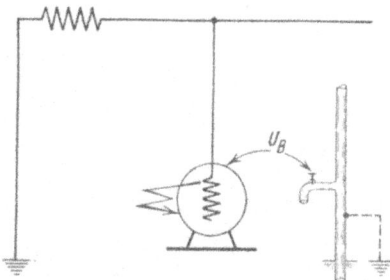

Bild 67. Berührungsspannung zwischen Motorgehäuse und Wasserhahn.

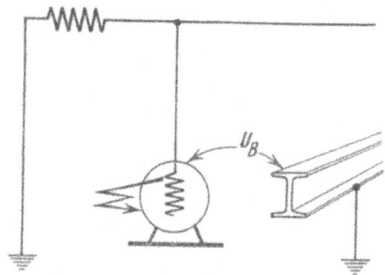

Bild 68. Berührungsspannung zwischen Motorgehäuse und leitenden Gebäudeteilen.

rungsspannung auftreten. Durch die Erdung des Eisenträgers treten jedoch die gleichen Verhältnisse, wie in Bild 67 gezeigt, ein. Eine Person, die also Motorgehäuse und Eisenträger gleichzeitig berührt, ist somit ebenfalls einer Berührungsspannung ausgesetzt.

In Bild 69 ist ein Fall dargestellt, in dem eine Spannung zwischen zwei Motorgehäusen besteht. Die Spannung entsteht dadurch, daß die Körperschlüsse K_1 und K_2 in zwei verschiedenen Leitern aufgetreten sind. Würden beide Körperschlüsse in demselben Leiter sein, wäre keine Spannung zwischen den Motorgehäusen vorhanden.

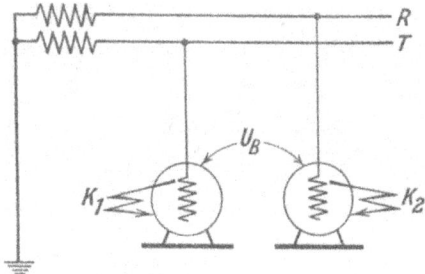

Bild 69. Berührungsspannung zwischen zwei Motorgehäusen.

Es gibt in der Praxis je nach den Begleitumständen noch eine ganze Reihe von Fällen, in denen Berührungsspannungen auftreten. Einen besonders großen Umfang nehmen die Fälle ein, in denen Spannungen auf entfernt liegende Anlagenteile oder Gebäude übertragen werden und sich auf diese Weise als Berührungsspannungen auswirken. Die Übertragung der Spannungen erfolgt meistens durch Rohrleitungen, metallische Gebäudeteile und andere mit dem fehlerhaften Anlageteil verbundene leitfähige Leitungen.

Bild 70 zeigt die Verschleppung einer von dem fehlerhaften Motor ausgehenden und über das Wasserrohr übertragenen Spannung, die sich im allgemeinen im ganzen Gebäude zwischen dem Wasserrohr einerseits und dem Abflußrohr andererseits, im besonderen aber an den Wasserentnahmestellen als Berührungsspannung auswirkt.

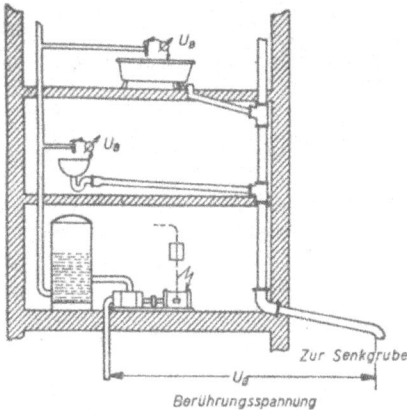

Bild 70. Berührungsspannung zwischen Wasser- und Abflußrohren eines Hauses.

Bild 71. Berührungsspannung zwischen Badewanne und Wasserleitung.

Bild 71 zeigt einen sehr gefährlichen Fall, das Auftreten einer Berührungsspannung zwischen Badewanne und Wasserrohr. In diesem Falle liegt eine großflächige Elektrode an der dünnen Haut des menschlichen Körpers, so daß der im Bade Sitzende schon bei verhältnismäßig kleinen Spannungen tödlich gefährdet ist. Hinzu kommt, daß die im Bade sitzende Person schon durch kleine Ströme so gelähmt ist, daß sie sich nicht mehr befreien kann und somit die Stromeinwirkung unvermindert anhält.

Unter Umständen können auch nichtmetallische Gegenstände, wie Holz, Mauerwerk, Fundamente, Steinfußböden u. ä. Teile in feuchtem Zustande Spannungen gegen Erde annehmen, wenn durch erdschlußbehaftete Leitungen oder Anlageteile Spannungen auf die genannten Teile übertragen werden. Gleichfalls können Spannungen von Starkstromnetzen auf Rundfunk- und Fernmeldeanlagen[1]) übertragen werden, die sich an den verschiedensten Orten als Berührungsspannungen auswirken. Als oftmals erschwerender Umstand kommt in solchen oder ähnlichen Fällen die Tatsache hinzu, daß Personen Berührungsspannungen ausgesetzt sind in solchen Räumen, in denen gar keine elektrischen Einrichtungen vorhanden sind und somit Berührungsspannungen niemals erwartet werden. Gleichfalls wird durch die Möglichkeit, daß mehrere Personen gleichzeitig oder unabhängig voneinander den Berührungsspannungen ausgesetzt sind, der Gefahrenkreis außerordentlich erweitert.

Inwieweit eine Übertragung von Spannungen durch Erdungsleitungen oder Nulleiter erfolgen kann, ist im II. Teil, Abschn. D und E beschrieben.

---

[1]) Schrank, Sicherheitsmaßnahmen gegen Übertritt von Netzspannung auf Fernmeldeanlagen, Elektrotechn. Anz. 56 (1939) S. 19.

II. Die Schutzmaßnahmen.

A. Allgemeine Anwendungsbedingungen.

1. Aufgabe.

Die Aufgabe der Schutzmaßnahmen ist der Schutz gegen zu hohe Berührungsspannungen, die bei Schäden an elektrischen Geräten, Maschinen und Anlagen auftreten, sofern diese nicht mit den Mitteln vermieden werden können, die zur Gewährleistung der Sicherheit nach dem jeweiligen Stand der Technik zur Verfügung stehen. Ihre Anwendung ist daher grundsätzlich nur insoweit erforderlich, als die elektrischen Geräte, Maschinen und Anlagen nicht in sich selbst durch ihre Konstruktion und Bauweise die Gewähr bieten, das Eintreten von Körperschlüssen und somit auftretende Berührungsspannungen zu verhindern. Die Schutzmaßnahmen haben somit keinen Selbstzweck, da die Anlagen auch ohne sie betrieben werden können, sondern sollen lediglich einen zusätzlichen Schutz bieten.

Die Schutzmaßnahmen sind nicht dazu bestimmt, Schäden an elektrischen Geräten, Maschinen und Anlagen, die durch unsachgemäße Konstruktion und Bauweise als mehr oder weniger zwangsläufige Erscheinung erwartet werden, ungefährlich zu machen. Anlagen, Geräte und Maschinen müssen nämlich ohnehin so gebaut sein und auch betrieben werden können, daß die Wahrscheinlichkeit von Schäden so gering wie möglich ist.

Ebensowenig ist es Aufgabe der Schutzmaßnahmen, die unmittelbare Berührung spannungführender Teile zu verhindern. Dies ist vielmehr Aufgabe des Berührungsschutzes.

2. Anwendungsbereich.

Die Grundlage für den Anwendungsbereich der Schutzmaßnahmen bieten der § 3 Abs. c der Vorschriften nebst Ausführungsregeln für die Errichtung von Starkstromanlagen mit Betriebsspannungen unter 1000 V, VDE 0100 und der § 4 in den Leitsätzen für Schutzmaßnahmen, VDE 0140. Nach diesen VDE-Bestimmungen sind in Anlagen mit Betriebspannungen über 250 V gegen Erde Schutzmaßnahmen überall anzuwenden. Dagegen werden in Anlagen mit Betriebsspannungen über 65 V bis 250 V gegen Erde Schutzmaßnahmen nur dann

gefordert, wenn die Möglichkeit einer »besonderen Gefährdung« vorliegt. Sinngemäß ist unter einer »besonderen Gefährdung« der Gefahren-
zustand zu verstehen, in dem eine Lebensgefahr für den Menschen besteht oder zu erwarten ist.

Der Begriff »besondere Gefährdung« ist in den VDE-Vorschriften
auf
    1. die Höhe der Spannung gegen Erde,

    2. den Übergangswiderstand des Menschen zur Erde und

    3. die Größe der Berührungsfläche des menschlichen Körpers

abgestellt.

Unter Höhe der Spannung gegen Erde ist in Netzen ohne geerdeten Netzpunkt die höchste Spannung zu verstehen, die im Fehlerfalle
gegen Erde auftreten kann.

Der Übergangswiderstand des Menschen zur Erde ist wesentlich
von der elektrischen Leitfähigkeit des Fußbodens abhängig. Auch bei
einer an sich sonst schlechten Leitfähigkeit des Standortes kann der
Übergangswiderstand des Menschen zur Erde z. B. durch Feuchtigkeit,
Wärme, Schweißbildung, chemische Einflüsse u. ä. herabgesetzt werden.
Es ist daher zweckmäßig, die Räume je nach der Leitfähigkeit ihres
Fußbodenbelages und der sonstigen Umstände, welche die an sich sonst
schlechte Leitfähigkeit heraufsetzen oder den Übergangswiderstand des
des Menschen zur Erde herabsetzen können, in Gefahrenklassen ein-
zuteilen.

Die Größe der Berührungsfläche des menschlichen Körpers spielt
insofern eine Rolle, als zwischen einer Berührung und einer Umfassung
unterschieden werden muß. Bei einer Umfassung entsteht nämlich
ein gewisser Anpreßdruck, der insofern von Bedeutung ist, als durch
denselben eine Vergrößerung der Berührungsfläche erzeugt wird. Es
ist somit für die Beurteilung einer besonderen Gefährdung nicht gleich-
gleichgültig, ob ein Mensch ein mit Körperschluß behaftetes Gerät nur
»berührt«, und zwar »antippt«, oder »großflächig berührt« oder sogar
»betriebsmäßig umfaßt«. Eine großflächige Berührung liegt z. B. vor,
wenn Maschinengehäuse oder dgl. mit der vollen Handfläche berührt
werden können, während die Betätigung von Schaltern, Bürstenabhebevorrichtungen u. ä. mittels Handrädern oder Griffen eine betriebsmäßige Umfassung erfordert,

In der Tafel 18 ist in übersichtlicher Weise zusammengestellt,
wann und wo nach den VDE-Vorschriften Schutzmaßnahmen angewandt werden müssen. Darüber hinaus können noch Schutzmaßnahmen
erforderlich sein, wenn sich in Räumen der Klassen A und B Teile befinden, die eine mehr oder weniger gute leitende Verbindung nach Erde
haben (Zentralheizkörper, Gasherde, Wasserzapfstellen, Abflußbecken
u. ä.), und mit einer gleichzeitigen Berührung oder Umfassung einer

Tafel 18.

Anwendungsbereich der Schutzmaßnahmen.

Schutzmaßnahmen sind in folgenden Räumen und bei folgenden
Spannungen erforderlich:

Kennzeichnung des Raumes	bis 65	Spannung gegen Erde in Volt		über 250
		über 65…150	über 150…250	
Klasse A	Schutzmaßnahmen nicht erforderlich	Schutzmaßnahmen nicht erforderlich		Schutzmaßnahmen stets erforderlich
Klasse B		Schutzmaßnahmen erforderlich bei betriebsmäßiger Umfassung	großflächiger Berührung	
Klasse C		Schutzmaßnahmen erforderlich bei großflächiger Berührung		
Klasse D	Bei Wechselstrom für Handleuchter Kleinspannung und für Elektrowerkzeuge Kleinspannung oder Anschluß über Isoliertransformatoren oder Aufstellung des Motors außerhalb des Raumes und Einbau von Isolierzwischenteilen, z. B. zwischen Motor und Biegewelle erforderlich. Bei Gleichstrom wird Kleinspannung empfohlen.			
Zur Klasse A gehören:	Trockene Wohn-, Büro- und Werkstatträume mit Holzfußboden (isolierend)			
Zur Klasse B gehören:	Trockene Räume mit Fußboden aus Stein, Fliesen, Beton ohne Eisen u. dgl.			
Zur Klasse C gehören:	Räume mit Fußboden aus Eisenbeton oder Metall, mit anderem gut leitfähigem Standort, feuchte Räume, Betriebsstätten im Freien, Badezimmer usw.			
Zur Klasse D gehören:	Kessel, Rohre und ähnliche enge Räume mit gutleitenden Bauteilen			

dieser Teile und den elektrischen Geräten oder Anlageteilen durch Personen gerechnet werden muß. Wenn auch nach den VDE-Vorschriften aus der Anwesenheit der geerdeten Teile noch keine Verpflichtung zur Anwendung von Schutzmaßnahmen hergeleitet werden kann, so werden von den Elektrizitätswerken meist schon Schutzmaßnahmen vorgeschrieben oder wenigstens empfohlen[1]). Vom Sicherheitsstandpunkt aus betrachtet, müßten Schutzmaßnahmen in diesen Räumen je

---

[1]) Im Versorgungsgebiet der Berliner Kraft- und Licht (BEWAG) Akt.-Ges. werden für Kochherde, Kühlschränke, Heißwasserspeicher und Waschmaschinen Schutzmaßnahmen in allen Fällen gefordert, wenn in den betreffenden Räumen geerdete Teile, wie Wasser- und Gasleitungen, Zentralheizung u. ä. vorhanden sind. Gleichfalls ist für Haarbehandlungsgeräte in Friseurräumen die Anwendung zusätzlicher Schutzmaßnahmen vorgeschrieben.

nach den Begleitumständen mit gleichem Recht wie in den Räumen der Klasse C angewendet werden, da oftmals die gleichen, wenn nicht sogar größere Gefahrenmomente vorliegen. In solchen Fällen, in denen elektrische Geräte im Handbereich oder in Reichweite geerdeter Teile verwendet werden und eine gleichzeitige Berührung oder sogar Umfassung betriebsmäßig erfolgt oder zu erwarten ist, sollte man Schutzmaßnahmen ohne Berücksichtigung des Standortes stets anwenden, wie z. B. bei elektrischen Geräten in Gaststätten hinter den metallenen Schanktischen, in Werkstätten an geerdeten Maschinenteilen u. dgl.

Um in Zweifelsfällen eine objektive Beurteilung des Gefahrengrades zu erhalten, empfiehlt es sich, die Prüfung auf Schutzbedürftigkeit durch eine Messung der Berührungsspannung oder des Standortübergangswiderstandes unter Berücksichtigung der jeweiligen Betriebsverhältnisse vorzunehmen (vgl. I. Teil, Abschn. E). So war z. B. die Frage der Schutzbedürftigkeit von Elektroherden für eine Lagersiedlung von Wassersportlern zu prüfen. Obwohl die Fußböden der Sommerhäuschen, sowie auch diese selbst, aus Holz bestanden, mußte der Tatsache Rechnung getragen werden, daß die Sportler mit nassen und unbekleideten Füßen ihre Räume betreten und die elektrischen Kocheinrichtungen bedienen. Diese Tatsache, als auch der Umstand, daß die Leitfähigkeit der Fußböden der fast zu ebener Erde am Wasser liegenden Häuschen durch aufsteigende Feuchtigkeit heraufgesetzt, also der Übergangswiderstand des Standortes durch diese Verhältnisse herabgesetzt werden könnte, rechtfertigte eine objektive Untersuchung. Der Befund ergab, daß bei Berücksichtigung dieser besonders ungünstigen Verhältnisse mit einem Standortübergangswiderstand von rd. 5000 Ω zu rechnen war. Nach Zahlentafel 8 wären aber keine Schutzmaßnahmen erforderlich gewesen, wenn die Spannung des Netzes 127 V gegen Erde betragen hätte, da ein Übergangswiderstand bis zu 3100 Ω zugelassen werden kann, ohne daß die Berührungsspannung 65 V übersteigt. Da im vorliegenden Falle aber mit einer Spannung von 220 V gegen Erde gerechnet werden mußte, wurde der entsprechende Grenzwert von 7750 Ω weit unterschritten. Die Berührungsspannung würde dann, der Widerstand des menschlichen Körpers mit 3000 Ω eingesetzt nach Gl. (1)

$$U_B = \frac{220}{3000 + 5000} \cdot 3000 = 83 \text{ V}$$

betragen. Man entschloß sich deshalb, zusätzliche Schutzmaßnahmen durchzuführen, obwohl nach Tafel 18 keine Verpflichtung zur Anwendung von Schutzmaßnahmen bestand.

An diesem praktischen Beispiel sollte lediglich gezeigt werden, daß eine objektive Beurteilung alle Zweifel beseitigt. Für die allgemeinen Verhältnisse genügt es aber, die Schutzbedürftigkeit nach Tafel 18 und die im Anschluß daran angeführten Gesichtspunkte zu entscheiden.

3. Arten und Zweckbestimmung.

Die VDE-Vorschriften unterscheiden folgende Arten von Schutz-maßnahmen:

1. Kleinspannung,
2. Isolierung,
3. Schutzerdung,
4. Nullung,
5. Schutzleitungssystem,
6. Schutzschaltung.

Erfahrungsgemäß wird der richtigen Anwendung und Durchführung der Schutzmaßnahmen oft nicht die erforderliche Aufmerksamkeit zugewendet, da die Anlagen ja auch ohne sie betrieben werden können. Weil sie aber zum Schutze des Menschen erforderlich sind, muß ihnen sogar größte Aufmerksamkeit geschenkt werden, damit sie ihren Zweck — das Auftreten, Bestehenbleiben oder die Überbrückung gefähr-licher Berührungsspannungen — verhindern können. Damit die genannten Arten der Schutzmaßnahmen den angestrebten Zweck erfüllen, sind in den VDE-Vorschriften (VDE 0140) eingehende Festlegungen getroffen. In diesen Festlegungen ist im einzelnen umschrieben, welche Bedin-gungen jeweilig erfüllt werden müssen, um die Wirksamkeit der ver-schiedenen Arten von Schutzmaßnahmen sicherzustellen.

Die in den VDE-Vorschriften aufgestellten Bedingungen erstrecken sich grundsätzlich nur auf den Schutz von Menschenleben. Für Tiere, die im allgemeinen gegen die Einwirkung des elektrischen Stromes empfindlicher als Menschen sind, werden die Schutzmaßnahmen nicht immer einen ausreichenden Schutz bieten. Soll indessen der Schutz auch auf Tiere ausgedehnt werden, so sind wesentlich andere Bedin-gungen zugrunde zu legen, zu denen hauptsächlich eine Begrenzung der Berührungsspannung auf höchstens 24 V zu rechnen ist.

In den folgenden Abschnitten sollen die VDE-mäßigen Bedin-gungen in bezug auf ihre praktische Durchführung eine eingehende Erläuterung erfahren.

B. Kleinspannung.

1. Wirkungsweise.

Für Kleinanspannung als Schutzmaßnahme kommen Spannungen zur Verwendung, die für Menschen und z. T. auch für Tiere als unge-fährlich bezeichnet werden können. Genormte Kleinspannungswerte sind 24 und 42 V. Durch die Anwendung dieser kleinen Spannungen wird verhindert, daß eine gefährliche Berührungsspannung überhaupt auftritt.

Als Schutzorgane dienen Transformatoren oder Umformer mit elektrisch voneinander getrennten Wicklungen, sowie Akkumulatorenbatterien. Bild 72 zeigt das Prinzip der Kleinspannung als Schutzmaßnahme.

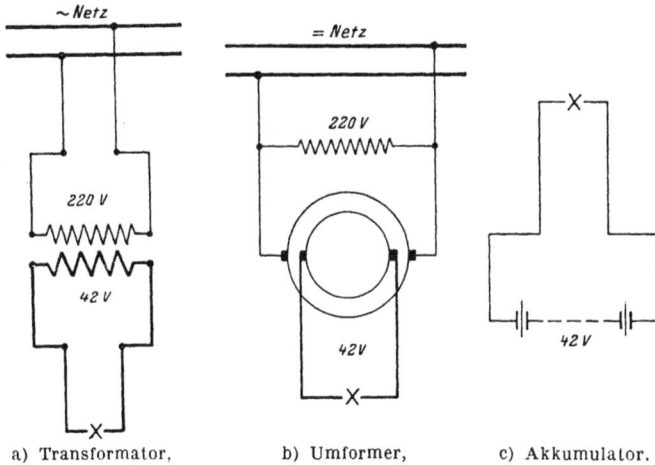

a) Transformator, b) Umformer, c) Akkumulator.
Bild 72. Prinzip der Kleinspannung.

2. Anwendung.

Kleinspannung wird als Schutzmaßnahme für Handlampen bei ihrer Verwendung in Kesseln, Behältern und Rohrleitungen aus gut leitenden Baustoffen und ähnlichen engen Räumen, soweit Wechselstromanschluß zur Verfügung steht, gefordert und bei Gleichstrom empfohlen[1]. Darüber hinaus findet sie für den Betrieb von einzelnen Haarbehandlungsgeräten, Backofen-[2] und Faßausleuchten[3] Anwendung.

Für elektrische Spielzeuge, d. s. solche Geräte, die nach ihrer Bauart und ihrem Wesen nicht als Gebrauchsgegenstände anzusehen sind, kommt mit Ausnahme von Heiz- und Kochgeräten, sofern diese den Vorschriften für Elektrowärmegeräte mit Betriebsspannungen bis 250 V (VDE 0720) unterliegen, grundsätzlich nur Kleinspannung in Frage[4].

Die teilweise oder grundsätzliche Anwendung der Kleinspannung als Schutzmaßnahme in den genannten Fällen geschieht deswegen,

---

[1] VDE 0100/X 38, § 12, Abs. h.
[2] In Bäckereien mit Wechsel- bzw. Drehstromanschluß wird vom Staatlichen Gewerbeaufsichtsamt in Übereinstimmung mit der Nahrungsmittelindustrie-Berufsgenossenschaft für die Backofenleuchten die Anwendung der Kleinspannung gefordert.
[3] VDE 0100/X 38, § 18, Abs. i.
[4] VDE 0100/X 38, § 15, Abs. c.

weil in diesen Fällen der Schutz auch auf die Möglichkeit der unmittelbaren Berührung spannungführender Teile ausgedehnt werden
soll und die Betriebsspannung selbst — also nicht allein die Berührungsspannung — auf einen ungefährlichen Wert herabgesetzt werden muß.
Bild 73 zeigt ein Anwendungsbeispiel der Kleinspannung.

Bild 73. Kleinspannung für Handlampe im Kesselhaus.

3. Bedingungen.

a) Schutztransformatoren.

Die zur Herabsetzung der Netzspannung auf Kleinspannung in
Wechselstromnetzen benötigten Umspanner heißen Schutztransformatoren[1]).

Der Netzteil der Schutztransformatoren muß mindestens nach
Schutzart P 20 (vergl. DIN VDE 50) ausgeführt sein, d. h. es muß

---

[1]) VDE 0550/1936.

ein Schutz gegen Eindringen kleiner fester Fremdkörper gewährleistet sein.

Damit bei einem etwaigen Drahtbruch ein Übertritt der Netzspannung auf die Kleinspannungsseite verhindert wird, müssen die Wicklungen auf getrennten Spulenkörpern aufgebracht sein. Von dieser Forderung kann abgesehen werden, wenn Spulenkörper und der die Wicklungen tragende Zwischenflansch aus einem Stück gepreßt sind, oder durch zusätzliche Zwischenlagen bei einem aufgeschobenen Zwischenflansch eine Verbindung beider Wicklungen mit Sicherheit verhindert wird.

Sofern das Gehäuse des Schutztransformators nicht aus Isolierstoff, sondern aus Metall besteht, muß entweder

1. die Anbringung in einen Raum erfolgen, in dem Schutzmaßnahmen nicht erforderlich sind, oder

2. der Transformator außer Handbereich liegen, oder

3. das Gehäuse durch eine andere Schutzmaßnahme geschützt werden.

Schutztransformatoren dürfen als Einphasentransformatoren nur einen zweipoligen, als Dreiphasentransformatoren nur einen dreipoligen Netzanschluß besitzen, jedoch können Anzapfungen der Primärwicklung vorgesehen werden.

Ortsveränderliche Schutztransformatoren müssen entweder eine von Zug entlastete fest angeschlossene Anschlußleitung von höchstens 2 m Länge besitzen oder eine angebaute Gerätesteckvorrichtung haben.

Um im Kurzschlußfalle auf der Kleinspannungseite eine übermäßige Erwärmung der Wicklungen, die zu einem Übertritt von Netzspannung auf die Kleinspannungsseite Veranlassung geben kann, zu verhindern, müssen die Transformatoren entweder

1. unbedingt kurzschlußsicher sein, d. h. durch inneren Spannungsabfall muß eine Überschreitung des Kurzschlußstromes, der eine übermäßige Erwärmung der Wicklungen zur Folge haben kann, verhindert werden, oder

2. bedingt kurzschlußsicher sein, d. h. durch Überstromschutzorgane muß der Kurzschluß zur Abschaltung gebracht werden. Nennstromstärke und Bauart der Überstromschutzorgane müssen auf dem Leistungsschild angegeben sein.

Bei unbedingt kurzschlußsicheren Transformatoren, gekennzeichnet durch Ⓥ (d. h. verkohlungssicher) darf die Leerlaufspannung 42 V nicht übersteigen. Bei Transformatoren für Spielzeuge darf bei den »bedingt« und »unbedingt« kurzschlußsicheren Transformatoren die Leerlaufspannung 33 V nicht überschreiten. Auch durch Serienschaltung etwa mehrerer unabhängiger Spannungsstufen dürfen in keinem Falle höhere als die genannten Spannungen erzielbar sein. Die Transformatoren müssen im allgemeinen den Regeln für Kleintransformatoren (VDE 0550) und im besonderen den Sonderbestimmungen für Schutztransformatoren entsprechen. Bild 74 zeigt einen Handlampen-Schutztransformator.

Bild 74. Handlampen-Schutztransformator.

b) Umformer.

In Gleichstromnetzen ist die Umwandlung der Netzspannung in Kleinspannung über rotierende Umformer oder Zerhacker mit nachgeschaltetem Schutztransformator möglich. Für diese Umwandler gilt sinngemäß das gleiche wie für Schutztransformatoren.

Für den Fall, daß ein Umformer für die Herabsetzung der Netzgleichspannung auf Kleinspannung nicht zur Verfügung steht, können Einankerumformer mit elektrisch nicht getrennten Wicklungen verwendet werden, wenn die vom Umformer abgegebene Wechselspannung einem Schutztransformator mit entsprechendem Übersetzungsverhältnis zugeführt wird (Bild 75). Solche Umformer sind meistens leichter zu haben. Ihre abgegebene Wechselspannung beträgt ungefähr $70^0/_0$ der Netzgleichspannung, so daß bei einer Gleichspannung von 220 V eine Wechselspannung von etwa 150 V zu erwarten ist.

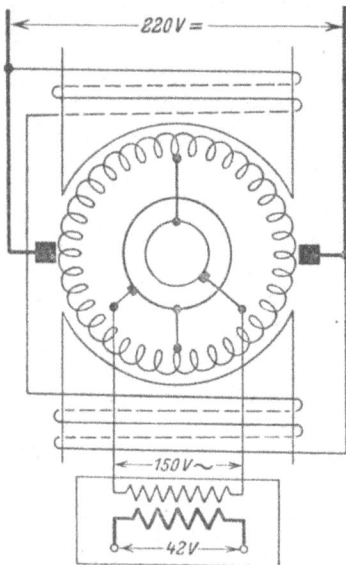

Bild 75. Erzeugung der Kleinspannung durch Einankerumformer und Schutztransformator.

c) Akkumulatoren.

An Stelle von Transformatoren oder Umformern können auch Akkumulatorenbatterien für die Erzeugung der Kleinspannung verwendet werden. Werden die Batterien vom Gleichstromnetz geladen, so müssen sie während der Ladezeit vom Kleinspannungsstromkreis allpollig abgeschaltet werden. Einer gleichzeitigen Ladung und Entladung steht jedoch nichts im Wege, wenn die Ladeeinrichtung vom Netz durch einen Schutztransformator oder Umformer abgetrennt ist, so daß galvanische Verbindungen mit dem Netz nicht bestehen und die Spannung 42 V nicht übersteigt. Bei unmittelbarer Ladung der Batterien aus dem Gleichstromnetz empfiehlt sich der Einbau eines doppelpoligen Umschalters, so daß bei Benutzung der Batterie eine zwangsläufige Abtrennung vom Netz erfolgt (Bild 76).

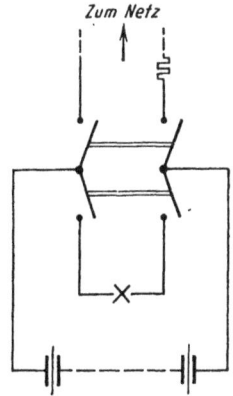

Bild 76. Umschaltung der Batterie auf den Lade- oder Kleinspannungsstromkreis.

d) Kleinspannungsstromkreis.

Der Kleinspannungsstromkreis soll im allgemeinen nur eine beschränkte Ausdehnung haben, damit ein Übertritt von Netzspannung durch Annäherungen oder Berührung von Netzleitungen verhindert wird.

Das zur Verwendung gelangende Installationsmaterial muß mindestens für 250 V geeignet sein und in bezug auf Isolierfestigkeit den VDE-Bestimmungen (VDE 0100) genügen.

Auf eine Absicherung des Kleinspannungsstromkreises kann nur dann verzichtet werden, wenn die Stromquelle als unbedingt kurzschlußsicher anzusprechen ist und der Kurzschlußstrom die Leitungen nicht unzulässig erwärmt[1]). In allen übrigen Fällen (Mehrzahl) müssen entsprechende Sicherungen eingebaut werden.

Die Stecker für Kleinspannungsgeräte dürfen für Steckdosen höherer Spannung nicht passen. Bei leichten Isolierstoffsteckern wird das erreicht durch Verwendung eines dritten Blindstiftes oder durch entsprechende Formgebung. Bild 77 zeigt Steckvorrichtungen für Kleinspannung. Bei Steckern schwererer Ausführung werden dem Schutzkragen entsprechende Formen gegeben.

4. Anwendungsgrenze.

In Anbetracht der niedrigen Übertragungsspannung muß die Anwendung der Kleinspannung mit Rücksicht auf eine wirtschaftlich noch tragbare Leitungsbemessung auf die Versorgung einzelner Glühlampen

[1]) Schrank, Die feuersicherheitstechnische Ausführung von Kleinspannungsanlagen, Elektrotechn. Anz. 52 (1935), S. 971.

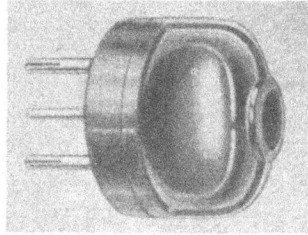

a) Steckdose und Stecker mit Blindstift,

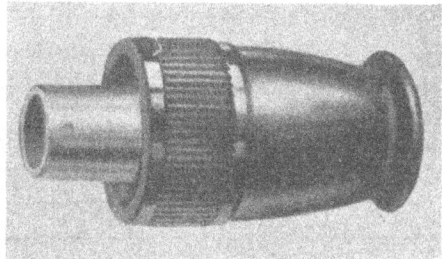

b) konzentrische Steckvorrichtung.
Bild 77. Steckvorrichtungen für Kleinspannung.

und Geräte beschränkt bleiben. Schutztransformatoren werden deshalb auch nur für Einphasenanschluß bis 1 kVA und für Drehstromanschluß bis 3,5 kVA hergestellt. Lediglich für Sonderzwecke sind Leistungen von 1,5 kVA bei Einphasenstrom und 5 kVA bei Drehstrom vorgesehen.

5. Beurteilung.

Die Kleinspannung stellt einen ausgezeichneten Berührungsspannungsschutz dar. Auch in den Fällen, in denen die VDE-Vorschriften ihre Anwendung nicht fordern, sondern nur empfehlen, kann zur Anwendung nicht dringend genug geraten werden. Die Kosten für die Anschaffung von Schutztransformatoren und besonders Umformern oder Akkumulatorenbatterien können zwar erheblich erscheinen, dürfen im Interresse der Unfallverhütung jedoch nicht gescheut werden.

C. Isolierung.

1. Wirkungsweise.

Die Isolierung als Schutzmaßnahme kann entweder durch eine Isolierung des Menschen vom Anlageteil oder von der Erde erfolgen. Um eine Isolierung des Menschen vom Anlageteil zu erreichen, werden

die der Berührung zugänglichen leitfähigen Teile, die durch Körperschlüsse Berührungsspannungen annehmen können, meistens mit einer
haltbaren Isolierschicht umpreßt. Dem gleichen Zweck dienen die isolierstoffgekapselten Geräte. Auch können einzelne schutzbedürftige
Geräteteile von anderen der Berührung nicht zugänglichen oder durch
andere Maßnahmen geschützten Teile durch Einbau isolierender
Zwischenstücke voneinander isoliert werden[1]). Eine Isolierung des
Menschen von der Erde erfolgt durch Isolierung seines Standortes.
Auch durch isolierende Abdeckung der Anlagenteile oder sonstigen
Vorrichtungen, durch welche die Anlagenteile der Berührung entzogen
werden, kann der erstrebte Zweck erfüllt werden. Schließlich kann
noch durch Zwischenschaltung von Isoliertransformatoren in Einzelfällen ein Schutz erreicht werden[2]). In jedem Fall soll die Isolierung
verhindern, daß Berührungsspannungen von einem Menschen überbrückt
werden können.

2. Anwendung.

Weitgehendste Anwendung findet die Isolierung durch Herstellung
völlig isolierstoffgekapselter Geräte, sowie durch isolierende Umpressung
von Schaltergriffen, Handrädern und durch isolierende Umhüllung me-
tallummantelter Leitungen[3]). Bild 78 zeigt Anwendungbeispiele der Isolierung. Sie nimmt in diesem Falle eine Sonderstellung ein, da überhaupt zusätzliche Schutzmaßnahmen entbehrlich werden, weil die Frage
einer auftretenden Berührungsspannung gegenstandslos geworden ist.

Die Isolierung des Standortes wird meistenteils bei größeren Maschinen, Schaltanlagen und ähnlichen Betriebseinrichtungen, deren son-
stiger Berührungsspannungsschutz nur mit erheblichem Aufwand durchgeführt werden kann, angewendet. Sie erfolgt durch isolierenden Belag
des Fußbodens und notwendigenfalls auch der Wände[4]).

Die Entziehung der Berührung kann entweder durch Aufstellung
der Anlagenteile außer Reichweite oder durch isolierende Abdeckungen

---

[1]) VDE 0100 X/38, § 15 Abs. f, Ziff. 3.
[2]) VDE 0100 X/38, § 15 Abs. f, Ziff. 2.
[3]) Obwohl in VDE 0140/1932 § 5 die Mantelisolierung der kabelähnlichen
Leitungen als Isolierung im Sinne der Schutzmaßnahmen anerkannt ist, kann ein
ausreichender Isolationswert in feuchten und durchtränkten Räumen für die Dauer
oft in Frage gestellt sein. Man sollte daher bei Verwendung kabelähnlicher Leitungen in solchen Fällen — und das ist ja die zweckbedingte Mehrzahl aller
Fälle — den Isolationswert der Mantelisolierung als Schutzmaßnahme nicht über-
schätzen.
[4]) Aus dem in § 5 von VDE 0140 genannten Anwendungsbeispiel der Isolierung
durch isolierende Wandbekleidung ist zu entnehmen, daß auch die Überbrückung
der Berührungsspannungen, die zwischen den zu schützenden Teilen und den in
Reichweite befindlichen leitenden Gebäudeteilen im Fehlerfalle auftreten können,
verhindert werden soll, obwohl nach Tafel 18 keine Schutzmaßnahmen gefordert
werden.

a) Isolierstoffgekapseltes Gerät.

b) Isolierstoffgekapselte Verteilungsanlage.
Bild 78. Anwendung der Isolierung.

erfolgen. Bild 79 und 80 zeigen diese beiden Möglichkeiten der Isolierung.

Die Einschaltung eines Isoliertransformators wird häufig als Schutz
für Elektrowerkzeuge, wenn sie in Kesseln und ähnlichen Räumen
verwendet werden und nicht für Kleinspannung bemessen sind, angewendet.

3. Bedingungen.

Die Isolierung gilt im Sinne der VDE-Vorschriften grundsätzlich nur dann als Schutzmaßnahme, wenn der Isolierbaustoff zwischen dem zu schützenden Anlageteil und der Erde liegt. Die besondere Isolierung des elektrisch aktiven Leiters — auch nicht eine besonders sorgfältige — gilt im Sinne der Schutzmaßnahmen nicht als Isolierung.

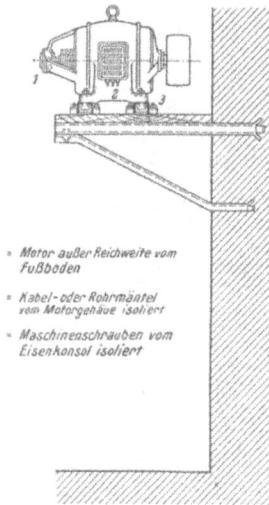

Bild 79. Entziehung der Berührung durch Aufstellung des Motors außer Reichweite.

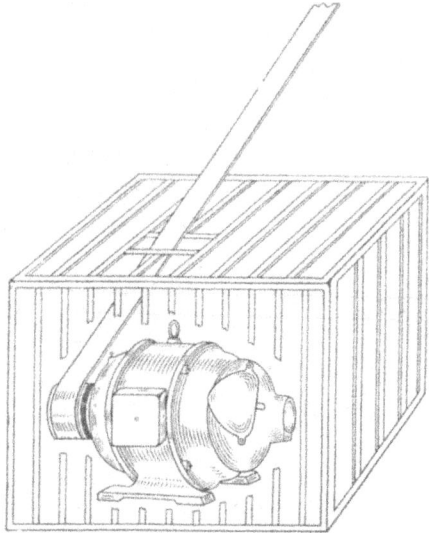

Bild 80. Entziehung der Berührung durch isolierende Abdeckung des Motors.

Eine sorgfältige Isolierung des elektrisch aktiven Leiters muß nämlich ohnehin vorhanden sein.

Die Isolierung als Schutzmaßnahme setzt für die Verwendung einen durch mechanische und thermische Beanspruchung sowie durch Alterung unbeeinflußten Baustoff voraus. Lackierung und Emaillierung von Metallteilen, sowie die wetterfeste Umhüllung von Leitungen gelten nicht als Isolierung.

a) Isolierstoffgeräte.

Elektrische Verbrauchs- und Schaltgeräte aus Isolierstoffen werden in den verschiedensten Ausführungen hergestellt. Nicht alle genügen den an sie zu stellenden Anforderungen. Als unzuverlässig muß z. B. die in Bild 81 dargestellte isolierstoffgekapselte Handbohrmaschine bezeichnet werden, bei der sich, wie die Erfahrungen ergeben haben, unter dem Einfluß mechanischer Erschütterungen die Verschlußschraube für die Bürstendruckfeder lösen kann, so daß spannungsführende Teile der Berührung zugänglich werden. Die Isolierung genügt somit den während des Betriebes normalerweise auftretenden Beanspruchungen nicht.

Als besonders mangelhaft muß die Isolierung der in Bild 82 dargestellten Handbohrmaschine angesehen werden. Während der Griff

Bild 81. Mechanischen Beanspruchungen nicht genügende isolierstoffgekapselte Handbohrmaschine.

aus Isolierstoff hergestellt ist, sind andere nicht minder wichtige Teile, z. B. das Motorgehäuse aus Metall, so daß Berührungsspannungen trotzdem auftreten können. Die Tatsache, daß diese Maschine noch mit einer weiteren zusätzlichen Schutzmaßnahme (Schutzkontaktstecker)

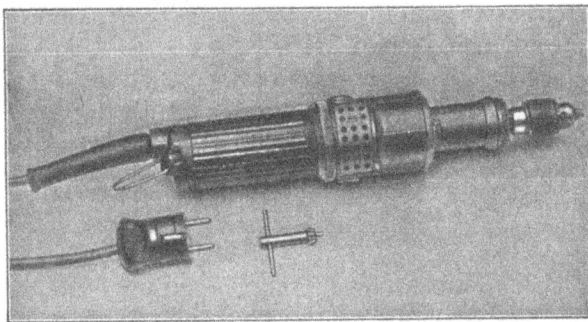

Bild 82. Unzureichende Isolierung einer Handbohrmaschine.

versehen werden muß, kennzeichnet ihre Fehlkonstruktion als isolierstoffgekapseltes Gerät.

Eine ausgereifte und zuverlässige Konstruktion zeigt Bild 83. Der elektrische Teil ist vollständig in ein Isolierstoffgehäuse eingebaut und

vom mechanischen Teil durch Zwischenschaltung von Isolierstoffkon-
struktionsteilen elektrisch getrennt.

Auch bei Schaltgeräten wird oft gegen die Grundsätze der Isolierung verstoßen. So werden z. B. Schaltgeräte mit Isolierstoffabdeckung

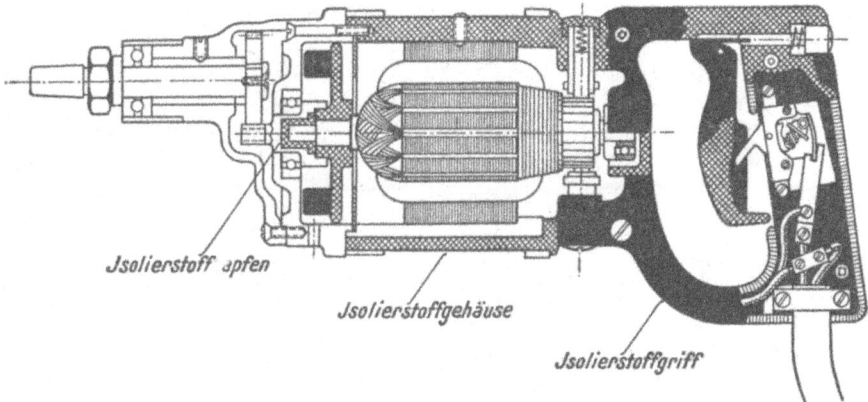

Bild 83. Zuverlässige Konstruktion einer isolierstoffgekapselten Handbohrmaschine.

hergestellt, deren Grundplatten jedoch aus Metall bestehen, so daß durch
Körperschlüsse trotzdem Berührungsspannungen über feuchtes Mauerwerk oder sogar über leitende Gebäudeteile auftreten können.

Bei der Konstruktion isolierstoffgekapselter Geräte muß als oberster
Grundsatz die Forderung stehen, daß die Isolierung eine Schutzmaßnahme darstellen muß und somit weitere zusätzliche Schutzmaßnahmen
entbehrlich werden.

b) Isolierung des Standortes.

Für die Isolierung des Standortes kommen isolierender Fußbodenbelag und notwendigenfalls isolierende Wandbekleidung in Betracht.
Als Isolierstoffe können Gummi, trockenes Holz u. ä. Stoffe verwendet
werden. Als vollwertiges Schutzmittel gilt die Isolierung des Standortes nur dann, wenn eine praktich auf Jahre ausreichende Beschaffenheit des Baustoffes gewährleistet ist. Z. B. müssen isolierende Matten,
die unter dem Einfluß normalen Gebrauchs den isolierenden Bedürf-
nissen nicht mehr genügen, rechtzeitig erneuert werden. Die Isolierung
des Standortes stellt keine Schutzmaßnahme dar, wenn in Reichnähe
sich andere geerdete Teile befinden, so daß Berührungsspannungen trotz
Isolierung des Standortes überbrückt werden können, wie Bild 84 zeigt.
Wenn die Isolierung des Standortes einen Schutz bieten soll, müssen je
nach den örtlichen Begleitumständen, die Mittel angewandt werden (z. B.
Entfernung oder Abdeckung geerdeter Teile in Reichweite), die eine
Überbrückung von Berührungsspannungen mit Sicherheit verhindern.

Um auch die Überbrückung von Berührungsspannungen in den Fällen zu verhindern, in denen die Isolierung des Standortes an mehreren, der gleichzeitigen Berührung aber zugänglichen Anlageteilen angewandt wird, empfiehlt es sich die leitenden und zu schützenden Anlagenteile leitend untereinander zu verbinden. (Bild 85).

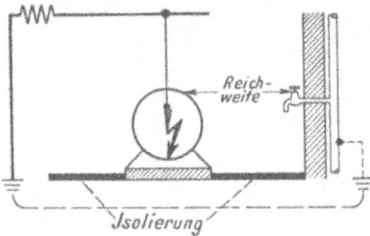

Bild 84. Berührungsspannung trotz Isolierung des Standortes durch in Reichnähe befindliche Wasserleitung.

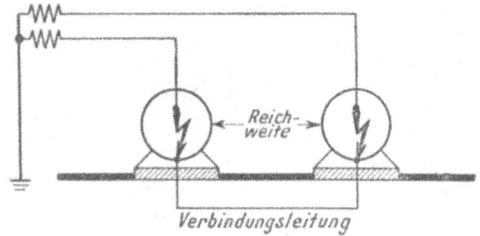

Bild 85. Leitende Verbindung zwischen den der gleichzeitigen Berührung zugänglichen Anlageteilen verhindert Berührungsspannungen.

Wird diese Verbindung unterlassen, so können, je nach den Netzverhältnissen, zwischen den Anlagenteilen Berührungsspannungen in Höhe der Außenleiterspannung (380 oder 440 V) auftreten, während normalerweise nur die Spannung des Netzes gegen Erde als höchste Berührungsspannung wirksam werden kann.

c) Entziehung der Berührung.

In Anlagen, in denen Teile als Schutz gegen Berührungsspannungen durch Aufstellung außer Reichweite der allgemeinen Berührung entzogen werden sollen, ist zu beachten, daß Berührungsspannungen nicht auf leitende Gebäude- oder Konstruktionsteile, die ihrerseits wieder der Berührung zugänglich sind, übertragen werden. Das gleiche gilt, wenn durch isolierende Abdeckungen die Anlagenteile der Berührung entzogen werden sollen. Darüber hinaus ist hier noch folgendes zu beachten:

1. Ausreichende mechanische Festigkeit und stabile Konstruktion der Abdeckvorrichtungen,
2. soweit die Abdeckvorrichtungen mit den der Berührung zu entziehenden und somit zu schützenden Anlageteilen in Verbindung stehen, müssen sie aus nichtleitenden Baustoffen (Holz oder dgl.) bestehen,
3. metallische Konstruktionsteile der Abdeckvorrichtungen dürfen nicht mit den zu schützenden Teilen in leitender Verbindung stehen,
4. die Abdeckungen dürfen die Abkühlung der Betriebseinrichtungen (z. B. Motoren) nicht beeinträchtigen.

Für die Abdeckvorrichtungen werden zweckmäßig Holzverschläge mit genügend breiten Luftschlitzen verwendet. Staubdichte Abdeckungen, wie man sie leider oft in Sägewerken, Mühlen, Spinnereien und ähnlichen Betrieben mit großer Staubentwicklung findet, sind im Interesse einer ausreichenden Kühlung unbedingt zu vermeiden. Auch muß bei der isolierenden Abdeckung darauf geachtet werden, daß nicht andere mit den zu schützenden Teilen in leitender Verbindung stehenden Schaltgeräte (Anlasser, Schalter u. ä.) auf irgendeine Weise (z. B. über Rohrmäntel, Kabelarmierungen) der Berührung trotzdem noch zugänglich sind. Notwendigenfalls müssen diese Teile entweder auch abgedeckt werden oder, wenn sie betriebsmäßig bedient werden müssen, aus Isolierstoffen bestehen. Das gilt besonders für Griffe und Handräder zur Betätigung von Bürstenabhebevorrichtungen an Schleifringläufermotoren. Oftmals kann eine Entziehung der Berührung nur durch Kombination aller Möglichkeiten, also Aufstellung außer Reichweite, isolierende Abdeckung und Isolierung der Schaltorgane, erreicht werden.

d) Isoliertransformatoren.

Isoliertransformatoren müssen nach Art der Schutztransformatoren gebaut sein, d. h. die Wicklungen müssen voneinander elektrisch isoliert sein. Das Übersetzungsverhältnis ist meistens 1:1. Werden Isoliertransformatoren für den Anschluß von Elektrowerkzeugen, die in Kesseln und ähnlichen Räumen benutzt werden, verwendet, so darf ihre Sekundärspannung 250 V nicht übersteigen. Ihre Verwendung darf sich grundsätzlich nur auf Einzelanschlüsse erstrecken. Hat der Sekundärstromkreis größere Ausdehnung, so daß mit Erdschlüssen zu

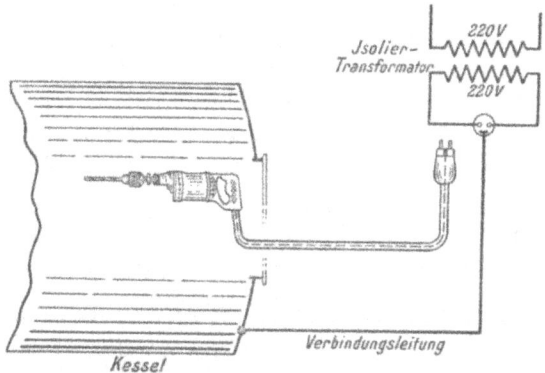

Bild 86. Isolierung einer Handbohrmaschine bei der Verwendung im Kessel durch Anschluß an Isoliertransformator und Verbindung des Gehäuses mit dem Kessel.

rechnen ist, so darf die Isolierung als Schutzmaßnahme durch Isoliertransformatoren nicht angewendet werden. Der Geräteanschluß hat grundsätzlich über eine fest angebrachte Steckdose zu erfolgen. Das Gerätegehäuse soll mit dem Kessel o. dgl. durch eine besondere Leitung verbunden werden (Bild 86)[1].

Bei Rotoranlassern für Drehstrom-Schleifringmotoren ist oft schon eine elektrische Isolierung dadurch gegeben, daß der Läuferstromkreis vom netzgespeisten Statorstromkreis elektrisch getrennt ist. Eine Be-

---

[1]) VDE 0100/X 38 § 15 Abs. f Ziff. 2.

rührungsspannung am Anlasser würde nur dann auftreten, wenn gleichzeitig drei Isolationsfehler (Stator- und Rotorwicklung, Anlasserwiderstände) bestehen. Da mit dem gleichzeitigen Auftreten der drei Fehler kaum gerechnet zu werden braucht, werden sich meistens weitere Schutzmaßnahmen für den Rotoranlasser erübrigen. Bedingung ist aber, daß Motor- und Anlassergehäuse nicht über Rohrmäntel oder dgl. in leitender Verbindung stehen. Auf weitere Schutzmaßnahmen bei Rotoranlassern kann im allgemeinen aber nur dann verzichtet werden, wenn der Motor keine Bürstenabhebe- und Kurzschlußvorrichtung hat. Bei Betätigung der Vorrichtung werden nämlich die Rotorleitungen über das Motorgehäuse kurzgeschlossen, so daß, wenn das Gehäuse ungeschützt ist, bei Körperschluß des Motors die Netzspannung auf die Anlasserwiderstände übertragen wird. In diesem Falle braucht lediglich nur ein Isolationsfehler in den Anlasserwiderständen gegen das Anlassergehäuse einzutreten, und das Anlassergehäuse nimmt eine Berührungsspannung gegen Erde an.

4. Anwendungsgrenze.

Die mehr oder weniger großen Ausmaße der elektrischen Geräte und die dadurch bedingte Formgebung der Isolierpreßstoffteile setzen der Herstellung isolierstoffgekapselter Geräte eine Grenze. Die Isolierung muß deshalb vorläufig auf Bauformen kleineren Ausmaßes beschränkt bleiben. Aus Gründen der mechanischen und thermischen Festigkeit muß sie auch da eine Einschränkung erfahren, wo die Geräte mechanisch und thermisch besonders hoch beansprucht werden.

Der Isolierung des Standortes sowie der Entziehung der Berührung sind grundsätzlich keine Grenzen gesetzt.

Die Isolierung mittels Isoliertransformatoren muß mit Rücksicht auf Erdschlüsse im Sekundärstromkreis auf Einzelfälle beschränkt bleiben.

5. Beurteilung.

Die Isolierung der Geräte kann als ein einfacher, oft aber von äußeren Einflüssen abhängiger Schutz angesprochen werden, wenn die Konstruktionen nicht genügend ausgereift sind. Indessen bieten zuverlässige Konstruktionen einen äußerst sicheren Schutz und kommen der idealen Forderung — Herstellung körperschlußsicherer Geräte und somit Entbehrung zusätzlicher Schutzmaßnahmen — am allernächsten[1]).

Auf die Isolierung des Standortes werden manchmal ganz unberechtigt hohe Erwartungen gesetzt. Die Isolierung des Standortes muß aber oft mit Vorsicht als Schutzmaßnahme gewählt werden, weil

---

[1]) Passavant, Über Anlagen und Apparate für Niederspannung, Elektr.-Wirtsch. 25 (1926) H. 418, S. 413.

1. andere geerdete Teile sich oftmals in Reichnähe befinden oder nachträglich gebracht werden, so daß Berührungsspannungen trotz Isolierung des Standortes überbrückt werden können,

2. sie oftmals als Betriebsanweisung aufzufassen ist, die von dem Arbeiter erfüllt werden muß. Eine Betriebsanweisung kann aber, wie die Erfahrungen immer wieder ergeben, eine tech-· nische Sicherheitsmaßnahme niemals ersetzen.

Ihre Anwendung sollte daher grundsätzlich nur bei ortsfesten Anlageteilen in Erwägung gezogen werden. Bei ortsveränderlichen Geräten ist sie mit einem großen Unsicherheitsfaktor behaftet und somit abzulehnen.

Die Entziehung der Berührung durch Aufstellung der Anlagenteile außer Reichweite oder durch isolierende Abdeckungen bietet einen sehr zweckmäßigen und billigen Schutz, wenn die örtlichen Verhältnisse genügend berücksichtigt werden.

Die Isolierung mittels Isoliertransformatoren sollte nur dort angewendet werden, wo sie nicht durch andere Schutzmaßnahmen ersetzt werden kann. Wenn sie auf Einzelfälle beschränkt bleibt, ist sie als ein ausreichender Schutz anzusprechen.

D. Schutzerdung.

1. Wirkungsweise.

Die durch Schutzerdung zu schützenden Anlagenteile werden über eine Erdungsleitung mit einem Erder, dem sogenannten Schutzerder, leitend verbunden. Im Fehlerfalle (Körperschluß) wird an den durch Schutzerdung geschützten Teilen grundsätzlich nur dann eine Spannung gegen Erde auftreten, wenn ein Fehlerstrom die Schutzerdung durchfließt. Der Erdungswiderstand des Schutzerders wird daher so bemessen, daß entweder an ihm unter dem Einfluß des Fehlerstromes kein größerer Spannungsabfall als 65 V bestehen bleiben kann, oder die Fehlerstelle von den Sicherungsorganen in hinreichend kurzer Zeit selbsttätig abgeschaltet wird. Es kann somit keine höhere Berührungsspannung als 65 V auftreten oder bestehen bleiben.

2. Anwendung.

Durch Schutzerdung können grundsätzlich alle Anlagenteile, Geräte und Motoren gegen gefährliche Berrührungsspannungen geschützt werden. Sie kann in allen Netzen, ob ohne oder mit geerdetem Netzpunkt, angewendet werden, sofern nicht in Nulleiternetzen ausschließlich die Nullung als Schutzmaßnahme durchgeführt wird (vgl. Teil II, Abschn. E, Seite 137). Das gegebene Anwendungsgebiet sind solche Versorgungsgebiete, in denen im Versorgungsbereiche bereits vorhandene

Erder als Schutzerder herangezogen werden können (Wasserrohrnetze, Kabelbleimäntel, Eisenkonstruktionen u. ä.) oder mit Rücksicht auf eine besonders gute Leitfähigkeit des Erdreichs die Herstellung von besonderen Schutzerdern (Rohr-, Band- oder Plattenerder) mit wirtschaftlich tragbaren Mitteln durchführbar ist.

3. Bedingungen.

a) Allgemeine Erdungsbedingungen.

Um die vorgeschriebene Wirkungsweise und somit den beabsichtigten Berührungsspannungsschutz sicherzustellen, müssen bei Anwendung der Schutzerdung eine Reihe von Bedingungen erfüllt werden. Diese Bedingungen finden ihren Ausdruck in der Bemessung der Erdungswiderstände für die Schutzerder. Die Voraussetzung für die richtige Bemessung der Erdung ist die Kenntnis der durch sie abzuleitenden Stromstärke. Die Stromstärke ist aber wieder abhängig von den Abschaltströmen der vorgeschalteten Sicherungsorgane ($2,5 \cdot I_n$) und von den Netzverhältnissen. Nach den Leitsätzen für Schutzmaßnahmen (VDE 0140) darf der Erdungswiderstand für Schutzerder in Netzen ohne geerdeten Netzpunkt nicht größer als

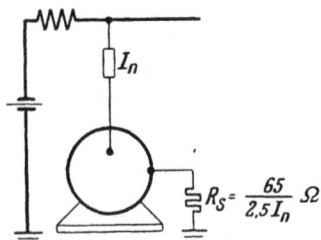

Bild 87. Schutzerdung in Netzen ohne geerdeten Netzpunkt.

$$R_s = \frac{65\,\text{V}}{\text{Abschaltstrom}} \quad \cdots \quad (26)$$

(Bild 87) und in Netzen mit geerdeten Netzpunkt nicht größer als

$$R_s = \frac{\text{halbe Spannung gegen Erde}}{\text{Abschaltstrom}} \quad \ldots \ldots (27)$$

sein. Dabei ist vorausgesetzt, daß bei Anwendung von Gl. (27) der Erdungswiderstand des betriebsmäßig geerdeten Netzpunktes (Betriebserdung) nicht größer als

$$R_o = \frac{65\,\text{V}}{\text{Abschaltstromstärke des größten geerdeten Stromverbrauchers}} \quad (28)$$

ist (Bild 88).

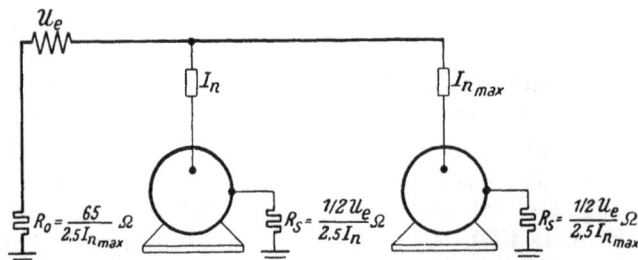

Bild 88. Schutzerdung in Netzen mit geerdetem Netzpunkt.

Aus diesen allgemeinen Bedingungen ist schon ersichtlich, daß die Bemessung der Schutzerder außer von den Abschaltstromstärken der Sicherungen auch von der Schaltung der Netze und ihrer Spannungen gegen Erde abhängig ist.

b) Erdungsbedingung in Netzen ohne geerdeten Netzpunkt.

Es sollen zunächst die Bedingungen bei Anwendung der Schutzerdung in Netzen ohne betriebsmäßig geerdeten Netzpunkten betrachtet werden.

In folgenden zwei Zahlenbeispielen soll untersucht werden, welche Berührungsspannung an einem vorschriftswidrig geerdeten Motor im Fehlerfalle auftritt und wie die Schutzerdung bemessen sein muß, wenn die Berührungsspannung die zulässige Grenze nicht überschreiten soll.

1. Zahlenbeispiel: Die Leistung des Motors sei 1,7 kW, sein Strom bei Vollast, wenn er an ein Drehstromnetz mit einer verketteten Spannung von 220 V angeschlossen ist, somit

$$I = \frac{N}{\sqrt{3}\, U \cos \varphi\, \eta} = \frac{1,7 \cdot 1000}{\sqrt{3} \cdot 220 \cdot 0,8 \cdot 0,8} = 7 \text{ A.}$$

Da normale Anlaufbedingungen angenommen werden sollen, genügt eine Absicherung mit 10 A normalen Sicherungen. Der Erdungswiderstand des Schutzerders sei $R_s = 15\,\Omega$. Welche Berührungsspannung tritt nun an dem Motor auf, wenn ein Körperschluß im Motor eintritt? Wie eingangs schon erwähnt, tritt grundsätzlich nur dann eine Berührungsspannung auf, wenn ein Fehlerstrom die Schutzerdung

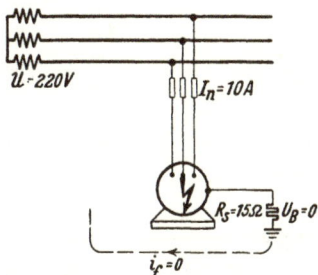

Bild 89. Keine Berührungsspannung, wenn Fehlerstrom Null ist.

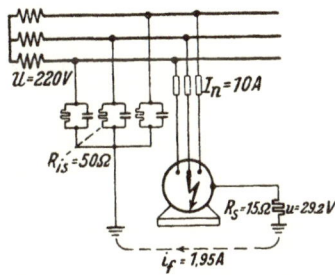

Bild 90. Schließung des Fehlerstromes über Kapazitäts- und Isolationswiderstände des Netzes.

durchfließt. Nach Bild 89 ist das nicht der Fall, somit ist die Berührungsspannung Null.

Die Verhältnisse werden jedoch anders, wenn sich der Fehlerstrom über die Kapazitäts- und Isolationswiderstände des Netzes und den Erdungswiderstand des Schutzerders schließt, wie Bild 90 zeigt. Wird der Kombinationswiderstand der Kapazitäts- und Isolationswiderstände mit $R_{is} = 50\,\Omega$ angenommen und vorausgesetzt, daß er das Netz symmetrisch belastet, so daß sich ein künstlicher Nullpunkt bildet, so beträgt der Fehlerstrom i_f, wenn man von den sonstigen in diesem Falle vernachlässigbaren, im Stromkreis liegenden Wirk- und Blindwiderständen absieht,

$$i_f = \frac{U_{\mathrm{Ph}}}{R_s + R_{is}} = \frac{127}{15 + 50} = 1{,}95\,\text{A}.$$

Unter dem Einfluß dieses Stromes entsteht am Erdungswiderstand des Schutzerders ein Spannungsabfall von

$$u = i_f R_s = 1{,}95 \cdot 15 = 29{,}2\,V,$$

während der Rest der Spannung $U_{\mathrm{Ph}} - u$ sich auf die Teilwiderstände der Kapazitäts- und Isolationswiderstände entsprechend ihrer Größe aufteilt.

Es kann aber in jedem Augenblick ein Erdschluß eines Leiters eintreten. Angenommen im Phasenleiter T trete ein Erdschluß ein, während der Körperschluß am Motor ebenfalls beim Phasenleiter T liege (Bild 91).

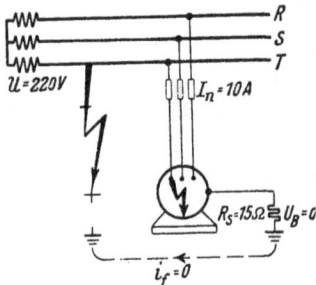

Bild 91. Keine Berührungsspannung, wenn Körper- und Erdschluß im gleichen Leiter eintreten.

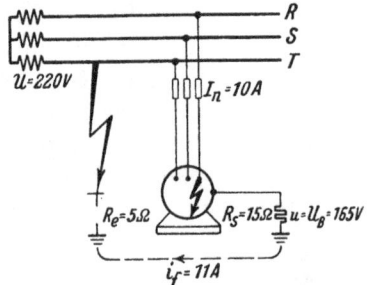

Bild 92. Schließung des Fehlerstromes über den Widerstand der Erdschlußstelle.

Es fließt in diesem Falle ebenfalls kein Strom über den Schutzerder, so daß die Berührungsspannung wieder Null ist.

Tritt der Körperschluß jedoch in einem der beiden anderen Phasenleiter ein, z. B. im Leiter R, so ist der Fehlerstrom, wenn der Erdungswiderstand der im Netz befindlichen Erdschlußstelle $R_e = 5\,\Omega$ ist,

$$i_f = \frac{U}{R_e + R_s} = \frac{220}{5 + 15} = 11\,\text{A},$$

wie Bild 92 zeigt. Am Schutzerder tritt dann ein Spannungsabfall von

$$u = i_f R_s = 11 \cdot 15 = 165\,V$$

auf, während am Erdungswiderstand der Erdschlußstelle die Restspannung $220 - 165 = 55\,V$ liegt. Die Spannung $u = 165\,V$ ist zwar streng genommen noch nicht die Berührungsspannung; denn die Berührungsspannung ist um den Spannungsabfall am Übergangswiderstand des Standortes kleiner. Nach allgemeiner Vereinbarung werden jedoch bei der Bemessung von Schutzerdern diese Spannungen gleichgesetzt; also ist die gesuchte Berührungsspannung

$$U_B = u = 165 \text{ V}.$$

2. **Zahlenbeispiel:** Es soll jetzt untersucht werden, welchen Erdungswiderstand die Schutzerdung haben muß, damit die zulässige Berührungsspannungsgrenze von 65 V nicht überschritten wird. Es seien wieder die gleichen Verhältnisse angenommen. Nach der VDE-mäßigen Bemessungsformel muß bei der Absicherung des Motors mit 10 A ein Erdungswiderstand von

$$R_s = \frac{65 \text{ V}}{\text{Abschaltstrom}} = \frac{65}{2,5 \, I_n} = \frac{65}{25} = 2,6 \, \Omega$$

erreicht werden. Es sei gleich der ungünstigste Fall, also Erdschluß eines Außenleiters angenommen. Der Erdungswiderstand der im Netz befindlichen Erdschlußstelle betrage 20 Ω. Nach Bild 93 tritt dann am Schutzerder eine Spannung von

$$u = \frac{U}{R_e + R_s} \cdot R_s = \frac{220}{20 + 2,6} \cdot 2,6 = 25,4 \text{ V}$$

auf. Da vereinbarungsgemäß $u = U_B$ gesetzt werden soll, ist die gesuchte Berührungsspannung in diesem Falle nur 25,4 V.

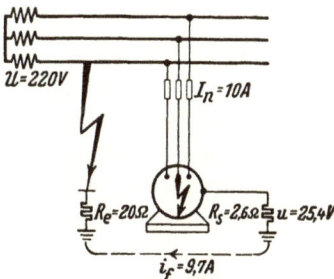

Bild 93. Keine unzulässige Berührungs-spannung bei Bemessung der Schutzerdung nach Gleichung (26).

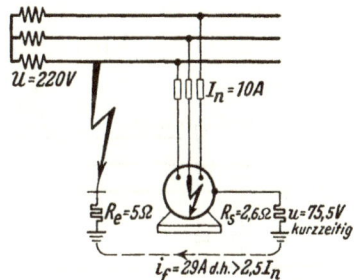

Bild 94. Erreichung des Abschaltstromes bei Bemessung der Schutzerdung nach Gleichung (26).

Verringert sich der Erdungswiderstand der im Netz befindlichen Erdschlußstelle von 20 auf 5 Ω, dann fließt ein Fehlerstrom nach Bild 94 von

$$i_f = \frac{U}{R_e + R_s} = \frac{220}{5 + 2,6} = 29 \text{ A},$$

wobei wieder der Netzwiderstand vernachlässigt ist.

7*

Bei diesem Fehlerstrom wird die Sicherung von 10 A, da ihr Abschaltstrom das

$$\frac{i_f}{I_n} = \frac{29}{10} = 2,9\,\text{fache}$$

des Sicherungsnennstromes beträgt, in hinreichend kurzer Zeit den Fehler abschalten. Innerhalb der Abschaltzeit tritt am Schutzerder eine Spannung von

$$u = i_f\,R_s = 29 \cdot 2,6 = 75,5\,\text{V}$$

auf; diese Spannung ist jedoch nicht als Berührungsspannung zu werten, da unter ihrer kurzzeitigen Einwirkung noch keine Gefahr für den menschlichen Organismus besteht.

Folgerung: Wie die beiden Zahlenbeispiele zeigen, gewährleistet die Bemessung der Schutzerdung nach der VDEmäßigen Bemessungsformel in jedem Falle einen Schutz, da die Berührungsspannung entweder in hinreichend kurzer Zeit abgeschaltet oder aber, wenn die Voraussetzungen für das Zustandekommen des Abschaltstromes fehlen, eine Überschreitung der Berührungsspannungsgrenze von 65 V verhindert wird.

c) Erdungsbedingung in Netzen mit geerdetem Netzpunkt.

α) Betriebserdung.

Die Bemessung der Betriebserdung erfolgt nach zwei Gesichtspunkten, und zwar

1. Schutz bei Übertritt der Hochspannung auf die Niederspannungsseite und

2. Schutz bei Erdschluß auf der Niederspannungsseite.

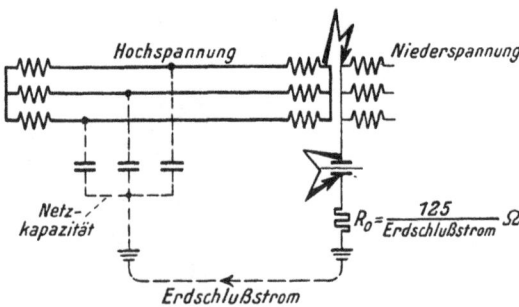

Bild 95. Erdschlußstrom des Hochspannungsnetzes durchfließt die niederspannungsseitige Betriebserdung.

Zu 1. Bei einem Übertritt der Hochspannung auf die Niederspannungsseite durchfließt der Erdschlußstrom des Hochspannungsnetzes die niederspannungsseitige Betriebserdung (Bild 95). Ist eine Durchschlagsicherung vorhanden, so wird diese durchschlagen. Der Erdungswiderstand der Betriebserdung ist deshalb so zu bemessen, daß an der Betriebserdung keine höhere Berührungsspannung als 125 V (höchstzulässige Berührungsspannung in Hochspannungsanlagen) auftritt[1]. Diese an sich hohe Be-

_____

[1] VDE 0141/XII. 40, § 10.

rührungsspannung wird zugelassen, da ein Übertritt von Hochspannung auf die Niederspannungsseite außerordentlich selten ist und die Einhaltung kleinerer Erdungswiderstände wirtschaftlich oft nicht mehr tragbar ist. Der Erdungswiderstand der Betriebserdung darf somit

$$R_0 = \frac{125\ \text{V}}{\text{Erdschlußstrom des Hochspannungsnetzes}} \quad \ldots \quad (29)$$

nicht überschreiten.

Als Erdschlußstrom des Hochspannungsnetzes ist in kompensierten Hochspannungsnetzen der Reststrom und in unkompensierten Netzen nur der kapazitive Erdschlußstrom einzusetzen. Ist jedoch die Abschaltstromstärke der Hochspannungssicherung oder des Überstromschalters kleiner als der Erdschlußstrom, so kann diese, falls der Erdschlußstrom diese Überstromorgane durchfließt, für die Bemessung der Betriebserdung zugrunde gelegt werden.

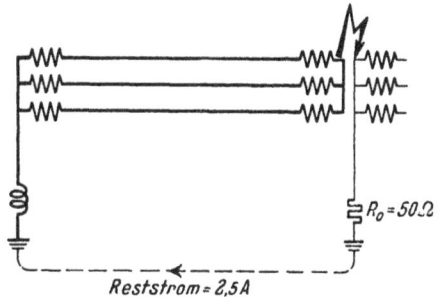

Bild 96. Bemessung der Niederspannungs-Betriebserdung in kompensierten Hochspannungsnetzen.

Zahlenbeispiele: Ein Hochspannungsnetz von 15 kV ist mit einer Erdschluß-Löschspule kompensiert, so daß ein Reststrom von 2,5 A die niederspannungsseitige Betriebserdung durchfließt (Bild 96). Der Erdungswiderstand der Betriebserdung muß dann mindestens

$$R_0 = \frac{125\ \text{V}}{\text{Reststrom des Hochspannungsnetzes}} = \frac{125}{2,5} = 50\ \Omega$$

betragen.

Der kapazitive Erdschlußstrom in Hochspannungsnetzen beträgt nach der von Petersen angegebenen empirischen Formel[1])

$$I_e = \frac{U}{10\,000} \cdot \frac{l}{100} \cdot c, \qquad (30)$$

worin U = die verkettete Spannung in Volt, l = die Leitungslänge in km und c = ein von der Bauart des Netzes abhängiger Faktor bedeuten. Für c ist bei Freileitungen ohne Erdseil etwa 2,5, für Freileitungen mit Erdseil etwa 3 einzusetzen. Für Kabel schwankt der Wert zwischen 50...100. Demnach beträgt der kapazitive Erdschlußstrom eines 50 km langen 15-kV-Hochspannungsnetzes in Freileitungsausführung ohne Erdseil rd. 1,9 A und des gleichen Netzes in Kabelausführung bei c =

---

[1]) Vgl. H. Weber, Der Erdschluß in Hochspannungsnetzen. Verlag Oldenbourg, München-Berlin (1934), S. 16.

75 rd. 56 A. Folglich ist nach Bild 97 die Betriebserdung nach der Formel

$$R_0 = \frac{125\,\text{V}}{\text{kapazitiver Erdschlußstrom des Hochspannungsnetzes}}$$

zu bemessen. Für den ersten Fall ergibt sich ein Wert von

$$R_0 = \frac{125}{1,9} = 66\,\Omega$$

und für den zweiten Fall ein Wert von

$$R_0 = \frac{125}{56} = 2,2\,\Omega.$$

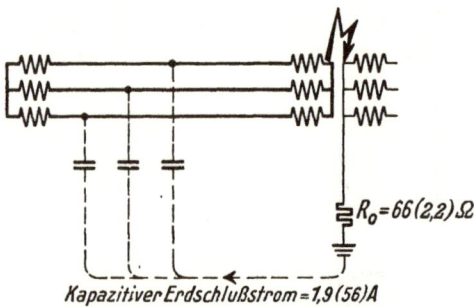

Bild 97. Bemessung der Niederspannungs-Betriebserdung bei kapazitivem Erdschluß-strom des Hochspannungsnetzes.

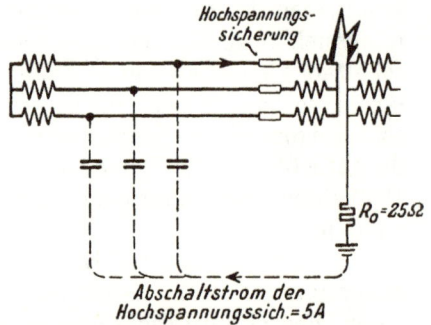

Bild 98. Bemessung der Niederspannungs-Betriebserdung, wenn der Erdschlußstrom des Hochspannungsnetzes die Hochspannungs-sicherung durchfließt.

Durchfließt der Erdschlußstrom aber die Hochspannungssicherung und beträgt ihr Abschaltstrom 5 A, so muß der Erdungswiderstand der Betriebserdung

$$R_0 = \frac{125\,\text{V}}{\text{Abschaltstrom der Hochspannungssicherung}} = \frac{125}{5} = 25\,\Omega$$

betragen (Bild 98).

Folgerung: Aus der Anwendung der Bemessungsformeln unter Berücksichtigung der Netzverhältnisse ergeben sich ganz verschiedene Erdungswiderstände für die Betriebserdung. Der Erdungswiderstand ist in jedem Falle lediglich von der Größe des Erdschlußstromes, dieser aber wieder von Schaltung, Bauart, Ausdehnung und Spannung des Hochspannungsnetzes abhängig. Bei Kabelnetzen wird durch Verbindung der Bleimäntel mit der Betriebserdung oft eine wesentliche Entlastung des Betriebserders erreicht werden können, so daß nur ein geringerer Teil des errechneten Erdschlußstromes über den Betriebserder fließt. Die VDE-Vorschriften empfehlen deshalb auch, in Kabelnetzen die Bleimäntel der Hoch- und Niederspannungskabel gut leitend zu verbinden und an die Betriebserdung anzuschließen. Da infolge der

Bleimantelerdungen die Betriebserdung vom Erdschlußstrom nicht voll beansprucht wird, genügt meistens schon für die Betriebserdung ein Erdungswiderstand von 20 Ω. Die Betriebserdung soll in diesen Fällen in erster Linie den Zweck haben, im Erdreich fließende Fremdströme aufzunehmen, um die Bleimäntel und Kabelbewehrungen vor Anfressungen durch Fremdströme zu schützen.

Zu 2. Bei einem Erdschluß auf der Niederspannungsseite kann in Mehrleiteranlagen die Spannung der gesunden Außenleiter gegen Erde ihren betriebsmäßigen Wert übersteigen. Um das zu verhindern, muß grundsätzlich der niederspannungsseitige Netzmittelpunkt (Sternpunkt) geerdet werden.

Die Spannungserhöhung ist lediglich von der Nullpunktsverlagerung abhängig, diese jedoch wieder durch die Höhe des Erdungswiderstandes der Betriebserdung und dem durch sie fließenden Erdschlußstrom bedingt. Da der betriebsmäßig größte zu erwartende Erdschlußstrom dann eintritt, wenn der am höchsten abgesicherte schutzgeerdete Anlagenteil Körperschluß erhält, muß dieser Strom, der gleich dem Abschaltstrom I_{max}, d. h. dem 2,5 fachen Wert der Sicherungsnennstromstärke des größten geerdeten Anlagenteils ist, der Bemessung der Betriebserdung zugrunde gelegt werden. Nun ist der Anwendungsbereich der Schutzmaßnahmen in hohem Maße von der Spannung des Netzes gegen Erde abhängig. Als VDE mäßige Grenzwerte sind die Spannungen 65 V, 150 V und 250 V festgelegt (vgl. Zahlentafel 18). Um nun den Anwendungsbereich der Schutzmaßnahmen nicht unnötig zu erweitern, muß die Betriebserdung in den jeweiligen Netzen so bemessen werden, daß diese Grenzspannungen möglichst nicht wesentlich überschritten werden. Da die gebräuchlichsten Netze, in denen Betriebserdungen hergestellt werden, Drehstromnetze mit einer verketteten Spannung von 380 V oder 220 V sind, sollen für die rechnerische Bemessung der Betriebserdung diese beiden Netzarten zugrunde gelegt werden.

380-V-Drehstromnetz mit Sternpunktserdung.

Die Spannungen der drei Außenleiter gegen Erde betragen im fehlerfreien Zustande des Netzes 220 V. Damit bei Erdschluß eines Außenleiters die Spannungen der gesunden Außenleiter 250 V gegen Erde nicht übertsteigen, darf sich der Nullpunkt nicht mehr als um 52,5 V verlagern, wie Bild 99a zeigt[1]).

---

[1]) Bei der Nullpunktsverlagerung ist vorausgesetzt, daß sich der Nullpunkt in Richtung eines Dreieckpunktes verschiebt, was bei einem Erdschluß eines Außenleiters der Fall ist. Eine Verschiebung in anderer Richtung braucht nicht berücksichtigt zu werden, da solche Verschiebungen nur auftreten, wenn ein Erdschluß an einem zwischen den Außenleitern liegenden Widerstand eintritt. In solchen Fällen wird aber der Erdschlußstrom durch Widerstände begrenzt, oder aber, da solche Erdschlüsse meistens nur in gesicherten Anschlußanlagen auftreten können, die Sicherung abschmelzen.

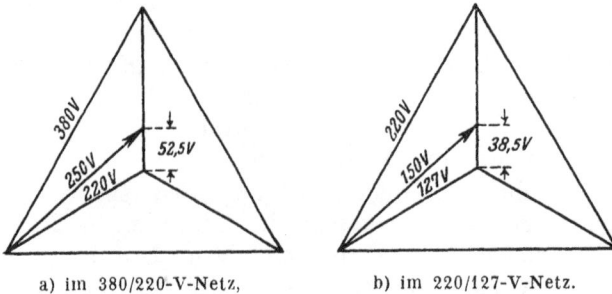

a) im 380/220-V-Netz,   b) im 220/127-V-Netz.

Bild 99. Zulässige Nullpunktsverlagerungen in Drehstromnetzen.

Folglich müßte die Betriebserdung zu

$$R_0 = \frac{52,5 \text{ V}}{I_{max}}$$

bemessen werden.

220-V-Drehstromnetz mit Sternpunktserdung.

Die Spannungen der drei Außenleiter gegen Erde sind im fehlerfreien Netzzustand 127 V. Damit bei einem Erdschluß eines Außenleiters die Spannungen der gesunden Außenleiter gegen Erde 150 V nicht überschreiten, darf sich der Nullpunkt nicht um mehr als 38,5 V verlagern (Bild 99b). Folglich müßte die Betriebserdung einen Wert von

$$R_0 = \frac{38,5 \text{ V}}{I_{max}}$$

haben.

220-V-Drehstromnetz mit Außenleitererdung.

Die Spannung des Netzes gegen Erde ist gleich der Betriebsspannung 220 V und kann auch im Fehlerfalle nicht überschritten werden. Die Bemessung der Betriebserdung müßte mit Rücksicht auf die VDE-mäßig festgelegte Bemessungsformel Gleichung (27) für die Schutzerdung den Wert von

$$R_0 = \frac{110 \text{ V}}{I_{max}}$$

haben, damit die Abschaltbedingung sichergestellt ist.

Folgerung: Damit bei der Bemessung der Betriebserdung nicht mit drei verschiedenen Spannungswerten, und zwar 52,5 V, 38,5 V und 110 V gerechnet zu werden braucht, sind in den VDE-Vorschriften diese Werte zusammengefaßt und durch einen Mittelwert, und zwar 65 V ersetzt worden. Folglich hat die Bemessung der Betriebserdung in allen Netzarten nach der Gleichung (28)

$$R_0 = \frac{65\,V}{I_{max}}$$

zu erfolgen. Die Spannungen gegen Erde werden dann etwas höher als 250 V bzw. 150 V liegen, jedoch ist der Unterschied nicht so erheblich.

β) Schutzerdung.

Die Bemessungsformel für Schutzerder in Netzen mit geerdetem Netzpunkt ist auf die Erreichung des Abschaltstromes abgestellt, im Gegensatz zu der Bemessungsformel für Schutzerder in Netzen ohne geerdeten Netzpunkt, bei der das Schwergewicht auf die Einhaltung der Berührungsspannungsgrenze gelegt wurde.

In folgenden Zahlenbeispielen soll untersucht werden, ob und welche Abschaltströme bei vorschriftwidriger Schutzerdung zustandekommen und wie die Schutzerdung bemessen werden muß, wenn der Abschaltstrom mit Sicherheit erreicht werden soll.

1. Zahlenbeispiel. In einem 3×220-V-Drehstromnetz mit Sternpunktserdung sei der größte schutzgeerdete Verbraucher mit $I_n = 25$ A gesichert. Die Betriebserdung ist demzufolge nach Gleichung (28)

$$R_0 = \frac{65\,V}{I_{max}} = \frac{65}{2,5 \cdot 25} = 1\,\Omega.$$

Hinsichtlich des Abschaltstromes seien zwei Grenzfälle betrachtet, und zwar

1. Schutzerdung eines mit 6 A gesicherten und
2. Schutzerdung eines mit 25 A gesicherten

Verbrauchers. Die Schutzerdung eines jeden Verbrauchers sei $R_s = 15\,\Omega$. Welcher Strom durchfließt die Gerätesicherung, wenn ein Körperschluß am Gerät eintritt? In beiden Fällen ist

$$I_a = \frac{U_e}{R_0 + R_s} = \frac{127}{1 + 15} = 7{,}95\,A,$$

wobei der Netzwiderstand zunächst vernachlässigt sei. Der erforderliche Abschaltstrom von $2{,}5\,I_n$ wird also in beiden Fällen nicht erreicht. Folglich tritt eine Berührungsspannung von

$$U_n = I_a R_s = 7{,}95 \cdot 15 = 119\,V$$

auf.

Werden diese Schutzerdungen jedoch im 3×380-V-Drehstromnetz mit Sternpunktserdung oder im 3×220-V-Netz mit Außenleitererdungen durchgeführt, so ist, da die Betriebserdung wieder den gleichen Wert hat

$$I_a = \frac{U_e}{R_0 + R_s} = \frac{220}{1 + 15} = 13{,}75\,A.$$

$\mathcal{U}_e = 127(220)V$

$I_n = 6(25)A$

$R_0 = 1\Omega$ $R_s = 15\Omega$ $U_B = 119(206)V$

$I_a = 7{,}95(13{,}75)A$

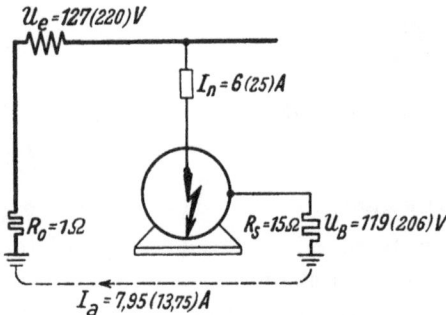

Bild 100. Unzulässige Berührungsspannung bei vorschriftswidriger Bemessung der Schutzerdung.

Der erforderliche Abschalt-strom wird also ebenfalls nicht erreicht, so daß eine Berührungs-spannung von

$$U_B = I_a R_s = 13{,}75 \cdot 15 = 206 \text{ V}$$

bestehen bleibt (Bild 100).

2. Zahlenbeispiel. Um eine Abschaltung der fehlerhaf-ten Verbraucher zu erreichen, müßte der Erdungswiderstand der Schutzerdung ganz allge-mein den Wert

$$R_s = \frac{U_e}{I_a} - \frac{65}{I_{max}} \quad \ldots \ldots \ldots \quad (31)$$

haben, worin $I_a = 2{,}5\, I_n$ bedeutet. Es seien wieder die beiden Grenz-fälle herangezogen, also ein mit 6 A und ein mit 25 A abgesichertes Gerät. Da die Betriebserdung wieder mit Rücksicht auf die Zulässigkeit von Schutzerdungen bis zu $I_n = 25$ A zu $R_0 = 1\ \Omega$ bemessen ist, müßte im 3×220-V-Netz mit Sternpunktserdung für das mit 6 A gesicherte Gerät eine Schutzerdung von

$$R_s = \frac{127}{2{,}5 \cdot 6} - \frac{65}{2{,}5 \cdot 25} = 7{,}5\ \Omega$$

und für das mit 25 A gesicherte Gerät eine Schutzerdung von

$$R_s = \frac{127}{2{,}5 \cdot 25} - \frac{65}{2{,}5 \cdot 25} = 1\ \Omega$$

gewählt werden. Der Abschaltstrom ist dann bei Vernachlässigung des Netzwiderstandes im ersten Falle

$$I_a = \frac{U_e}{R_0 + R_s} = \frac{127}{1 + 7{,}5} = 15 \text{ A}$$

und im zweiten Falle

$$I_a = \frac{127}{1 + 1} \approx 62{,}5 \text{ A},$$

das ist in beiden Fällen das

$$\frac{15}{6} = \frac{62{,}5}{25} = 2{,}5\text{fache}$$

des Sicherungsnennstromes (Bild 101 a). Im 3×380-V-Netz mit Stern-punktserdung oder im 3×220-V-Netz mit Außenleitererdung könnte

der Erdungswiderstand der Schutzerdung für das mit 6 A gesicherte
Gerät gemäß Gleichung (31)

$$R_s = \frac{220}{2,5 \cdot 6} - \frac{65}{2,5 \cdot 25} = 13,7 \ \Omega$$

und für das mit 25 A gesicherte Gerät

$$R_s = \frac{220}{2,5 \cdot 25} - \frac{65}{2,5 \cdot 25} = 2,5 \ \Omega$$

betragen. Der Abschaltstrom ist dann im ersten Falle

$$I_a = \frac{220}{1 + 13,7} = 15 \ A$$

und im zweiten Falle

$$I_a = \frac{220}{1 + 2,5} = 62,5 \ A.$$

Das ist wieder in beiden Fällen das 2,5 fache der Sicherungsnennstromstärke. Da also $I_a = 2,5 \ I_n$ ist, wäre die Abschaltbedingung erfüllt
(Bild 101 b).

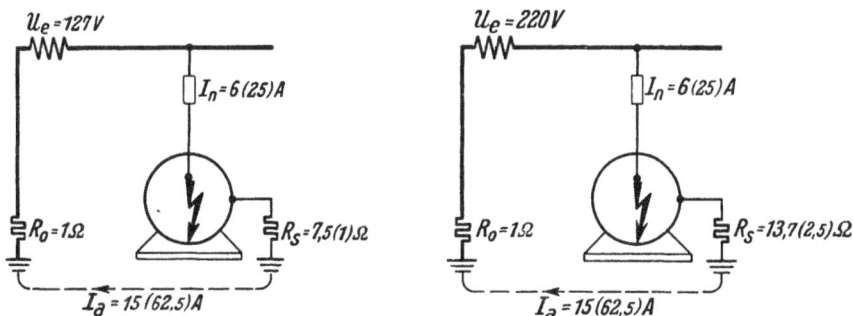

a) im 220/127-V-Netz,   b) im 380/220-V-Netz.

Bild 101. Zur Bemessung der Schutzerdung nach Gleichung (31)

3. Zahlenbeispiel: In dem vorhergehenden Zahlenbeispiel wurde
bei der Berechnung des Erdungswiderstandes auf Abschaltstrom der
Ohmsche Netzwiderstand und induktive Widerstand des Erdschlußstromkreises vernachlässigt. Es soll deshalb untersucht werden, welchen Einfluß die Vernachlässigung auf die Erreichung des Abschaltstromes und
auf die Höhe der Berührungsspannung hat. Ganz allgemein soll sein

$$I_a = 2,5 \ I_n = \frac{U_e}{\sqrt{(R_0 + R_s + r_n)^2 + (\omega L)^2}} \quad \dots \dots \quad (32)$$

worin U_e = treibende Spannung, R_0 und R_s die Erdungswiderstände
der Betriebs- und Schutzerdung, r_n = der Ohmsche Netzwiderstand und
ωL = der induktive Widerstand des Erdschlußstromkreises bedeuten.

Es sei angenommen, daß die schutzgeerdeten Geräte an eine Freileitung von 1 km einfache Länge, vom Netzspeisepunkt aus betrachtet, angeschlossen sind. Die Betriebserdung sei mit Rücksicht auf die Anwendung der Schutzerdungen in Stromkreisen bis zu 25 A gemäß Gleichung (28) zu

$$R_0 = \frac{65}{2,5 \cdot 25} = 1 \ \Omega$$

bemessen. Das Freileitungsseil sei Kupfer von $F = 16 \ \mathrm{mm^2}$ Querschnitt. Sonstige Zu- und Ableitungen seien vernachlässigt. Es seien wieder die beiden Grenzfälle betrachtet, also Schutzerdung eines 6 A und eines 25 A gesicherten Verbrauchers. Die Erdungswiderstände der Schutzerdungen sind nach Gleichung (31) bemessen und betragen im 3×220-V-Netz mit Sternpunktserdung im ersten Falle 7,5 Ω und im zweiten Falle 1 Ω. Außer diesen bekannten Widerständen ergeben sich noch der

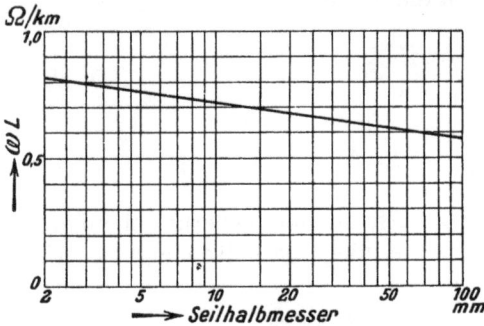

Bild 102. Induktiver Widerstand der Schleife Freileitung-Erde nach O. Mayr.

Ohmsche Widerstand des Freileitungsseils zu

$$r_n = \frac{l}{\varkappa F} = \frac{1000}{57 \cdot 16} = 1,1 \ \Omega$$

und der induktive Widerstand der Schleife Leiter-Erde entsprechend einem Halbmesser des Freileitungsseils von 2,5 mm nach Bild 102[1]) zu $\omega L = 0,8 \ \Omega$. Hieraus ergibt sich die Impedanz für den ersten Fall zu

$$z = \sqrt{(R_o + R_s + r_n)^2 + (\omega L)^2} = \sqrt{(1 + 7,5 + 1,1)^2 + (0,8)^2} = 9,6 \ \Omega$$

und daraus der Abschaltstrom

$$I_a = \frac{U_e}{z} = \frac{127}{9,6} = 13,2 \ \mathrm{A}.$$

Für den zweiten Fall ist die Impedanz

$$z = \sqrt{(1 + 1 + 1,1)^2 + (0,8)^2} = 3,24 \ \Omega$$

und daraus der Abschaltstrom

$$I_a = \frac{127}{3,24} = 39,2 \ \mathrm{A}.$$

---

[1]) Vgl. M. Walter, Kurzschlußströme in Drehstromnetzen. Verlag Oldenbourg, München-Berlin (1935), S. 37.

Der Abschaltstrom von $2,5\,I_n$ wird also in beiden Fällen nicht mehr erreicht. Deshalb tritt im ersten Falle eine Berührungsspannung von

$$U_n = 7,5 \cdot 13,2 = 99\ \text{V}$$

und im zweiten Falle eine Berührungsspannung von

$$U_n = 1 \cdot 39,2 = 39,2\ \text{V}$$

auf (Bild 103 a).

Im 3×380-V-Netz mit Sternpunktserdung oder im 3×220-V-Netz mit Außenleitererdung ergibt sich für den ersten Fall ein Abschaltstrom gemäß den nach Gleichung (31) errechneten Erdungswiderständen von 13,7 Ω für das mit 6 A und 2,5 Ω für das mit 25 A gesicherte Gerät von

$$I_a = \frac{220}{\sqrt{(1 + 13,7 + 1,1)^2 + (0,8)^2}} = 13,9\ \text{A}$$

und für den zweiten Fall von

$$I_a = \frac{220}{\sqrt{(1 + 2,5 + 1,1)^2 + (0,8)^2}} = 47\ \text{A}.$$

Der erforderliche Abschaltstrom wird also ebenfalls nicht mehr erreicht, und es tritt im ersten Fall eine Berührungsspannung von

$$U_n = 13,7 \cdot 13,9 = 190\ \text{V}$$

und im zweiten Fall eine Berührungsspannung von

$$U_n = 2,5 \cdot 47 = 117\ \text{V}$$

auf (Bild 103 b).

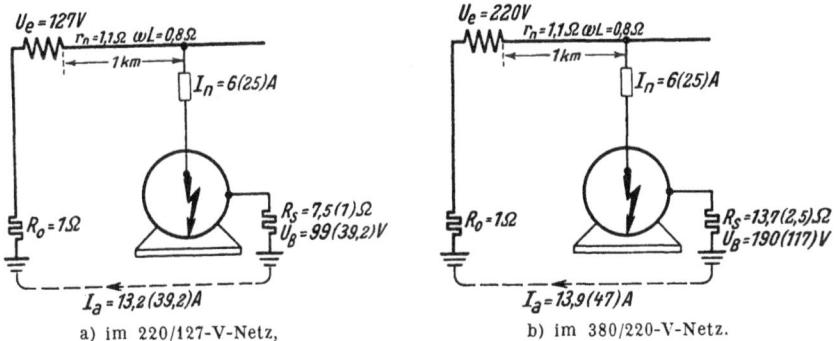

a) im 220/127-V-Netz,　　　　　　b) im 380/220-V-Netz.

Bild 103. Zur Bemessung der Schutzerdung nach Gleichung (31) und Berücksichtigung des Netzwiderstandes.

Folgerung: Während bei den mit 6 A gesicherten Geräten in beiden Netzen 87% bzw. 92% des erforderlichen Abschaltstromes erreicht wurden, betrug der Abschaltstrom bei den mit 25 A gesicherten Geräten nur 63% bzw. 75% des geforderten Wertes. Die Begrenzung des Abschaltstromes ist, von den Erdungswiderständen abgesehen, im wesentlichen durch den Ohmschen Netzwiderstand bedingt, während der Einfluß des induktiven Widerstandes vernachlässigt werden kann. Man wendet deshalb für die Bemessung der Schutzerdung nicht die im Zahlenbeispiel 2 angeführte Gleichung (31), bei der eine Spannung von $U_e - 65$ V zugrunde gelegt war, sondern eine Formel, bei der nur etwa 70% des Spannungswertes zugrunde gelegt ist. In Netzen mit einer Spannung von 220 V gegen Erde ergibt sich somit ein Wert von

$$\frac{220 - 65}{100} \cdot 70 = 110 \text{ V}.$$

Hieraus ergibt sich die VDE-mäßige Gleichung (27)

$$R_s = \frac{\text{halbe Spannung gegen Erde}}{I_a}.$$

In Netzen mit einer Spannung bis zu 130 V gegen Erde entspricht dieser Spannungswert zahlenmäßig der höchstzulässigen Berührungsspannung, so daß, wenn die Schutzerdung nach der Gleichung (27) berechnet wird, auch in den Fällen, in denen der Netzwiderstand die Abschaltung in Frage stellen würde, die zulässige Berührungsspannung nicht überschritten werden kann.

4. Zahlenbeispiel: Es soll untersucht werden, welchen Erdungswiderstand eine Schutzerdung haben muß, wenn der Abschaltstrom mit Sicherheit erreicht werden soll. Der Erdungswiderstand der Betriebserdung sei wegen der Anwendung der Schutzerdung in Stromkreisen bis zu 25 A gemäß Gleichung (28) wieder $R_0 = 1$ Ω. Es seien wieder die beiden Grenzfälle, 6 A und 25 A gesichertes Gerät, betrachtet. Der Erdungswiderstand der Schutzerdung des mit 6 A gesicherten Geräts muß dann in einem 3×220-V-Netz mit Sternpunktserdung

$$R_s = \frac{1/2 \cdot 127}{2,5 \cdot 6} = 4,25 \text{ Ω}$$

sein. Bei Vernachlässigung des Netzwiderstandes ergibt sich ein Abschaltstrom

$$I_a = \frac{127}{1 + 4,25} = 24,2 \text{ A}.$$

Bei Berücksichtigung des Netzwiderstandes würden sich nur etwa 70% des errechneten Abschaltstromes, also

$$I_a' = \frac{24,2 \cdot 70}{100} = 17 \text{ A}$$

ergeben. Da $I_a' > 2,5 \, I_n$ ist, ist die Abschaltbedingung erfüllt.

Die Schutzerdung des mit 25 A gesicherten Geräts muß einen Erdungswiderstand von

$$R_s = \frac{1/2 \cdot 127}{2,5 \cdot 25} = 1 \ \Omega$$

haben. Somit ergibt sich bei Vernachlässigung des Netzwiderstandes ein Abschaltstrom

$$I_a = \frac{127}{1 + 1} = 63,5 \ \text{A}$$

und bei Berücksichtigung des Netzwiderstandes

$$I_a' = \frac{63,5 \cdot 70}{100} = 44,5 \ \text{A}.$$

In diesem Falle ist $I_a' < 2,5 \ I_n$, folglich ist die Abschaltbedingung nicht erfüllt. Es kann aber nur eine Berührungsspannung von

$$U_p = 63,5 \cdot 1 = 63,5 \ \text{V}$$

auftreten.

Im 3×380-V-Netz mit Sternpunktserdung oder im 3×220-V-Netz mit Außenleitererdung muß die Schutzerdung bei dem mit 6 A gesicherten Gerät zu

$$R_s = \frac{110}{2,5 \cdot 6} = 7,3 \ \Omega$$

bemessen werden. Es ergibt sich unter Vernachlässigung des Netzwiderstandes ein Abschaltstrom

$$I_a = \frac{220}{1 + 7,3} = 26,5 \ \text{A}$$

Bei Berücksichtigung des Netzwiderstandes ist

$$I_a' = \frac{26,5 \cdot 70}{100} = 18,5 \ \text{A}.$$

Da $I_a' > 2,5 \ I_n$ ist, ist die Abschaltbedingung erfüllt.

Die Schutzerdung des mit 25 A gesicherten Geräts muß zu

$$R_s = \frac{110}{2,5 \cdot 25} = 1,76 \ \Omega$$

bemessen werden. Es ergibt sich wieder ein Abschaltstrom, wenn der Netzwiderstand unberücksichtigt bleibt

$$I_a = \frac{220}{1 + 1,76} = 80 \ \text{A}$$

und bei Berücksichtigung des Netzwiderstandes

$$I_a' = \frac{80 \cdot 70}{100} = 56 \ \text{A}.$$

Die Abschaltbedingung ist nicht erfüllt, weil $I_a' < 2,5\,I_n$ ist. Folglich tritt eine Berührungsspannung von

$$U_n = 56 \cdot 1,76 = 98,5\,\text{V}$$

auf.

Folgerung: In den Fällen, in denen der Netzwiderstand den Abschaltstrom begrenzt, so daß die Abschaltbedingung $I_a' \gtrless 2,5\,I_n$ nicht eingehalten und gleichzeitig die Berührungsspannungsgrenze von 65 V überschritten wird, ist die Schutzerdung mit einem Unsicherheitsfaktor behaftet. Da diese Möglichkeiten im allgemeinen nur in 3 × 380-V-Netzen mit Sternpunktserdung, in denen meistens nicht die Schutzerdung, sondern die Nullung als Schutzmaßnahme angewendet wird, und in 3 × 220-V-Netzen mit Außenleitererdung, die selten hergestellt werden, unter ungünstigen Bedingungen vorkommen können, muß in Einzelfällen eine Verminderung des im Erdschlußstromkreis befindlichen Widerstandes angestrebt werden.

5. Zahlenbeispiel: Um den Unsicherheitsfaktor, mit dem die Schutzerdung bei Bemessung des Erdungswiderstandes nach Gleichung (27) in 3 × 380-V-Drehstromnetzen mit Sternpunktserdung und in 3 × 220-V-Netzen mit Außenleitererdung in Einzelfällen behaftet ist, zu beseitigen, kann die Bemessung der Schutzerdung nach Gleichung (26) erfolgen. Es sei wieder die Betriebserdung mit $R_0 = 1\,\Omega$ angenommen. Die Schutzerdung für ein mit 25 A gesichertes Gerät hätte nach Gleichung (26) einen Erdungswiderstand von

$$R_s = \frac{65}{2,5 \cdot 25} = 1\,\Omega.$$

Es ergibt sich bei Vernachlässigung des Netzwiderstandes ein Abschaltstrom

$$I_a = \frac{220}{1 + 1} = 110\,\text{A}.$$

Angenommen der Netzwiderstand begrenze den Strom auf 70 %, dann ist

$$I_a' = \frac{110 \cdot 70}{100} = 77\,\text{A}.$$

Da $I_a' > 2,5\,I_n$ ist, gilt die Abschaltungsbedingung als erfüllt.

6. Zahlenbeispiel: Es soll noch ermittelt werden, welchen Einfluß die Erdung eines hoch abgesicherten Verbrauchers hat, für den die Schutzerdung mit Rücksicht auf eine schon festliegende Bemessung der Betriebserdung nicht mehr zulässig ist. Die Betriebserdung in einem 3 × 380-V-Netz mit Sternpunktserdung habe mit Rücksicht auf die Zulässigkeit von Schutzerdungen in Stromkreisen bis zu 25 A den Wert $R_0 = 1\,\Omega$. Es handele sich um einen mit 80 A abgesicherten Pumpenmotor, der zwangsläufig über Saug- und Druckrohre gut geerdet ist.

Der Erdungswiderstand möge $R_s = 0,5\ \Omega$ betragen. Dieser Erdungswiderstand würde an sich der Gleichung (27) entsprechen, da für die Schutzerdung in 80-A-Stromkreisen ein Wert von

$$R_s = \frac{110}{2,5 \cdot 80} = 0,5\ \Omega$$

gefordert wird. Der Abschaltstrom ist unter Vernachlässigung des Netzwiderstandes

$$I_a = \frac{220}{1 + 0,5} = 146\ \text{A}.$$

Die Abschaltbedingung ist nicht erfüllt, da $I_a < 2,5\ I_n$ ist. Abgesehen davon, daß am Motor eine Berührungsspannung von

$$U_{\mathit{b}} = 0,5 \cdot 146 = 73\ \text{V}$$

auftritt, verursacht der Erdschlußstrom eine Verlagerung des Nullpunkts, da an der Betriebserdung eine Spannung von

$$U_e = R_0\, I_a = 1 \cdot 146 = 146\ \text{V}$$

liegt. Damit steigt aber auch die Spannung der gesunden Außenleiter gegen Erde. Wie Bild 104 zeigt, nehmen die beiden gesunden Außenleiter eine Spannung von 315 V gegen Erde an.

Folgerung: Damit die Spannungen der Außenleiter ihre Grenzwerte (250 V bzw. 150 V) nicht wesentlich übersteigen, sind Schutzerdungen grundsätzlich nur bis zu den Sicherungsnennstromstärken zulässig, für welche die Betriebserdung ausgelegt ist. Da zwangsläufig gute Erdungen an hoch abgesicherten Verbrauchern nicht immer verhindert werden können, müssen netzseitig andere Maßnahmen angewendet werden, die ein Bestehenbleiben einer wesentlich höheren Spannung als 250 V gegen Erde verhindern können[1] (s. II. Teil, Abschn. E, S. 140).

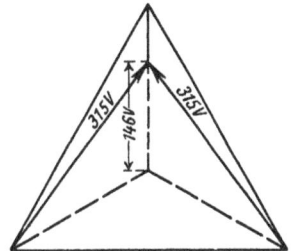

Bild 104. Unzulässige Spannungserhöhung der Außenleiter gegen Erde bei einer Schutzerdung, die mit Rücksicht auf die Bemessung der Betriebserdung nicht mehr zulässig ist.

4. Vergleich der Erdungsbemessungsformeln.

Der Vergleich der VDE-mäßigen Bemessungsformeln zeigt, daß die Größe des Erdungswiderstandes der Betriebs- und Schutzerdung grundsätzlich durch die Abschaltstromstärken der jeweilig verwendeten Sicherungsnennstromstärke bedingt ist. Lediglich bei Schutzerdungen in Netzen mit geerdetem Netzpunkt ist der Erdungswiderstand der Schutzerdung noch von der jeweiligen Spannung des Netzes gegen Erde abhän-

---

[1]) VDE 0140/1932. § 20, s. a. Fußnoten S. 136 u. 144.

gig. In der Zahlentafel 19 sind die erforderlichen Werte für die Erdungswiderstände von Schutzerdern in Abhängigkeit von den Nenn- und Abschaltstromstärken der Sicherungen und den Netzverhältnissen zu-

Zahlentafel 19.

Erforderliche Schutzerderwiderstände nach den Bemessungsformeln.

$R_s = \dfrac{65\ V}{I_a}$		I_n = Sicherungsnennstrom $I_{a\,n}$ = Abschaltstrom norm. Sich. $I_{a\,t}$ = » träg. »			$R_s = \dfrac{\text{halbe Spannung gegen Erde}}{I_a}$			
Erdungswiderstand bei					Erdungswiderstand bei			
norm. Sich.	träg. Sich.	I_n	$I_{a\,n}$	$I_{a\,t}$	norm. Sich.		träg. Sich.	
					in Netzen mit Spannungen			
					380/220 V	220/127 V	380/220 V	220/127 V
1	2	3	4	5	6	7	8	9
4,3	1,85	6	15	36	7,3	4,2	3,0	1,76
2,6	1,1	10	25	60	4,4	2,5	1,83	1,06
1,7	0,72	15	37,5	90	2,9	1,7	1,22	0,7
1,3	0,5	20	50	120	2,2	1,3	0,92	0,53
1,0	0,42	25	62,5	150	1,75	1,0	0,73	0,42
0,75	0,31	35	67,5	210	1,25	0,73	0,52	0,3
0,42	0,18	60	150	360	0,73	0,42	0,3	0,17

sammengestellt. Zu der Zahlentafel sei zunächst bemerkt, daß auch der Vollständigkeit halber die Erdungswiderstände eingetragen sind, die sinngemäß bei der Anwendung von trägen Sicherungsorganen eingehalten werden müßten. Die Einhaltung dieser Werte wird jedoch noch nicht gefordert, sondern kann in das Ermessen jedes einzelnen gestellt werden. Die Erdungswiderstände in den Spalten 1 und 7 bzw. 2 und 9 weisen keine wesentlichen Unterschiede auf, da für ihre Berechnung entweder 65 V oder 127/2 V zugrunde gelegt wird. Sie können deshalb praktisch als gleich gelten. Die in Spalte 6 bzw. 8 eingetragenen Werte gelten auch für 3×220 V-Drehstromnetze mit Außenleitererdung.

Die Bemessungsformel entsprechend Gleichung (26) kann übrigens in allen Fällen, also in allen Netzen, ob ohne oder mit geerdetem Netzpunkt, unabhängig von der Spannung des Netzes gegen Erde angewendet werden. Sie liefert jedoch in einigen Fällen, in denen eine höhere Spannung für die Bemessung des Schutzerders zugrunde gelegt werden kann, teurere Erdungen; dafür bietet sie aber auch einen erhöhten Sicherheitsgrad. In Anbetracht der Freizügigkeit ihrer Anwendung kann sie als Hauptbemessungsformel bezeichnet werden.

5. Begrenzte Anwendung der Schutzerdung bei Verwendung von Einzelerdern.

Der Anwendung der Schutzerdung sind insofern Grenzen gesetzt, als es möglich ist, die erforderlichen Erdungswiderstände zu erreichen. Die Bemessungsformeln finden ja ihren Ausdruck darin, daß der Erdungswiderstand um so kleiner werden muß, je größer die Abschaltstromstärken der in Frage kommenden Stromkreissicherungen sind. Nun ist aber die Erreichung von Erdungswiderständen in der Größenordnung, wie in Zahlentafel 19 angegeben, meistens mit mehr oder weniger großen Schwierigkeiten verbunden und oft sogar unmöglich. Die VDE-Vorschriften empfehlen deshalb auch die Anwendung der Schutzerdung nur in Stromkreisen bis zu einer Abschaltstromstärke von 35 A, d. h. an Anlageteilen, die bis zu 10 A gesichert sind. Aber auch hier ist die Schutzerdung noch mit einem Unsicherheitsfaktor behaftet, wenn als Schutzerder sogenannte neutrale Erder (Rohr-, Band- oder Plattenerder) verwendet werden müssen, deren Erdungswiderstand in mehr oder weniger hohem Maße von der Bodenbeschaffenheit und den Witterungseinflüssen abhängig ist.

Abgesehen von diesem Unsicherheitsfaktor sprechen auch wirtschaftliche Gründe gegen die Anwendung der Schutzerdung bei Verwendung neutraler Erder, denn die Erdung durch neutrale Erder ist eine kostspielige Schutzmaßnahme. Soll beispielsweise für einen mit 10 A gesicherten Motor eine Schutzerdung von 2,6 Ω hergestellt werden, so müßte bei Ackerboden mit einem spezifischen Erdungswiderstand von 100 Ω m ein Rohrerder nach Gleichung (22) eine Länge von

$$l = 0,9 \frac{100}{2,6} = 34,5 \text{ m}$$

haben, d. h. praktisch müssen 7...8 Rohre von je 5 m Länge in genügenden Abständen in die Erde getrieben und parallel geschaltet werden. Soll der gleiche Erdungswiderstand durch einen Banderder erzielt werden, so muß nach Gleichung (23) ein Band von

$$l = 2,1 \frac{100}{2,6} = 81 \text{ m}$$

Länge verlegt werden. Um einen ausreichenden Sicherheitsgrad zu erhalten, müßten noch mit Rücksicht auf die zeitlich bedingte Veränderung des Erdungswiderstandes mindestens um etwa 30% geringere Werte gefordert werden, was auch einen entsprechend größeren Materialaufwand bedingt. Es würden dann etwa 44 m Rohr von 1...2″ Durchm. oder etwa 100 m Bandeisen von 50 mm² Querschnitt benötigt. Von einer wirtschaftlichen Anwendung der Schutzerdung in solchen Fällen kann bei dem Aufwand dieser Mittel keine Rede sein. Dabei ist hier noch verhältnismäßig gut leitender Ackerboden vorausgesetzt. Bei Sandboden würden sich praktisch unüberwindliche Schwierigkeiten ergeben. Aus diesem Grunde kann die Schutzerdung mittels Einzelerders, der eigens für die Zwecke der Schutzerdung hergestellt werden muß, nicht in Betracht kommen. Die Schutzerdung ist daher nur bei Mitbenutzung von bereits vorhandenen Erdern (Wasserrohrnetze, leitende Gebäudeteile u. ä.) wirtschaftlich anwendbar.

Für die Herstellung der Betriebserdung ergeben sich grundsätzlich die gleichen Schwierigkeiten. Indessen braucht aber eine Betriebserdung in einem Netz nur einmal hergestellt zu werden, so daß der Kostenaufwand im Hinblick auf die Baukosten des Netzes schon gerechtfertigt, somit technisch und wirtschaftlich vertretbar ist, im Gegensatz zu Schutzerdungen, die an jedem zu schützenden Gerät durchgeführt werden müssen.

6. Erweiterte Anwendung der Schutzerdung bei Verwendung von Wasserrohrnetzen und Kabelbleimänteln.

Eine Möglichkeit einer erweiterten Anwendung der Schutzerdung, als es bei Verwendung von Einzelerdern technisch und wirtschaftlich zulässig ist, bietet die Mitverwendung bereits vorhandener Erder, insbesondere ausgedehnter Frischwasserrohrnetze oder Kabelbleimäntel, als Schutz- und Betriebserder. Besonders durch Kombination beider Erder ergeben sich ausgezeichnete Erdungsmöglichkeiten.

Für die Verwendung von Wasserrohrnetzen als Erder in Starkstromanlagen sind die zwischen den Wirtschaftsgruppen Gas- und Wasserversorgung einerseits und Elektrizitätsversorgung andererseits vereinbarten Richtlinien maßgebend[1]. Nach diesen Richtlinien können Wasserrohrnetze als Schutz- und Betriebserder (als Betriebserder jedoch nur in Wechsel- und Drehstromnetzen) herangezogen werden, wenn der Erdungswiderstand nach den VDE-Vorschriften ausreichend ist und notwendigenfalls die im Stromkreis liegenden Wassermesser zuverlässig überbrückt werden.

Die im Berliner Wasserrohrnetz durchgeführten umfangreichen Erdungswiderstandsmessungen finden ihre Bestätigung in Ergebnissen, die auch aus Netzen in anderen Städten bekanntgeworden sind. Meistens besitzen die Wasserrohrnetze solche geringe Erdungswiderstände, daß die Schutzerdung der größten Zahl von elektrischen Energieverbrauchern, die bis zu 20 oder 25 A gesichert sind, zugelassen werden kann.

Wie im I. Teil, Abschnitt H schon nachgewiesen, ist der Erdübergangswiderstand ausgedehnter Wasserrohrnetze meistens $< 1\ \Omega$. In großstädtischen Häusern war auch meistens kein Unterschied festzustellen, ob der Wassermesser eingebaut war oder nicht, so daß das Hauswasserrohrnetz infolge Verbindung mit anderen Rohrsystemen noch einen sehr kleinen Erdungswiderstand hatte.

Von verschiedenen Stellen wird die Auffassung vertreten, daß eine Unterbrechung der Wasserleitung im Hause zu befürchten ist und eine

---

[1] Richtlinien für die Benutzung des Wasserrohrnetzes zur Erdung in Starkstromanlagen mit Betriebsspannungen bis 250 V gegen Erde, Gas- u. Wasserfach 83 (1940), S. 290. Elektrizitätswirtschaft 39 (1940), S. 251.

besondere Sammelerdungsleitung, die vor dem Wassermesser (straßenseitig) anzuschließen ist, zu verlegen ist. Diese Maßnahme, also die
Verlegung eines besonderen Erdungsleiters, würde die Schutzwirkung
nicht erhöhen, abgesehen von den nicht unerheblichen Kosten. Eher
würde eine Verminderung der Schutzwirkung eintreten, da eine Unterbrechung des Schutzleiters ebensogut eintreten kann wie eine Unterbrechung der Wasserleitung, bloß mit dem Unterschied, daß die Unterbrechung des Schutzleiters im ordnungsmäßigen Betriebszustand nicht
bemerkt wird, und somit lange Zeit bestehen kann, während Unterbrechungen des Wasserrohres immer nur kurzzeitig sein können. Die
beste Schutzwirkung wird deshalb durch unmittelbaren und kürzesten
Anschluß der zu schützenden Geräte an das Wasserrohr erreicht.

Um einen höchsten Grad an Sicherheit zu erreichen, wird es oft
zweckmäßig sein, alle im Berührungsbereich liegenden Rohrsysteme und
leitenden Gebäudeteile in die Erdung einzubeziehen und untereinander
zu verbinden, auch wenn die anderen Rohrsysteme nicht als Schutzerder benötigt werden[1].

Es ist allerdings zu beachten, daß in manchen, besonders neuen
Wasserrohrnetzen oder -netzteilen Wasserrohre mit isolierenden Deckschichten oder solche aus Eternit in zunehmendem Umfang verwendet
werden. Auch Isolierflansche aus nichtleitenden Werkstoffen werden
oft nachträglich eingebaut. Dadurch kann die Eignung des Wasserrohrnetzes als Schutzerder bedeutend herabgesetzt oder auch ganz hinfällig werden. Es ist also notwendig, daß der Einbau solcher isolierenden
Teile dem Interessenten zur Kenntnis gelangt.[2]

Bei der Verwendung von Wasserrohrnetzen als Schutz- und Betriebserder ist es jedoch zweckmäßig, die Anwendung der Schutzerdung nicht
bis an ihre theoretische Grenze auszunutzen. Durch eine zu hohe Inanspruchnahme in bezug auf Erdschlußströme können die Wasserrohre
an den Muffen unzulässig erwärmt werden, was besonders bei Blei-
dichtungen zu Betriebsstörungen führen kann[3]. Es empfiehlt sich
deshalb, die Schutzerdung über Wasserrohre nur in Stromkreisen bis zu
20 oder 25 A anzuwenden. Auch die Tatsache, daß die Abschaltzeiten
bei dem 2,5fachen Wert der Sicherungsnennstromstärke erheblich zu-
nehmen, rechtfertigt grundsätzlich eine beschränkte Anwendung der
Schutzerdung auf kleinere Sicherungsnennstromstärken.

---

[1] Krohne, Betriebserfahrungen mit Erdungs-, Nullungs- und Schutzschaltungseinrichtungen in der großstädtischen Elektrizitätzversorgung, ETZ 58 (1937),
S. 1153. Vgl. a. II. Teil, Abschn. E, S. 154.

[2] Vgl. auch I. Teil Abschnitt H, Unterabschnitt 4, S. 68.

[3] Böninger, Brief an die ETZ, ETZ 59 (1938), S. 510.

7. Prüfung der Schutzerdung.

a) Prüfung durch Messung und Feststellung der Wirksamkeit.

Die Schutzerdung ist einer Prüfung vor Inbetriebsetzung des schutzgeerdeten Anlagenteils und regelmäßigen Nachprüfungen zu unterziehen. Nach den VDE-Vorschriften hat die Prüfung entweder durch eine Messung des Erdungswiderstandes oder durch Feststellung der Wirksamkeit zu erfolgen.

Für die Messung des Erdungswiderstandes können die im I. Teil, Abschn. H angeführten Methoden angewandt werden, wobei etwa erforderliche Sicherheitsmaßnahmen besonders sorgfältig zu beachten sind.

Die Prüfung auf Wirksamkeit erfolgt meistens in der Form, daß ein künstlicher Körperschluß an dem schutzgeerdeten Gerät durchgeführt und das Ansprechen der Überstromschutzorgane beobachtet wird. Diese Methode kann grundsätzlich nur in solchen Netzen angewandt werden, in denen ein Netzpunkt·betriebsmäßig geerdet ist. Sie liefert brauchbare positive Ergebnisse, wenn

1. das Überstromschutzorgan der Art und Nennstromstärke des betriebsmäßig verwendeten Organs entspricht und
2. die Abschaltung ohne merkbare Verzögerung, d. h. augenblicklich erfolgt.

In Netzen ohne geerdeten Netzpunkt wird im Normalzustand des Netzes die Prüfung der Schutzerdung auf Wirksamkeit immer negativ verlaufen. Der Erdschlußstrom ist im allgemeinen durch den Kapazitäts- und Isolationszustand des Netzes bedingt, dieser aber zeitlich und örtlich sehr verschieden und in den meisten Fällen für die Erreichung des Abschaltstromes unzureichend. Kommt der Abschaltstrom trotzdem zustande, was beispielsweise durch Erdschluß eines Außenleiters möglich ist, so arbeitet auf den Prüfstromkreis eine größere treibende Spannung (Außenleiterspannung) als die Berührungsspannung.

Verlagert sich später der Erdschluß derart, daß die treibende Spannung oberhalb der zulässigen Berührungsspannung, jedoch unterhalb der Außenleiterspannung ist, oder vergrößert sich der Erdungswiderstand der im Netz befindlichen Erdschlußstelle, so ist die Abschaltung in Frage gestellt, und die Berührungsspannungsgrenze kann überschritten werden.

Da bei der Prüfung auf Wirksamkeit in Netzen ohne geerdeten Netzpunkt einerseits Schutzerdungen mit unzureichendem Erdungswiderstand als zulässig, andererseits Schutzerdungen mit ausreichendem Erdungswiderstand als unzulässig bewertet werden können, ist es wichtig, in diesen Netzen die Schutzerdungen durch eine Messung des Erdungswiderstandes zu beurteilen.

Die Prüfung auf Wirksamkeit, so einfach und bequem sie durchzuführen ist, hat den Nachteil, daß sie kein objektives Maß bietet. Man
kann aber in der Praxis nicht auf sie verzichten. Das gilt besonders für
die Fälle, in denen ein Wasserrohrnetz als Schutz- und Betriebserder
verwendet wird.

Bekanntlich erfordert die Bestimmung des Erdungswiderstandes
eines ausgedehnten Wasserrohrnetzes eine an sich etwas umständliche
Meßanordnung und stößt in der Großstadt auf Schwierigkeiten, weil
man aus dem Gebiet der Sperrflächen nicht herauskommt. Aus diesem
Grunde kann ein auf dieser Grundlage beruhendes Meßverfahren für
eine ausreichende und schnelle Beurteilung der Erdungsverhältnisse
nicht in Frage kommen.

Eine Möglichkeit, nach der man von einer Messung des Erdungswiderstandes absehen kann, bietet das Verfahren, die Beurteilung und
Prüfung der Schutzerdung durch Messung der Wirksamkeit vorzunehmen, wie es im Versorgungsgebiet der Berliner Kraft- und Licht-(BE-
WAG)-Akt.-Ges. angewandt wird.

Als Beurteilungsmaßstab für die Güte der angewandten Schutzerdung muß bei der Messung die Einhaltung eines Gesamt-Hin- und
Rückleitungswiderstandes angesehen werden, der sich aus den Erdungswiderständen der Betriebs- und Schutzerdung und dem Netzwiderstand
zusammensetzt. Dessen zulässige Größe wird durch die treibende Spannung gegen Erde und durch den erforderlichen Abschaltstrom der in
Frage kommenden Stromkreissicherung bestimmt. Folglich darf der
Hin- und Rückleitungswiderstand den Wert

$$R_{Sch} = \frac{\text{treibende Spannung gegen Erde}}{\text{Sicherungsabschaltstromstärke}} \quad \ldots \ldots (33)$$

nicht überschreiten. Dieser Widerstand soll künftig als Schleifenwiderstand bezeichnet werden.

In einem Drehstromnetz mit einer verketteten Spannung von 220 V
und geerdetem Transformatorsternpunkt ergeben sich für den Schleifenwiderstand unter Zugrundelegung der festgesetzten Abschaltstromstärken
und der wirksamen Spannung gegen Erde von etwa 127 V die doppelten
Widerstandswerte als nach der entsprechenden Erdungsbemessungsformel.

Diese Widerstände müssen also erreicht werden, wenn die Erdungsbedingungen als erfüllt gelten sollen. Die Meßanordnung, die zur Ermittlung dieser Widerstände angewandt wird, geht aus Bild 105 hervor. Der
Widerstand ist danach

$$R_{Sch} = \frac{U_1 - U_2}{I} \quad \ldots \ldots \ldots (34)$$

worin U_1 die Spannung gegen Erde (Phasenspannung) bei offenem Prüfstromkreis, U_2 die Spannung am Meßwiderstand im geschlossenen Stromkreis und I den Meßstrom bedeuten.

Der Meßstrom darf etwa 5 A nicht unterschreiten (vgl. Bild 64), weil die Widerstände von gemufften Wasserleitungsröhren strom- bzw. spannungsabhängig sind.

Wie aus Bild 105 erkennbar, ist in dem Schleifenwiderstand der Erdungswiderstand des Schutzerders R_s und der Erdungswiderstand der Betriebserdung R_0 enthalten, wenn man den Netzwiderstand vernachlässigt. Mit Rücksicht auf einen ausreichenden Sicherheitsgrad ist die BEWAG über die VDE-mäßigen Forderungen hinausgegangen und hat für den Schleifenwiderstand nicht die Summe $R_0 + R_s$, sondern nur den Wert R_s zugelassen, wie er sich nach der Bemessungsformel Gleichung (27) ergibt. Es könnte nämlich der Fall eintreten, daß der Hauptteil des gemessenen Schleifenwiderstandes durch R_s bedingt ist. In einem solchen Falle könnte R_s einen doppelt so großen Wert annehmen, als nach den VDE-Vorschriften zulässig ist. Ändert sich dann der Schleifenwiderstand etwas, so ist u. U. die Abschaltung in Frage gestellt, und gleichzeitig kann die Spannung am zu schützenden Gerät 65 V übersteigen. Entspricht dagegen der Schleifenwiderstand dem Wert nach der Bemessungsformel, so wird R_s immer den VDE-Vorschriften entsprechende Werte aufweisen, und es wird mit Sicherheit eine Abschaltung erreicht oder die Berührungsspannung kann 65 V nicht überschreiten.

Wird die Schutzerdung durch die Messung des Schleifenwiderstandes beurteilt, so werden auch die Grenzfälle erfaßt, in denen trotz VDE-mäßiger Bemessung der Schutzerdung das Zustandekommen des Abschaltstromes durch den Einfluß des Netzwiderstandes in Frage gestellt ist, weil bei der Messung der gesamte Widerstand des Erdschluß-stromkreises erfaßt wird.

b) Neuartige Erdungsprüf- und -meßgeräte.

Obwohl die Messung des Schleifenwiderstandes denkbar einfach ist, kann sie dem in der Praxis stehenden Installateur nicht zugemutet werden, da sie zu zeitraubend ist. Auch wurde es als unbequem empfunden, das Resultat erst aus der Messung durch Rechnung zu ermitteln. Um dem Installateur eine Prüfung des Schleifenwiderstandes zu

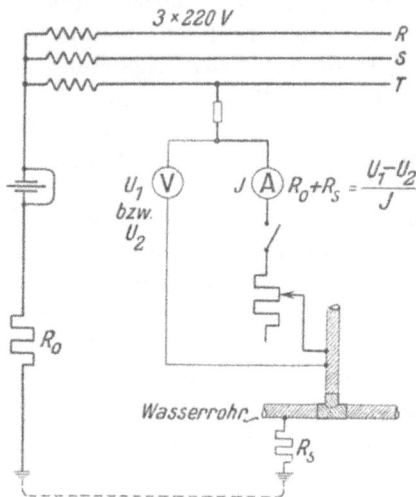

Bild 105. Meßanordnung zur Bestimmung des Schleifenwiderstandes.

ermöglichen, wurden von der BEWAG je ein einfaches Prüf- und Meßgerät entwickelt, mit dem eine schnelle und einfache Erfassung des
Schleifenwiderstandes ohne Rechnung möglich ist. Während das Prüfgerät nur auf die Erfassung der Schleifenwiderstandsgrenzwerte entsprechend den Abschaltstromstärken der in Frage kommenden Sicherungsnennstromstärken abgestellt ist, gestattet das Meßgerät u. a.,
den Schleifenwiderstand in einem größeren Bereich unmittelbar abzulesen.

Erdungsprüfgerät. Die Prinzipschaltung geht aus Bild 106
hervor. In dem Bild bedeuten: R_v = ein Vorschaltwiderstand, K = ein
I.S.-Schalter von 15 A Nennstromstärke, bei dem die thermische Auslösung gesperrt ist, T =
ein I.S.-Schalter von 6 A
Nennstromstärke, bei dem
die Kurzschlußauslösung
gesperrt ist. Die Wir-
kungsweise ist folgende:
Bei Anschluß der Prüfein-
richtung zwischen einem
Außenleiter und dem zu
prüfenden Schutzerder
wird der Strom durch den
Vorschaltwiderstand R_v
begrenzt; überschreitet

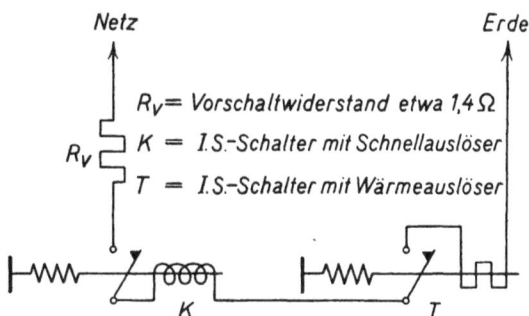

Bild 106. Prinzipschaltung des Erdungsprüfgerätes.

der Strom eine gewisse Grenze, so unterbricht der I.S.-Schalter K infolge seiner unverzögerten Kurzschlußauslösung den Stromkreis, und
die Erdungsbedingung gilt als erfüllt. Wird der Strom, der die Kurzschlußauslösung bewirkt, nicht erreicht, so schaltet der I.S.-Schalter T
infolge seiner thermischen Auslösung ab, und die Erdungsbedingung ist
nicht erfüllt. Nachstehendes Beispiel soll die Wirkungsweise noch ver-
ständlicher machen: Bei Anwendung der Prüfeinrichtung in einem
3×220-V-Drehstromnetz mit geerdetem Sternpunkt ist die Spannung
gegen Erde 127 V. Der Ansprechwert der Kurzschlußauslösung sei 46 A.
Der beim Ansprechwert des I.S.-Schalters K vorhandene Schleifenwiderstand beträgt somit

$$\frac{127}{46} = 2,76 \,\Omega.$$

Spricht also der I.S.Schalter K an, so bedeutet das, daß der im Erdschlußstromkreis fließende Strom

$$I_e > 46 \text{ A}$$

ist, d. h. der Schleifenwiderstand ist

$$R_{\text{Sch}} \lessgtr 2,76 \,\Omega.$$

Wird für den Vorschaltwiderstand R_v ein Wert von 1,4 Ω und ein Eigen-widerstand der I.S.-Schalter von 0,1 Ω eingesetzt, und ein Schleifen-widerstand entsprechend der Abschaltstromstärke einer 20-A-Sicherung gemäß Gleichung (27)

$$R_{Sch} = \frac{127/2}{2,5 \cdot 20} = 1,27 \; \Omega$$

zugelassen, so ist, wenn der I.S.-Schalter K anspricht,

$$R_{Sch} = \frac{127}{46} - (1,4 + 0,1) = 1,27 \; \Omega,$$

d. h. die Abschaltbedingung für eine 20-A-Sicherung ist erfüllt.

Um den Anwendungsbereich dieser Prüfeinrichtung der Praxis an-zupassen, wird der Vorschaltwiderstand mit Anzapfungen versehen, so

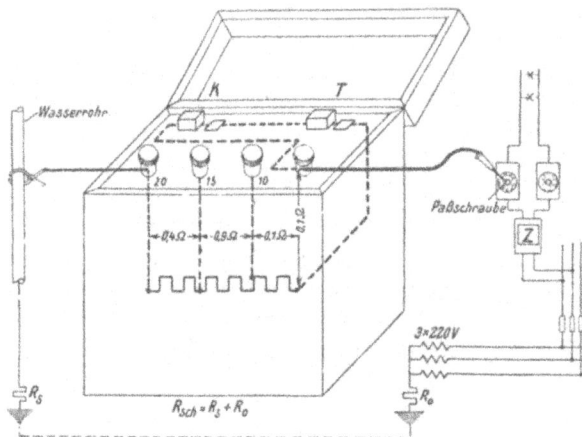

Bild 107. Erdungsprüfgerät mit angezapftem Vorwiderstand.

daß die Erfassung der Schleifenwiderstandsgrenzwerte für 10-, 15- und 20-A-Sicherungen erfolgen kann (Bild 107).

Entsprechend den Anzapfungen des Vorschaltwiderstandes ergeben sich die Schleifenwiderstände für 15-A-Sicherungen

$$R_{Sch} = \frac{127}{46} - (0,9 + 0,1 + 0,1) = 1,7 \; \Omega$$

und für 10-A-Sicherungen

$$R_{Sch} = \frac{127}{46} - (0,1 + 0,1) = 2,56 \; \Omega.$$

Die so ermittelten Schleifenwiderstände entsprechen der Erdungs-bemessungsformel Gleichung (27).

Werden diese Werte nicht erreicht, so unterbricht der I.S.-Schalter T den Stromkreis, damit Leitungen und Zähler nicht unnötig überlastet werden.

Die Anzeigegenauigkeit der Prüfeinrichtung ist bedingt durch das Verhältnis

$$\eta = \frac{R_v + \text{Eigenwiderstand der I. S.-Schalter}}{\text{Schleifenwiderstand}}$$

Folglich wirken sich alle in der Prüfeinrichtung entstehenden Fehler um den ηfachen Betrag auf den Schleifenwiderstand aus. Da η in bezug

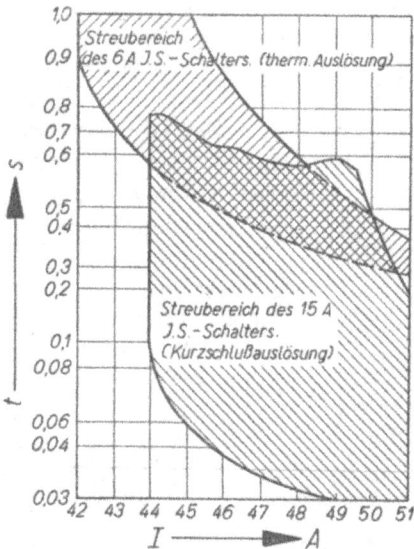

Bild 108. Streubereich der zur Anzeige verwendeten IS-Schalter.

Bild 109.
Erdungsprüfgerät.

auf den Vergleich von zwei Widerständen verhältnismäßig günstig ist, sind die hierdurch entstehenden Fehler praktisch zu vernachlässigen. Allerdings spielt die Streuung der I.S.-Schalter eine Rolle. Wie Bild 108 erkennen läßt, macht die Streuung in dem Ansprechbereich der Kurzschlußauslösung zwischen 44...50 A etwa 10% aus[1]), so daß sich trotzdem die Anzeigegenauigkeit unter Berücksichtigung von η und der möglichen Veränderung der Phasenspannung innerhalb einer Grenze bewegt, die als zulässig angesehen werden kann. Bild 109 zeigt die äußere Ansicht des fabrikmäßig hergestellten Erdungsprüfgerätes. Mit Rücksicht auf die Selektivität vorgeschalteter Sicherungen müssen u. U. bei der Prüfung etwa zu schwache Sicherungen vorübergehend gegen stärkere ausgewechselt werden.

---

[1]) Bei Spezial-I.S.-Schaltern kann eine Streuung von ± 1% eingehalten werden.

Das Erdungsprüfgerät ist in der beschriebenen Form nur für die Verwendung in 3×220-V-Drehstromnetzen mit geerdetem Sternpunkt bei der Prüfung von Schutzerdungen in 10-, 15- und 20-A-Stromkreisen bestimmt. Es kann jedoch auch bei entsprechender Bemessung des Vorwiderstandes sowohl für andere Netze mit geerdetem Netzpunkt, als auch für andere Sicherungsnennstromstärken ausgelegt werden.

Das Erdungsprüfgerät ist in erster Linie für den Gebrauch des Installateurs gedacht, dem es darauf ankommt, möglichst schnell und in einfacher wie auch billiger Weise die Schutzerdung auf ihre Zuverlässigkeit zu prüfen.

Erdungsmeßgerät. Die grundsätzliche Schaltung des Erdungsmeßgerätes zeigt Bild 110. In diesem Bild bedeuten: $R_m =$ Meßwiderstand von etwa 11 Ω, $J_z =$ Zeigerinstrument mit 50 % unterdrücktem Nullpunkt, $R_1 =$ ein Vorwiderstand zur Verwendung des Zeigerinstrumentes als Spannungsmesser, $R_2 =$ regelbarer Vorwiderstand zur Spannungskompensation, $S =$ Umschalter und $D =$ Drucktaste. Die Wirkungsweise beruht auf der Grundlage, den Schleifenwiderstand durch eine Strom- und Spannungsdifferenzmessung nach Gleichung (34) zu bestimmen, wobei etwaige Abweichungen der Spannung gegen Erde von der Sollspannung kompensiert werden[1]), so daß die Messung von der verschiedenen Phasenspannung (im 3×220-V-Drehstromnetz mit geerdetem Sternpunkt kann die Phasenspannung 120...135 V sein) unabhängig ist. Der Meßstrom ist im wesentlichen durch die Größe des Meßwiderstandes R_m bestimmt und beträgt mit Rücksicht auf die Verwendung des Geräts in 6-A-Stromkreisen rd. 10 A. Bei konstanter Phasenspannung wäre der Spannungsabfall an R_m ein Maß für die Größe des Schleifenwiderstandes, da sich die Spannung entsprechend der Größe der beiden Widerstände aufteilt. Da jedoch nicht immer mit einer konstanten Phasenspannung gerechnet werden kann, diese vielmehr an den verschiedenen Orten eines Netzes erfahrungsgemäß zwischen 120...135 V schwankt, muß zum Ausgleich dieser Schwankungen

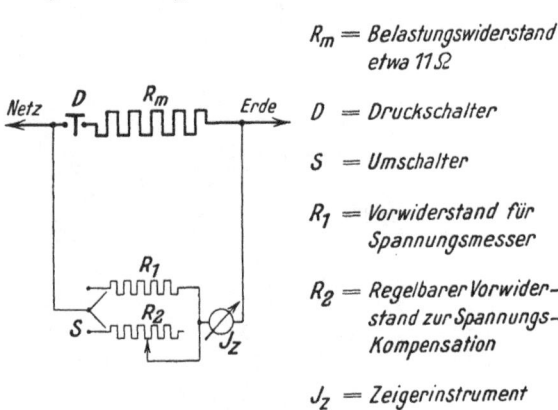

$R_m = $ Belastungswiderstand etwa 11 Ω

D = Druckschalter

S = Umschalter

R_1 = Vorwiderstand für Spannungsmesser

R_2 = Regelbarer Vorwiderstand zur Spannungs-Kompensation

J_z = Zeigerinstrument

Bild 110. Schaltung des Erdungsmeßgerätes.

---

[1]) Vgl. Deutsche Patentschriften 691 733 und 695 699. Meßanordnung zum Nachweis der Erfüllung der Erdungsbedingung.

der Zeiger des Instruments mit Hilfe des regelbaren Widerstandes R_2 vor jeder Messung auf seinen Endpunkt eingestellt werden. Die Skala des Meßgeräts (Bild 111) hat drei Teilungen. Die obere Teilung ist als Spannungszeigerskala [1]) ausgebildet, die untere als Ω-Skala. Die mittlere Farbenskala, die in den Kennfarben [2]) der Sicherungen angelegt ist, gestattet die Erfüllung der Erdungsbedingung unmittelbar abzulesen. Die Erdungsbedingung ist in dieser Skala auf den gesamten Schleifenwiderstand entsprechend Gleichung (33) bezogen, der nach den VDE-Vorschriften ausreichend ist.

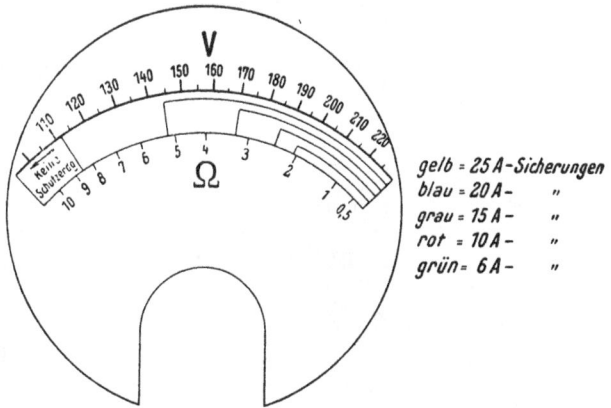

Bild 111. Skala des Erdungsmeßgerätes.

gelb = 25 A-Sicherungen
blau = 20 A-   "
grau = 15 A-   "
rot = 10 A-   "
grün = 6 A-   "

Die Meßgenauigkeit ist bedingt durch das Verhältnis

$$\eta = \frac{\text{Meßwiderstand in } \Omega}{\text{Schleifenwiderstand}}.$$

η wird in bezug auf den Vergleich von zwei Widerständen um so günstiger, je mehr sich der Schleifenwiderstand dem Wert des Meßwiderstandes nähert. Wird z. B. ein Zeigerinstrument mit einem zulässigen Fehler von 1% vom Endausschlag (Klasse 1,0) verwendet, so würde der Fehler unter Berücksichtigung von η für den Fall, wenn der Schleifenwiderstand 1 Ω beträgt, also ein sehr ungünstiges Verhältnis, etwa 11% betragen [3]). Bild 112 zeigt die äußere Form des Geräts.

Das von der BEWAG entwickelte Erdungsmeßgerät ist auf die Verwendung in 3 × 220-V-Drehstromnetzen mit Sternpunktserdung zur Messung der Schleifenwiderstände entsprechend den Abschaltstromstärken von 6...25-A-Sicherungen abgestellt. Der Anwendungsbereich kann

---

[1]) In solchen Netzteilen, in denen der mit der Messung Beauftragte noch keine Gewißheit über die tatsächlich durchgeführte Sternpunktserdung hat, somit die Spannung gegen Erde von der Nullpunktslage innerhalb des Spannungsdreiecks abhängig sein kann, empfiehlt es sich, vor jeder Messung die Spannung gegen Erde zu kennen. Hierdurch werden Zweifelsfälle vermieden und keine sinnlosen Messungen ausgeführt.

[2]) Die Kennfarben der Sicherungen sind aus drucktechnischen Gründen hier nicht angelegt worden. Die fünf Felder von rechts nach links hat man sich entsprechend der neben Bild 111 stehenden Tabelle farbig vorzustellen.

[3]) Im allgemeinen kommt man bei der Messung von Schleifenwiderständen mit einer Meßgenauigkeit von ± 20% aus.

Bild 112. Erdungsmeßgerät.

jedoch sowohl auf andere 'Netze mit geerdetem Netzpunkt als auch auf andere Sicherungsnennstromstärken ausgedehnt werden[1]).

Das Erdungsmeßgerät ist in erster Linie für die Abnahme- und Revisionsbeamten der Elektrizitätswerke und alle solchen Techniker gedacht, die sich mit der Verbesserung von Erdungswiderständen zu befassen haben. Solche Verbesserungen sind oftmals notwendig, und lassen sich verhältnismäßig leicht durchführen, wenn an geeigneten Stellen des Netzes der Kabelbleimantel zusätzlich mit dem Wasserrohrnetz verbunden wird. Um die Zweckmäßigkeit dieser Maßnahmen, die möglicherweise erst versuchsweise durchzuführen sind, zu beurteilen, leistet das Erdungsmeßgerät sehr gute Dienste.

8. Beurteilung der Schutzerdung.

Bei der Durchführung von Schutzerdungen als Schutzmaßnahme sind neben den betriebs- und sicherheitstechnischen auch die wirtschaftlichen Gesichtspunkte zu berücksichtigen. Während die betriebstechnischen Gesichtspunkte meistens durch die Netzverhältnisse bedingt sind, ist der Sicherheitsgrad durch die Erfüllung der VDE-Vorschriften gegeben. Inwieweit die Anwendung der Schutzerdung wirtschaftlich ist, hängt im allgemeinen von den verschiedensten Begleitumständen, im besonderen von der Möglichkeit der Mitbenutzung bereits vorhandener Erder, wie Wasserrohrnetze u. dgl., ab.

Die wirtschaftliche Anwendung der Schutzerdung ist im allgemeinen von folgenden Voraussetzungen abhängig:

1. Mitbenutzung eines ausgedehnten Frischwasserrohrnetzes als Schutzerder und Betriebserder.

2. Vor- und Nachprüfung des Schleifenwiderstandes mittels der beschriebenen Erdungsprüf- und -meßgeräte oder anderer Meßanordnungen.

3. Die erforderlichen Installationsmaßnahmen, wie Überbrückungen der Wassermesser, Anschluß der Erdungsleitungen an Ge-

---

[1]) Vgl. Induni, Ein Erdungsprüfer für geerdete und genullte Objekte, Bull. schweiz. elektrotechn. Verein 29 (1938), S. 34.

räte, Rohre und gegebenenfalls Kabelbleimäntel müssen sauber und gewissenhaft ausgeführt werden, wie es bei allen Schutzmaßnahmen nicht dringend genug gefordert werden kann.

4. Begrenzte Anwendung der Schutzerdung auf Stromkreise, die höchstens bis 25 A gesichert sind.

Wenn diese Gesichtspunkte beachtet werden, kann die Schutzerdung als eine billige, bequeme, einfache und auch betriebssichere Schutzmaßnahme gelten.

Die bisherigen Erfahrungen, die mit der erweiterten Anwendung der Schutzerdung gemacht wurden, sind als günstig zu beurteilen. Die Maßnahmen sind schnell, einfach und zuverlässig vom Installateur durchgeführt worden und wirkten sich insbesondere günstig auf die Gesamtherstellungskosten der Anlagen und damit auf die Anschlußbewegung aus.

E. Nullung.

1. Wirkungsweise.

Die durch Nullung zu schützenden Anlagenteile werden mit dem geerdeten Netznulleiter leitend verbunden. Dadurch soll erreicht werden, daß jeder Körperschluß zu einem Kurzschluß und somit in kurzer Zeit zur Abschaltung des fehlerhaften Anlagenteils durch die Überstromschutzorgane führt. Das ist erreichbar, wenn der Fehlerstrom mindestens das 2,5fache des Sicherungsnennstromes des nächst vorgeschalteten Sicherungsorgans beträgt. Nach Bild 113 treibt die Spannung U einen Kurzschlußstrom I_K über die Fehlerstelle F, der sich über den metallischen Widerstand des Nullleiters schließt und dadurch die Sicherung zum Abschmelzen bringt, so daß der Anlagenteil von dem gegen Erde Spannung führenden Außenleiter abgeschaltet wird.

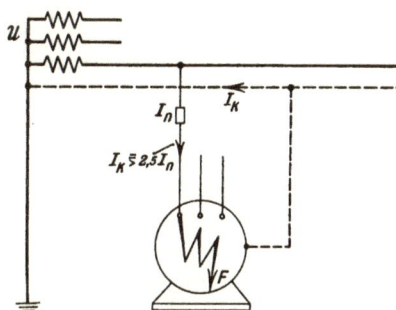

Bild 113. Wirkungsweise der Nullung.

2. Anwendung.

Die Nullung als Schutzmaßnahme kommt grundsätzlich nur in Netzen mit einem geerdeten Nulleiter zur Anwendung. Durch Nullung können alle in diesen Netzen angeschlossenen schutzbedürftigen Anlagenteile gegen gefährliche Berührungsspannungen geschützt werden.

3. Bedingungen.

a) Allgemeine Bedingungen.

Damit der im Körperschlußfalle sich bildende Fehlerstrom mit Sicherheit zur Abschaltung des fehlerhaften Anlagenteils führt, darf der Nulleiter keine Sicherungen erhalten. Darüber hinaus stellen die VDE-Vorschriften ganz bestimmte Bedingungen, die erfüllt werden müssen, wenn die Nullung ihren schutztechnischen Aufgaben gerecht werden soll. Obwohl durch die Nullung einerseits jede Berührungsspannung, die durch einen Körperschluß an einem genullten Gerät hervorgerufen werden könnte, durch Ansprechen der Sicherungsorgane abgeschaltet wird, können andererseits neue Berührungsspannungen entstehen, die ohne Nullung nicht vorhanden sein würden. Die Mittel, die angewendet werden müssen, um die Entstehung neuer Berührungsspannungen zu verhindern, sind im allgemeinen in den VDE-Vorschriften durch die Aufstellung der drei Nullungsbedingungen festgelegt. Die Notwendigkeit der Einhaltung der Nullungsbedingungen wird oft verkannt. Sie sind aber so wichtig, daß unter keinen Umständen auf die Erfüllung verzichtet werden kann, sofern von der Nullung nicht grundsätzlich abgesehen werden soll. Die Problemstellung ist somit nicht die eigentliche Durchführung der Nullung, sondern die VDE-mäßige Einhaltung der Nullungsbedingungen. Diese Bedingungen sollen daher einer eingehenden Betrachtung unterzogen werden.

b) Erste Nullungsbedingung.

Die Leitungsquerschnitte sind so zu bemessen, daß bei Kurzschluß zwischen Außenleiter und dem Nulleiter mindestens der 2,5 fache Nennstrom der nächsten vorgeschalteten Sicherung zum Fließen kommt. In Netzen mit Betriebsspannungen von 220/127 V und darunter ist diese Abschaltung nicht erforderlich, wenn bei gleichem Werkstoff das Verhältnis des Querschnittes eines Außenleiters zu dem des Nulleiters den Wert 1,6 nicht überschreitet.

Tritt an einem genullten Gerät ein satter Körperschluß ein, so fließt über die Fehlerstelle ein Kurzschlußstrom I_K, der die vorgeschaltete Sicherung zum Abschmelzen bringen soll. Das wird erreicht, wenn die Leitungsquerschnitte so bemessen sind, daß der 2,5 fache Wert des Sicherungsnennstromes zustande kommt. Es muß also die Sicherungsnennstromstärke

$$I_n < \frac{I_K}{2,5} \quad \ldots \ldots \ldots \ldots \quad (35)$$

sein. Die Größe des Kurzschlußstromes ist von der Höhe der treibenden Spannung und von der Anzahl und Größe der im Kurzschlußstromkreis liegenden Widerstände abhängig. Ganz allgemein ist also

$$I_K = \frac{\text{treibende Spannung}}{\text{Widerstand des Kurzschlußstromkreises}} \quad \cdots \quad (36)$$

Bild 114 zeigt die Kurzschlußverhältnisse in einem großstädtischen Drehstromkabelnetz 380/220 V. Wie aus den eingetragenen Werten, insbesondere aber aus der Kurve er-
sichtlich, werden in jedem Falle
die für die Nullung in Frage kommenden Abschaltstromstärken mit
mehrfacher Sicherheit erreicht.
Anders liegen die Verhältnisse in solchen Netzen oder Netzteilen, in denen die Kurzschlußstromstärken durch die Widerstände langer Leitungen begrenzt
werden. Das ist besonders in ausgedehnten Freileitungsnetzen der
Fall. Hinzu kommt bei solchen
Netzen, sofern sie mit Wechsel-
oder Drehstrom betrieben werden,
der induktive Widerstand der
Leitungen. Während der Ohmsche
Widerstand lediglich durch Querschnitt, Werkstoff und Länge der

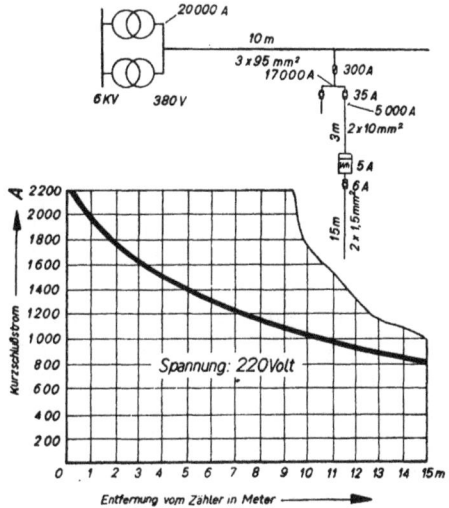

Bild 114. Kurzschlußverhältnisse in einem großstädtischen Drehstromkabelnetz 380/220 V.

Leiter bedingt ist, ist der induktive Widerstand außer von der Leitungslänge von dem Abstand der Leiter und von dem Leitungsdurchmesser
abhängig. Ganz allgemein ist die Induktivität

$$L = l\left(0,92 \log \frac{D}{d/2} + 0,1\right) 10^{-3} \text{ Henry} \qquad . \quad (37)$$

worin $l =$ die Leitungslänge vom Speisepunkt bis zur Kurzschlußstelle
in km, $D =$ der Abstand der Leitungen voneinander in cm und $d =$ der
Leitungsdurchmesser in cm bedeuten. Der induktive Widerstand ermittelt sich aus der Induktivität durch Multiplikation mit der Kreis-
frequenz ω, für Wechselstrom von 50 Per/s, also

$$\omega L = 2\pi \, 50 L = 314 \, L.$$

Da nach den VDE-Vorschriften für Freileitungen bis 1 kV ein Mindestabstand der Leiter von $D = 35$ cm vorgeschrieben ist[1]), in der Praxis
aber für Kupferleitungen meistens 40 cm und für Aluminiumleitungen
50 cm gewählt wird, sind in der Zahlentafel 20 die in Frage kommenden
induktiven Widerstände für 1 km Leitungsschleife zusammengestellt.
Man erkennt aus der Zusammenstellung, daß der induktive Widerstand
mit wachsendem Abstand und abnehmendem Leitungsdurchmesser zu-
nimmt. Ferner ist zu ersehen, daß der Unterschied der induktiven
Widerstände für ein- und dieselbe Leitungslänge bei den verschiedenen

---

[1]) VDE 0210 X/38. § 36, Abs. 1.

Zahlentafel 20.

Induktiver Widerstand von Freileitungen pro km Schleife.

Leiter-querschnitt mm²	Seil-durchmesser mm	ωL bei Leiterabstand von			ωL-Mittel	
		35 cm	40 cm	50 cm		
10	4,1	0,675	0,694	0,72	0,696	
16	5,1	0,648	0,664	0,695	0,69	0,67
25	6,3	0,62	0,637	0,665	0,664	
35	7,5	0,6	0,619	0,645	0,622	
50	9,0	0,578	0,592	0,621	0,63	
70	10,5	0,559	0,575	0,601	0,579	0,58
95	12,5	0,536	0,552	0,58	0,556	
120	14,0	0,521	0,538	0,565	0,541	

Abständen und Leitungsdurchmessern sehr gering ist. Da sich außerdem der induktive Widerstand mit dem Ohmschen Widerstand geometrisch zusammensetzt, ist somit der Einfluß der Veränderung für die praktischen Rechnungen meist zu vernachlässigen. Man kann deshalb für Leitungen von 10...35 mm² mit einem Mittelwert von 0,67 Ω/km und für Leitungen von 50...120 mm² mit einem Mittelwert von 0,58 Ω/ /km bei den in Frage kommenden Leiterabständen rechnen.

1. **Zahlenbeispiel:** Es sei angenommen, daß die Kupferleitungsquerschnitte einer Freileitung von $U = 220$ V mit Rücksicht auf den Spannungsabfall zu $F = 50$ mm² gewählt werden müßten. Die einfache Leitungslänge vom Speisepunkt bis zum letzten Abnehmer betrage $l = 1500$ m, der Abstand der Leitungen von den Isolatoren der Masten sei 50 cm. Der Ohmsche Widerstand ist somit

$$r = \frac{2l}{F\varkappa} = \frac{1500 \cdot 2}{50 \cdot 57} = 1,05 \, \Omega.$$

Der Mittelwert des induktiven Widerstandes ist nach Zahlentafel 20 für $l = 1$ km 0,58 Ω, für 1,5 km also

$$\omega L = 1,5 \cdot 0,58 = 0,87 \, \Omega.$$

Folglich ist der Gesamtwiderstand

$$z = \sqrt{r^2 + \omega L^2} = \sqrt{1,05^2 + 0,87^2} = 1,36 \, \Omega$$

und daraus der Kurzschlußstrom

$$I_K = \frac{U}{z} = \frac{220}{1,36} = 162 \, \text{A}.$$

Die Sicherung darf somit höchstens einen Nennstrom von

$$I_n = \frac{I_k}{2,5} = \frac{162}{2,5} = 65 \, \text{A}$$

haben, d. h. es darf keine größere Sicherung als 60 A verwendet werden.

Mit Rücksicht auf die Abschaltbedingung müssen die Leitungen oftmals, wie auch im vorhergehenden Zahlenbeispiel erheblich untersichert werden, d. h. sie werden schlecht ausgenützt. Errechnen sich zu große Leitungsquerschnitte, so können Zwischensicherungen eingebaut werden. Die Abschaltung kann auch durch Schalter erfolgen, deren Auslöseorgane durch den Nulleiterstrom betätigt werden (vgl. unter c) dieses Abschnittes, S. 140).

Wird die Abschaltung nicht erreicht, so ergeben sich folgende Verhältnisse: Es sei angenommen, daß in einem 380/220-V-Drehstromnetz ein einpoliger Kurzschluß eintritt. Unter dem Einfluß des Kurzschlußstromes entsteht in dem betroffenen Außenleiter und dem Nulleiter ein Spannungsabfall. Unter der Voraussetzung, daß Außenleiter und Nullleiter aus gleichem Werkstoff und Querschnitt bestehen und die Induktivität des Netzes vernachlässigt wird, teilt sich die Phasenspannung $U_{\mathrm{Ph}} = 220$ V gleichmäßig auf beide Leiter auf. Der Nulleiter nimmt somit eine Berührungsspannung U_B an, die an der Kurzschlußstelle die halbe Phasenspannung, also 110 V beträgt (Bild 115).

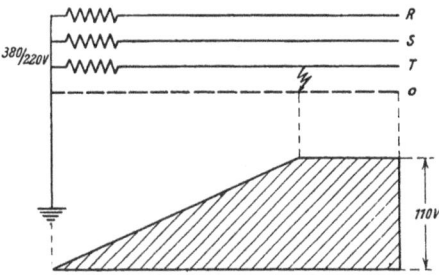

Bild 115. Berührungsspannung des Nullleiters durch einpoligen Kurzschluß bei einseitiger Erdung des Nulleiters.

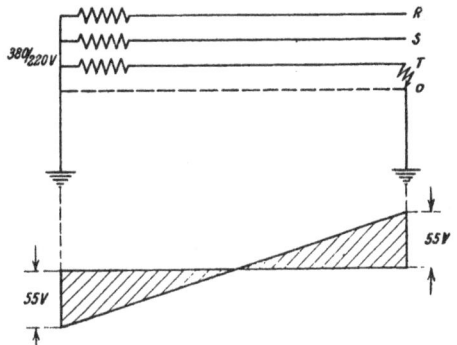

Bild 116 (rechts). Berührungsspannung des Nulleiters durch einpoligen Kurzschluß bei zweiseitiger Erdung des Nulleiters.

Diese Spannung nimmt von der Kurzschlußstelle bis zum geerdeten Netzpunkt (Sternpunkt des Transformators) linear ab und ist dort Null. Jenseits der Kurzschlußstelle ist eine Berührungsspannung von 110 V wirksam. Alle genullten Geräte nehmen also nach Maßgabe ihrer Entfernung von der Netzstation bzw. Kurzschlußstelle eine mehr oder weniger hohe Berührungsspannung gegen Erde an.

Um diese Berührungsspannung zu vermindern, ist der Nulleiter nicht nur am Anfang, sondern auch an seinem Ende zu erden. Für den Fall, daß beide Erdungswiderstände gleich groß sind, würde sich bei einem einpoligen Kurzschluß die Spannung von 110 V halbieren, also nur 55 V betragen (Bild 116). Die in der Mitte zwischen den beiden Erdern angeschlossenen genullten Geräte würden dann keine Berührungsspannung aufweisen.

9*

In der Praxis wird dieser Idealfall jedoch meistens nicht vorhanden sein. Sind nämlich mehrere Netzausläufer mit Nulleitererdern vorhanden, so werden sich die Widerstandsverhältnisse so verlagern, daß Gleichheit der Widerstände nicht mehr gegeben ist, weil sich je nach Lage der Kurzschlußstelle die Widerstände parallel schalten.

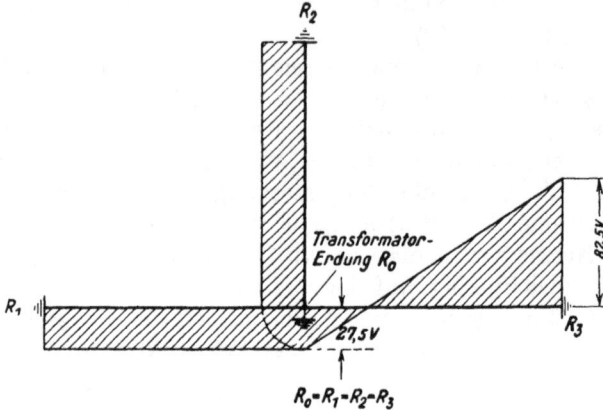

Bild 117. Berührungsspannung des Nulleiters durch einpoligen Kurzschluß bei Parallelschaltung mehrerer Nulleitererder.

In Bild 117 ist angenommen, daß die Erdungswiderstände der drei Netzausläufererdungen unter sich gleich groß sind und jede den Wert der am Transformator befindlichen Erdung hat. Tritt in einem Netzausläufer ein Kurzschluß ein, so werden sich die übrigen drei Erdungswiderstände parallel schalten, so daß an der Kurzschlußstelle eine Berührungsspannung von

$$U_b = 110 \cdot \frac{3}{4} = 82,5 \text{ V}$$

entsteht. Der Punkt des Nulleiters, der keine Spannung gegen Erde hat, liegt nicht mehr in der Mitte zwischen den Erdungen, sondern hat sich im selben Verhältnis, wie die Erdungswiderstände zueinanderstehen, nach dem Nulleiterende verschoben.

In den bisherigen Fällen ist angenommen, daß sich die Phasenspannung von 220 V gleichmäßig auf Außenleiter und Nulleiter aufteilt. Das ist jedoch dann nicht mehr der Fall, wenn die Widerstände der beiden Leitungen verschieden sind. Da meistens für den Nulleiter ein geringerer Querschnitt als für den Außenleiter verlegt wird, da der Nulleiter normalerweise nur den Ausgleichstrom führt, wird sich bei einem Kurzschluß auch die Phasenspannung entsprechend den durch die Leiterquerschnitte bedingten Widerständen aufteilen. Beträgt beispielsweise das Querschnittsverhältnis 1,6, was einem Außenleiterquerschnitt von 16 mm² und einem Nulleiterquerschnitt von 10 mm² entspricht, so entfällt auf den Nulleiter ein Spannungsabfall von

$$u_0 = \frac{220}{1+1,6} \cdot 1,6 = 135 \text{ V},$$

d. h. die Berührungsspannung entsprechend Bild 117 wäre nicht mehr 82,5 V, sondern

$$U_B = 135 \cdot \frac{3}{4} = 101 \text{ V}.$$

Bei Ungleichheit der Nulleitererdungen untereinander und der Leitungsquerschnitte ergeben sich folgende Verhältnisse:

2. Zahlenbeispiel: Bild 118 zeigt ein Nulleiternetz, dessen Gesamtlänge $l = 1200$ m ist. Von den Punkten a und b sind Stichleitungen abgezweigt. In Abständen von je 400 m sind Nulleitererder verschiedener Erdungswiderstände errichtet. Die Querschnitte der Außenleiter und des Nulleiters sind verschieden. Es

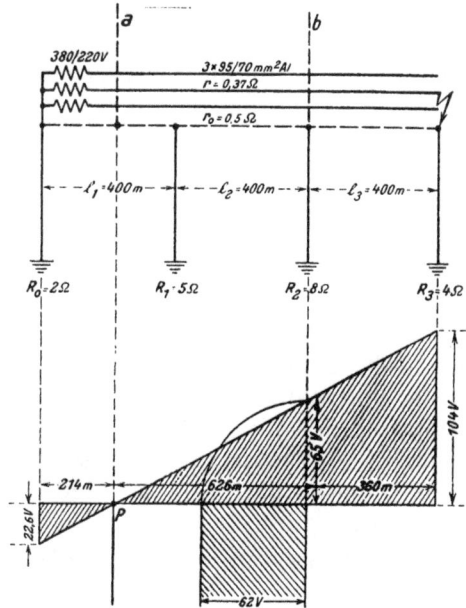

Bild 118. Berührungsspannung des Nulleiters durch einpoligen Kurzschluß bei Mehrfacherdung des Nullleiters und ungleichen Leitungsquerschnitten.

sei angenommen, daß am Ende der Leitung ein einpoliger Kurzschluß eintritt. Es ergeben sich dann die Berührungsspannungen wie folgt: Der spannungslose Punkt p befindet sich im Abstand

$$p = \frac{\dfrac{l_1}{R_1} + \dfrac{l_2}{R_2} + \dfrac{l_3}{R_3}}{\dfrac{1}{R_0} + \dfrac{1}{R_1} + \dfrac{1}{R_2} + \dfrac{1}{R_3}} = \frac{\dfrac{400}{5} + \dfrac{400}{8} + \dfrac{400}{4}}{\dfrac{1}{2} + \dfrac{1}{5} + \dfrac{1}{8} + \dfrac{1}{4}} = \frac{230}{1,075} = 214 \text{ m}$$

von dem Speisepunkt. Zwischen Anfang und Ende des Nulleiters besteht eine Spannung

$$u_0 = \frac{U_{\mathrm{Ph}}}{r + r_0} r_0 = \frac{220}{0,37 + 0,5} \cdot 0,5 = 126,5 \text{ V}.$$

Die Berührungsspannung am Ende des Nulleiters ist dann

$$U_{B_e} = \frac{l - p}{l} u_0 = \frac{1200 - 214}{1200} \cdot 126,5 = 104 \text{ V}$$

und am Anfang des Nulleiters

$$U_{B_a} = \frac{p}{l - p} U_{B_e} = \frac{214}{1200 - 214} \cdot 104 = 22,6 \text{ V}.$$

Die vom Punkt a abgehende Stichleitung, die mit dem spannungslosen Punkt p zusammenfällt, hat keine, während die vom Punkt b abgehende Stichleitung 62 V Spannung gegen Erde hat. Aus dem Spannungsschaubild ist ersichtlich, daß 840 m des Nulleiters eine Spannung unter 65 V und 360 m eine Spannung über 65 V gegen Erde haben. Die durch die Erde fließenden Ströme werden naturgemäß den Nulleiter entlasten. Dadurch wird die Neigung der Spannungslinie geringer und somit auch die Berührungsspannung kleiner. Der Unterschied ist jedoch unwesentlich, so daß man die Entlastung des Nulleiters durch die Erdströme vernachlässigen kann.

Folgerung: Da in 380/220V-Netzen bei einem einpoligen Kurzschluß die höchstzulässige Berührungsspannung des Nulleiters von 65 V immer überschritten wird, bleibt nichts weiter übrig, als die Abschaltbedingung in voller Höhe zu fordern, d. h. bei einem einpoligen Kurzschluß im Netz müssen die vorgeschalteten Sicherungen sofort die Fehlerstelle abschalten[1]). Für 2×220 V-Gleichstromnetze gilt die gleiche Forderung.

In Nulleiternetzen mit 220/127 V treten nur die

$$\frac{1}{\sqrt{3}} = 0{,}58\,\text{fachen}$$

Spannungen auf. Übersteigt das Querschnittsverhältnis, wie in der Nullungsbedingung gefordert, nicht den Wert von 1,6, so kann sich die Spannung auch nur in diesem Verhältnis auf Außenleiter und Nulleiter aufteilen, d. h. der Spannungsabfall am Nulleiter kann höchstens

$$u_0 = \frac{127}{1 + 1{,}6} \cdot 1{,}6 = 78 \text{ V}$$

betragen. Wird wieder das gleiche Widerstandsverhältnis nach Bild 117 zugrunde gelegt, so ergibt sich an der Kurzschlußstelle eine Berührungsspannung von

$$U_B = \frac{78}{4} \cdot 3 = 58{,}5 \text{ V}.$$

Erst bei einem sehr ungünstigen Widerstandsverhältnis von etwa 1 : 6 wird die Berührungsspannung

$$\frac{78}{6} \cdot 5 = 65 \text{ V}$$

erreichen und bei noch ungünstigeren Verhältnissen die zulässige Grenze überschreiten. Mit diesen ungünstigen Umständen braucht jedoch nicht gerechnet zu werden.

---

[1]) Abschaltung in sicherungslosen Netzen, vgl. Bach, Sichern und Ausbrennen von Niederspannungsmaschennetzen, ETZ 61 (1940), S. 935.

Folgerung: In 220/127 V-Drehstromnetzen ist die Abschaltbedingung bei einem einpoligen Kurzschluß vom Standpunkt des Berührungsspannungsschutzes nicht unbedingt erforderlich, wenn das Verhältnis des Querschnittes eines Außenleiters zu dem des Nulleiters den Wert 1,6 nicht überschreitet. In den VDE-Vorschriften wird aber empfohlen, bei Freileitungen bis 50 mm² den Querschnitt des Nulleiters gleich dem der Außenleiter zu wählen.

Für 2 × 110 V-Gleichstromnetze finden sinngemäß die gleichen Betrachtungen Anwendung.

c) Zweite Nullungsbedingung.

Der Nulleiter ist zu erden, und zwar im allgemeinen in der Nähe der Station; in Freileitungsnetzen jedoch noch mindestens an den Netzausläufern und bei Installationen im Freien, falls genullt wird, auch an seinem Ende. Sind im Bereich des Stromverteilungsnetzes besonders gute Erder (Wasserleitungen) vorhanden, so sind diese mit dem Nulleiter zu verbinden.

Erhält in einem Nulleiternetz ein Außenleiter Erdschluß, so nimmt

1. der Nulleiter eine Berührungsspannung gegen Erde an und

2. die Spannung der gesunden Außenleiter gegen Erde zu.

Wie Bild 119 zeigt, treibt die Spannung $U_{\mathrm{Ph}} = 220$ V einen Erdschlußstrom I_e über den Erdungswiderstand der Erdschlußstelle R_e, der sich über den Erdungswiderstand des Nulleitererders R_0 schließt. An dem Erdungswiderstand des Nullleiters tritt somit eine Berührungsspannung von

$$U_B = \frac{U_{\mathrm{Ph}}}{R_e + R_0} R_0$$

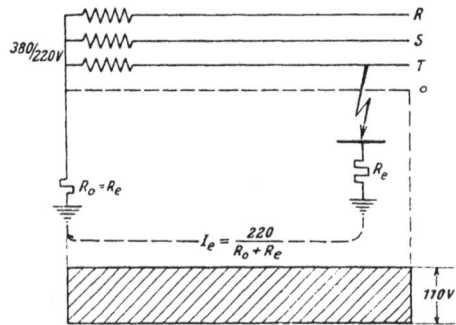

Bild 119. Berührungsspannung des Nulleiters durch Erdschluß eines Außenleiters.

auf. Sind die Erdungswiderstände gleich groß, so wird sich die Spannung gleichmäßig auf die beiden Widerstände aufteilen, so daß, wenn der Spannungsabfall auf dem Außenleiter vernachlässigt wird, am Nulleiter eine Berührungsspannung von 110 V besteht. Je größer R_0 und je kleiner R_e, um so größer wird die Berührungsspannung des Nulleiters.

Gleichzeitig steigt aber auch die Spannung der gesunden Außenleiter gegen Erde. Mit Rücksicht darauf, daß durch einen Erdschluß

1. der Nulleiter keine unzulässig hohe Berührungsspannung annimmt und
2. die Spannung der gesunden Außenleiter gegen Erde ihre Grenzwerte 250 bzw. 150 V nicht wesentlich übersteigen,

darf sich der Nullpunkt des Netzes nicht beliebig verlagern. Wie Bild 120 a zeigt, darf sich in 380/220-V-Netzen hinsichtlich der Spannungserhöhung der Außenleiter der Nullpunkt nur um 52,5 V, im Hinblick auf die noch zulässige Berührungsspannung des Nulleiters aber um 65 V verlagern. Die Spannung der gesunden Außenleiter ist dann nicht 250 V, sondern 260 V. Bild 120 b zeigt den Einfluß der Nullpunktsverlagerung auf die Spannungserhöhung der gesunden Außenleiter und die Höhe der Berührungsspannung des Nulleiters in einem 220/127-V-Netz.

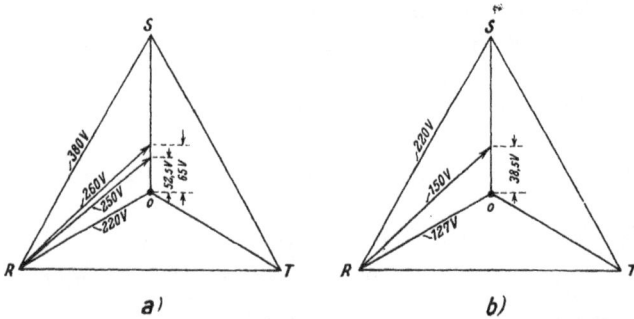

Bild 120. Spannungsdiagramm mit zulässiger Nullpunktsverlagerung bei Erdschluß eines Außenleiters.
a) im 380/220-V-Netz, b) im 220/127-V-Netz.

Damit also die Spannung der gesunden Außenleiter in 380/220-V-Netzen 250 V und in 220/127-V-Netzen 150 V[1]) und somit die Berührungsspannung der Nulleiter mit Sicherheit 65 V nicht übersteigen, darf sich der Netznullpunkt in 380/220 V-Netzen nicht um mehr als 52,5 V und in 220/127 V-Netzen nicht mehr als um 38,5 V verlagern. Diese Verlagerung ist grundsätzlich nur durch das Verhältnis der Erdungswiderstände

$$\frac{\text{Betriebserdung}}{\text{Erdschlußstelle}}$$

bedingt. Folglich ist die Betriebserdung nach der Formel

$$R_0 = \frac{\text{zulässige Nullpunktsverlagerung in V}}{\text{Erdschlußstrom in A}} \quad \cdots \quad (38)$$

[1]) Obwohl in 220/127-V-Netzen eine Spannungserhöhung der gesunden Außenleiter nach den VDE-Vorschriften nicht berücksichtigt zu werden braucht, ist es jedoch zweckmäßig, sie auf 150 V zu begrenzen, da von der Höhe der Spannung gegen Erde der Umfang der zu treffenden Schutzmaßnahmen abhängig ist.

zu bemessen. Da andererseits aber wieder der Erdschlußstrom von der Widerstandssumme Betriebserdung + Erdschlußstelle abhängt, ist man angewiesen, die Höhe des Erdschlußstromes durch folgende Bedingungen zu begrenzen:

1. Um grundsätzlich die Erdschlußgefahr zu vermindern, sind reine Schutzerdungen ohne Verbindung mit dem Nulleiter unzulässig[1]).

2. Damit Erdschlüsse über sehr kleine Erdungswiderstände nicht auftreten, sind besonders gute Erder (Wasserrohre) mit dem Nulleiter zu verbinden.

Unter der Voraussetzung, daß diese Bedingungen eingehalten werden und nicht besonders ungünstige Umstände vorliegen, nimmt man an, daß sattere Erdschlüsse über kleinere Erdungswiderstände als 5 Ω kaum eintreten werden. Mit Rücksicht auf diese Annahme darf der Erdungswiderstand der Betriebserdung in 380/220-V-Netzen

$$R_0 = \frac{52,5}{220 - 52,5} \cdot 5 = 1,57 \ \Omega \quad . \quad . \quad . \quad (39)$$

und in 220/127-V-Netzen

$$R_0 = \frac{38,5}{127 - 38,5} \cdot 5 = 2,2 \ \Omega \quad (40)$$

im Mittel also

$$R_0 \approx 2 \ \Omega$$

nicht übersteigen. Inwieweit kleinere Erdungswiderstände gefordert oder größere zugelassen werden können, hängt lediglich von der Größe des zu erwartenden

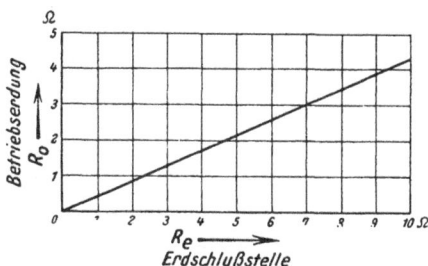

Bild 121. Abhängigkeit des Nulleitererdungswiderstandes von dem zu erwartenden Erdungswiderstand der Erdschlußstelle.

Erdschlußstromes ab, der durch die im Versorgungsgebiet des Netzes liegenden Erder, die nicht mit dem Nulleiter betriebsmäßig verbunden

---

[1]) In Anschlußanlagen sind Ausnahmen zulässig, wenn für die Erdung ein Wasserrohrnetz verwendet wird und der Netznulleiter an mehreren Stellen, besonders an den Ausläuferenden, an die Hauptrohre des gleichen Wasserrohrnetzes betriebsmäßig angeschlossen ist, so daß sich der Fehlerstromkreis nicht über Erdungswiderstände, sondern über die metallischen Wasserrohre mit dem angeschlossenen Nulleiter schließen kann. Von dieser Maßnahme sollte aber nicht allgemein Gebrauch gemacht werden, da nicht immer leicht beurteilt werden kann, ob es sich um das gleiche Wasserrohrnetz handelt. Bei Wasserrohrnetzen mit streckenweise verlegten Zement- oder Eternitrohren kommt diese Ausnahme schon gar nicht in Betracht; es sei denn, daß der Installationsnulleiter in dem jeweiligen Gebäude an das Wasserrohrnetz zusätzlich angeschlossen wird. Grundsätzlich sollte sich diese Ausnahme nur auf niedrig abgesicherte Verbraucher (etwa 10 A) beschränken, so daß auch noch im Falle einer metallischen Unterbrechung der Wasserleitung ein ausreichender Abschaltstrom erreicht wird.

werden können oder sollen (Gasrohre, Luftkabel u. ä.), bedingt ist. Bild 121 zeigt die Abhängigkeit der Betriebserdung von dem Erdungswiderstand des Erdschlusses.

Folgerung: Der Erdungswiderstand der Betriebserdung ist mindestens so zu bemessen, daß bei Erdschluß eines Außenleiters die Berührungsspannung des Nulleiters 65 V mit Sicherheit nicht übersteigt.

d) Dritte Nullungsbedingung.

Der Nulleiter ist ebenso sorgfältig wie die Außenleiter zu verlegen.

Tritt eine Unterbrechung des Nulleiters ein, so entstehen fast stets Berührungsspannungen am Nulleiter. Je nach dem Gefahrengrad sind zu unterscheiden:

1. Nulleiterunterbrechung zwischen zwei Erdungen,
2. Nulleiterunterbrechung hinter der letzten Erdung,
3. Nulleiterunterbrechung mit Außenleiterberührung.

Mit Ausnahme des Falles unter 3. ist die Berührungsspannung in den anderen Fällen durch unsymmetrische Belastung des Nulleiters bedingt. Bei völliger Symmetrie tritt keine Berührungsspannung auf. Das ist aber ganz selten der Fall, so daß bei einer Nulleiterunterbrechung immer mit Berührungsspannungen gerechnet werden muß.

Zu 1. Im ersten Falle ist die Höhe der Berührungsspannung

1. von dem Widerstand der zwischen Außenleiter und Nulleiter angeschlossenen eingeschalteten Geräte,
2. von dem Erdungswiderstand der Betriebserdung und
3. von dem Erdungswiderstand der Netzausläufererdung

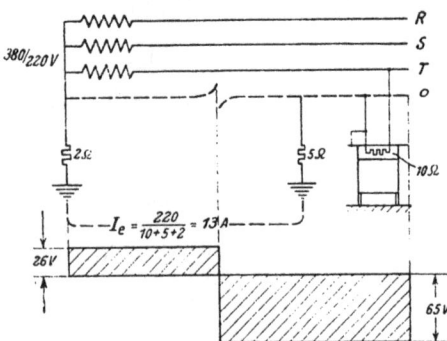

Bild 122. Berührungsspannung des Nulleiters durch Nulleiterbruch zwischen zwei Erdungen.

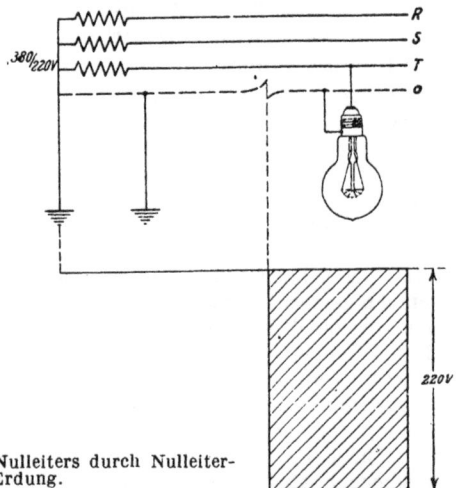

Bild 123 (rechts). Berührungsspannung des Nulleiters durch Nulleiterbruch hinter der letzten Erdung.

abhängig. Der Widerstandswert der eingeschalteten Geräte bestimmt meistens in erster Linie den Erdschlußstrom und somit die Höhe der Berührungsspannung, wie Bild 122 zeigt.

Zu 2. Der zweite Fall wirkt sich hinsichtlich der Höhe der Berührungsspannung ungünstiger aus. Die Berührungsspannung entsteht hier dadurch, daß die Spannung durch eingeschaltete einphasig angeschlossene Geräte, Glühlampen, Zählenspulen usw. auf den Nulleiter übertragen wird (Bild 123). Während einerseits im ersten Falle der Widerstandswert der einphasigen Belastung entsprechend klein sein muß, führt im zweiten Falle schon der hohe Widerstand einer Glühlampe oder Zählerspule zu gefährlichen Berührungsspannungen des Nullleiters. Andererseits tritt im zwei-

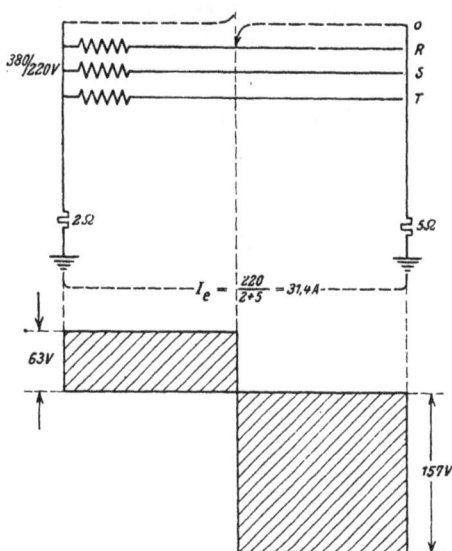

Bild 124. Berührungsspannung des Nulleiters durch Nulleiterbruch und Berührung des Nulleiterendes mit einem Außenleiter.

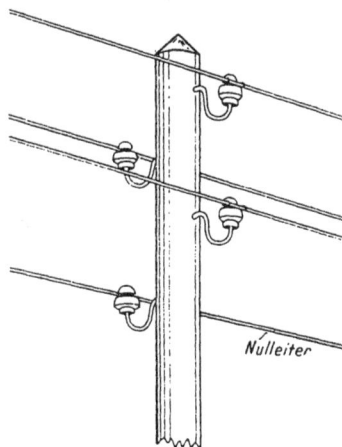

Bild 125. Richtige Anordnung des Nulleiters an Freileitungsmasten.

ten Falle nur hinter der Bruchstelle des Nullleiters eine Berührungsspannung auf, während im ersten Falle der Nulleiter in seiner ganzen Ausdehnung eine Spannung gegen Erde annimmt.

Zu 3. Die Verhältnisse bei einem Nulleiterbruch werden noch verwickelter, wenn das Ende des Nulleiters auf einen Außenleiter fällt. Dieser Zustand erzeugt stets gefährliche Berührungsspannungen, wie Bild 124 zeigt. Um dieses Gefahrenmoment zu vermeiden, muß der Nulleiter in Freileitungsnetzen stets unterhalb der Außenleiter verlegt werden (Bild 125).

Zu 1...3. Grundsätzlich gibt es gegen die Unterbrechung des Nulleiters kein technisches Mittel, welches wirtschaftlich gerechtfertigt wäre. Die Herstellung einer auf Jahre hinaus einwandfreien stromführenden Verbindung, insbesondere bei Aluminiumleitungen, ist zwar technisch möglich, wirtschaftlich jedoch nicht ganz einfach. Hinzu kommen die hohen mechanischen Beanspruchungen, denen die Freileitungsseile durch Winddruck, Rauhreif und Eislast ausgesetzt sind. Die Erfahrungen haben ergeben, daß in Kabelnetzen kaum eine Nullleiterunterbrechung zu befürchten ist, und wenn eine eintritt, wirkt sie sich wegen der besseren Erdungsmöglichkeiten (Verbindung des Nulleiters mit dem Kabelbleimantel) meistens nicht als Berührungsspannung aus. In Freileitungsnetzen muß allerdings mit einer Nulleiterunterbrechung gerechnet werden.

Folgerungen: Um die Gefahr, die ein Nulleiterbruch zur Folge haben kann, zu vermindern, müssen folgende Gesichtspunkte unbedingt beachtet werden:

1. Sorgfältigste Verlegung des Nulleiters, so daß die Gefahr einer Unterbrechung grundsätzlich vermindert wird,

2. bei betriebsmäßigen Unterbrechungsstellen müssen zwangsläufig die Außenleiter abgeschaltet werden[1]).

3. Erdung des Nulleiters außer an seinem Anfang auch noch mindestens an den Netzausläufern, da eine Erdung der Netzausläufer nicht nur mit Rücksicht auf einen einpoligen Kurzschluß, sondern auch wegen der Unterbrechung des Nulleiters erforderlich ist[2]).

4. Bei Freileitungen Verlegung des Nulleiters unterhalb der Außenleiter.

5. Möglichst symmetrische Lastverteilung.

e) Erfüllung der Nullungsbedingungen durch Stationsschutzschalter.

In den Fällen, in denen die erste und zweite Nullungsbedingung nicht eingehalten werden können, sind andere Mittel anzuwenden, um bei einpoligen Kurzschlüssen und Erdschlüssen auftretende Berührungsspannungen des Nulleiters zu verhindern. Sind beispielsweise

1. die erforderlichen Abschaltstromstärken der Sicherungsorgane infolge sehr langer Leitungen nicht erreichbar, oder

2. infolge sehr schlechter Bodenleitfähigkeiten die erforderlichen Erdungswiderstände mit wirtschaftlich tragbaren Mitteln nicht zu erreichen, oder

---

[1]) VDE 0100 X/38. § 11, Abs. g.

[2]) Nach den VDE-Vorschriften genügen für die Netzausläufererdungen Erdungswiderstände von etwa 5 Ω. Größere Längen als 50 m Band brauchen jedoch nicht verlegt zu werden.

3. im Versorgungsbereich des Netzes besonders gute Erder vorhanden, die nicht mit dem Nulleiter verbunden werden können oder sollen (z. B. Luftkabel, Gaskandelaber), so daß mit Erdschlußströmen gerechnet werden muß, die eine unzulässige Nullpunktsverlagerung nach sich ziehen,

dann sind die Nullungsbedingungen nicht erfüllt. In diesen Fällen müssen Stationsschutzschalter (ST-Schalter) zwischen dem Speisepunkt und den abgehenden Netzleitungen eingebaut werden. Es werden unterschieden: ST-Schalter mit

1. Nulleiterüberstromauslösung oder
2. Fehlerspannungsauslösung oder
3. Nulleiterüberstrom- und Fehlerspannungsauslösung.

Außerdem können sämtliche ST-Schalter mit Überstromauslösung (Wärme- und Kurzschlußauslösung) in den Außenleitern versehen werden.

Die ST-Schalter ohne Überstromauslösung in den Außenleitern sind nur dann zu verwenden, wenn im Netz bereits vorhandene Sicherungsorgane, die den Überstromschutz der Außenleiter übernehmen, bereits eingebaut sind. Diese Schalter werden also meistens für nachträglichen Einbau in Frage kommen.

Die ST-Schalter mit Überstromauslösung in den Außenleitern werden zweckmäßig bei Neuanlagen eingebaut. Ein weiterer Überstromschutz der Außenleiter ist dann im allgemeinen nicht erforderlich, wenn die Kurzschlußfestigkeit der Auslöser den auftretenden Betriebsbeanspruchungen hinsichtlich der Kurzschlußleistung des Netzes gewachsen ist.

Die Arbeitsweise des ST-Schalters ist nach Bild 126 folgende: Der Außenleiterstrom durchfließt den Wärme- und Kurzschlußauslöser. Bei Überstrom bewegt sich das freie Ende des Wärmeauslösers nach oben, trifft auf den Auslösestift und dreht die Auslöserwelle; das Klinkenschloß wird freigegeben und die Schalterwelle in die Ausschaltstellung gezogen.

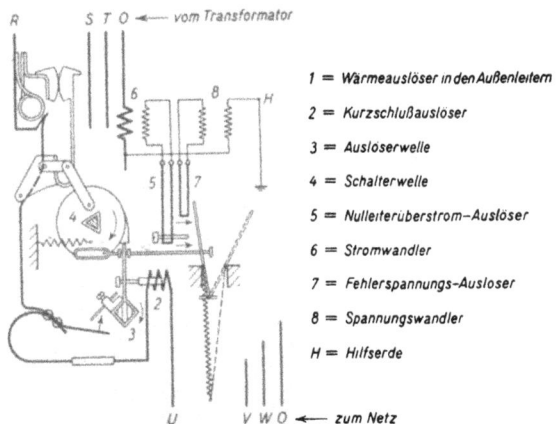

1 = Wärmeauslöser in den Außenleitern
2 = Kurzschlußauslöser
3 = Auslöserwelle
4 = Schalterwelle
5 = Nulleiterüberstrom-Auslöser
6 = Stromwandler
7 = Fehlerspannungs-Auslöser
8 = Spannungswandler
H = Hilfserde

Bild 126. Stationsschutzschalter mit Überstromauslösern in den Außenleitern, Nulleiterüberstrom- und Fehlerspannungsauslösung.

Bei Kurzschluß bewirkt der Kurzschlußauslöser ebenfalls eine Drehung der Schalterwelle und bringt den Schalter zur Abschaltung. Der aus einem Bimetallstreifen bestehende Nulleiterüberstromauslöser wird von einem kleinen Stromwandler, dessen Primärwicklung vom Nulleiterstrom durchflossen wird, beheizt. Bei Überstrom im Nullleiter bewirkt der Auslöser über ein Hebelgelenk die Abschaltung. Der Fehlerspannungsauslöser ist ebenfalls als Bimetallstreifen ausgebildet. Er wird über einen Spannungswandler beheizt, der primärseitig an der zu überwachenden Spannung, also zwischen dem Nulleiter und einem besonderen Erder (Hilfserder), angeschlossen ist. Überschreitet diese Spannung, also die Berührungsspannung des Nulleiters, eine gewisse Zeit den Einstellwert, so erfolgt ebenfalls Abschaltung. Die Abschaltung ist meistens allpolig mit der Maßgabe, daß der im Nulleiter liegende Schaltkontakt nacheilt. Bis auf den Kurzschlußauslöser arbeiten alle Auslöser zeitverzögert. Auslösestrom und zum Teil auch Auslösezeit sind einstellbar[1]).

ST-Schalter können mit einer automatischen Wiedereinschaltvorrichtung gekuppelt werden, die derart arbeitet, daß der Schalter nach erfolgter Auslösung und nach einer kleinen Betriebspause sich selbsttätig wieder einschaltet. Es werden zwei Bauarten von Wiedereinschaltvorrichtungen unterschieden:

1. Wiedereinschaltung ohne Rücksichtnahme auf die Ursache der Abschaltung. Ist der Fehler in der Betriebspause nicht beseitigt, so erfolgt wieder eine Auslösung und das Spiel beginnt solange von neuem, bis die eingestellte Höchstzahl der Wiedereinschaltungen erreicht ist.

2. Wiedereinschaltung unter Berücksichtigung der thermischen Beanspruchung der Wärmeauslöser durch die Fehlerursache und zwar in ähnlicher Weise, wie ein Wiedereinschaltversuch von einem gut ausgebildeten Schaltwärter durchgeführt werden würde.

Im Hinblick darauf, daß bei der unter 1. genannten Bauart durch die wiederholten Einschaltungen u. U. schwere Störungen im Netz auftreten können, verdient die unter 2. genannte Bauart den Vorzug.

Je nach den Umständen, ob der ST-Schalter

1. die Erfüllung der ersten Nullungsbedingung,
2. die Erfüllung der zweiten Nullungsbedingung,
3. die Erfüllung beider Nullungsbedingungen

garantieren soll, müssen Auslöserart gewählt und Auslöseströme bzw. Auslösezeiten eingestellt werden.

Zu 1. Zur Erfüllung der Abschaltbedingung gemäß der ersten Nullungsbedingung durchfließt bei einem einpoligen Kurzschluß der Kurzschlußstrom den Nulleiterüberstromauslöser. Er muß deshalb so eingestellt werden, daß einpolige Kurzschlüsse auch bei den ungünstig-

---

[1]) VDE 0663/1933. § 12.

sten Netzverhältnissen, d. h. bei Kurzschluß am Ende der Leitung in »kurzer Zeit« abgeschaltet werden. Der Begriff »kurze Zeit« ist in den VDE-Vorschriften zahlenmäßig nicht festgelegt. Bild 127 zeigt einen Vergleich der Abschaltzeiten von Sicherungen und Nulleiterüberstromauslösern beim 2,5 fachen Nennstrom (2,5 I_n). Der Vergleich ist zulässig, weil die VDE-Vorschriften die unbedingte Abschaltung durch Sicherungen beim 2,5 fachen Sicherungsnennstrom verlangen, wenn kein ST-Schalter eingebaut ist. Der Vergleich zeigt, daß bei den kleinen Nennstromstärken die Abschaltzeiten des ST-Schalters mit den festgelegten Werten für Sicherungen praktisch übereinstimmen, wenn der 2,5 fache Wert des Auslösernennstromes erreicht wird. Bei größeren Nennstromstärken liegen die Abschaltzeiten für den ST-Schalter noch günstiger. Auch bei Einstellung des Auslösers auf 2 I_n wird noch eine Abschaltung in genügend

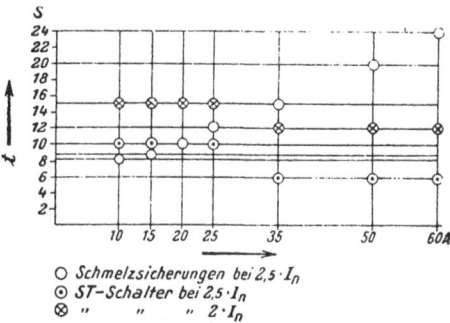

O Schmelzsicherungen bei 2,5 · I_n
⊙ ST-Schalter bei 2,5 · I_n
⊗ „   „   „ 2 · I_n

Bild 127. Vergleich der Abschaltzeiten von normalen Schmelzsicherungen und Nulleiterüberstromauslösern beim 2,5 fachen Nennstrom.

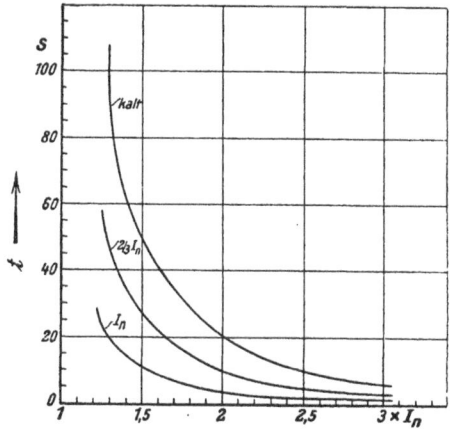

Bild 128. Strom-Zeit-Kennlinien eines Nullleiterüberstromauslösers.

kurzer Zeit erreicht. Andererseits können aber durch höhere Einstellung des Auslösers noch wesentlich kürzere Zeiten erreicht werden; dies ist aber mit Rücksicht auf die Selektivität gegenüber Hausanschlußsicherungen meist nicht statthaft. Die Einstellung des Nulleiterüberstromauslösers erfolgt deshalb am besten auf den Wert

$$I_n = \frac{\text{kleinster zu erwartender Kurzschlußstrom}}{2,5} \qquad \cdots \ (41)$$

In Bild 128 sind Strom-Zeit-Kennlinien eines Nulleiterüberstromauslösers dargestellt, und zwar aufgenommen aus dem kalten und betriebswarmen Zustand des Auslösers nach längerer Belastung mit dem Einstellstrom I_n und nach längerer Belastung mit 2/3 I_n. Die abgelesene Auslösezeit wird nur dann benötigt, wenn der einpolige Kurzschluß am Ende der Leitung eintritt. Liegt der Kurzschluß aber näher am Speisepunkt, so sinkt die Abschaltzeit etwa umgekehrt mit dem Quadrat des auftretenden Kurzschlußstromes. Auf jeden Fall ist bei einer Einstellung des Auslösers nach Gleichung (41) stets eine genügend schnelle Abschaltung gewährleistet.

Zu 2. Bei Erdschluß eines Außenleiters muß der ST-Schalter zur Erfüllung der zweiten Nullungsbedingung das Netz abschalten, wenn durch eine unzulässige Nullpunktsverlagerung die Spannung der gesunden Außenleiter ihre Grenzwerte gegen Erde und somit die Berührungsspannung des Nulleiters 65 V übersteigt. Diese Abschaltung kann nicht durch den Nulleiterauslöser erfolgen, da der gesamte Erdschlußstrom diesen Auslöser nicht durchfließt[1]). Die Abschaltung fällt deswegen dem Fehlerspannungsauslöser zu. Da die Berührungsspannung des Nulleiters über den Hilfserder unmittelbar dem Spannungswandler des Fehlerspannungsauslösers zugeführt wird, der Auslöser jedoch bei höchstens 65 V ansprechen muß, ist zu beachten, daß

1. der Hilfserder mit Rücksicht auf das Spannungsgefälle des Betriebserders in angemessener Entfernung von ihm errichtet wird und

2. der Erdungswiderstand des Hilfserders so bemessen wird, daß der Auslösestrom des Fehlerspannungsauslösers bei 65 V Berührungsspannung mit Sicherheit erreicht wird.

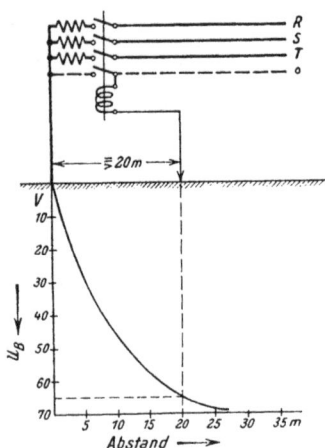

Bild 129. Anordnung des Hilfserders für ST-Schalter.

Eine sichere Abschaltung ist gewährleistet, wenn der Hilfserder an der Sperrflächengrenze des Betriebserders (vgl. II. Teil, Abschn. G, S. 169) errichtet wird, und der Erdungswiderstand nicht mehr als 50 Ω beträgt (Bild 129). Die Abschaltung muß dann bei 65 V Berührungsspannung in einer Zeit von 0,2...30 s und über 65...125 V Berührungsspannung in höchstens 10 s erfolgen. Falls eine Zeiteinstellung vorhanden ist, müssen diese Auslösezeiten berücksichtigt werden.

Zu 3. In den Fällen, in denen ST-Schalter die Abschaltbedingungen der ersten und zweiten Nullungsbedingung erfüllen sollen, muß der Schalter mit beiden Auslösearten versehen sein. Es wird dann jede Berührungsspannung des Nulleiters, ob durch einpoligen Kurzschluß oder Erdschluß eines Außenleiters entweder durch den Nulleiterüber-

---

[1]) Soll indessen der ST-Schalter lediglich das Bestehenbleiben einer wesentlich höheren Spannung als 250 V zwischen Außenleitern und Erde in Netzen ohne Nulleiter verhindern, so werden auch Erdschlüsse vom Nulleiterüberstromauslöser erfaßt, wenn der Auslöser in die Betriebserdleitung eingeschaltet wird (s. a. Fußnote S. 136).

strom- oder Fehlerspannungsauslöser zur Abschaltung gebracht. Bei Unterbrechung des Nulleiters wird allerdings nur dann eine Abschaltung erfolgen, wenn das am Speisepunkt verbleibende Nulleiterende eine Spannung über dem Einstellwert des Fehlerspannungsauslösers hat. Das wird oft, aber nicht immer der Fall sein.

1. **Zahlenbeispiel:** Es soll untersucht werden, ob und gegebenenfalls welch ein ST-Schalter vor ein 380/220 V-Freileitungsnetz einzubauen ist. Leitungsstrecken, Sicherungen, Querschnitte, Widerstände, Kurz- und Erdschlußstellen sind in Bild 130 eingezeichnet. Beim Kurzschluß in K_1 setzt sich der Kurzschlußstromkreis aus den Ohmschen Widerständen des Außenleiters von A-B und dem Nulleiter von C-D, sowie aus dem induktiven Widerstand der Schleife A-B-C-D zusammen, wenn die Impedanz des Netztransformators vernachlässigt wird. Gesamter Ohmscher Widerstand der Schleife ist also

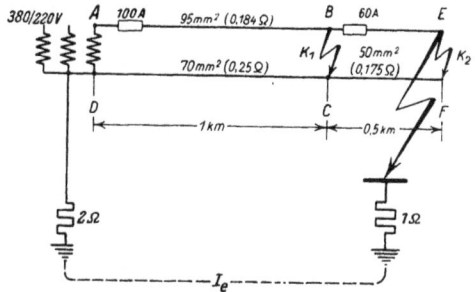

Bild 130. Einfaches Netzbild zur Untersuchung auf Notwendigkeit eines ST-Schalters.

$$0{,}184 + 0{,}25 = 0{,}434 \ \Omega.$$

Der induktive Widerstand beträgt bei den praktisch vorkommenden Leitungsabständen nach Zahlentafel 20, $\omega L = 0{,}58 \ \Omega/\text{km}$. Folglich ist die Impedanz der Strecke A-B-C-D

$$Z = \sqrt{0{,}434^2 + 0{,}58^2} = 0{,}725 \ \Omega,$$

daraus der Kurzschlußstrom in K_1

$$I_{K_1} = \frac{220}{0{,}725} = 300 \ \text{A}.$$

Da die Leitung am Speisepunkt mit 100 A abgesichert ist, ist die Abschaltbedingung erfüllt, weil bei einem einpoligen Kurzschluß der 2,5-fache Sicherungsnennstrom zum Fließen kommt. Ein ST-Schalter ist also zunächst noch nicht notwendig.

Beim Kurzschluß in K_2 setzt sich der Kurzschlußstromkreis aus den Ohmschen und induktiven Widerständen der Strecke A-B-E-F-C-D zusammen. Gesamter Ohmscher Widerstand der Schleife

$$0{,}184 + 0{,}175 + 0{,}175 + 0{,}25 = 0{,}784 \ \Omega,$$

induktiver Widerstand der Schleife

$$0{,}58 + (0{,}5 \cdot 0{,}58) = 0{,}87 \ \Omega.$$

Folglich ist die Impedanz der Schleife

$$Z = \sqrt{0{,}784^2 + 0{,}87^2} = 1{,}17 \ \Omega,$$

Schrank, Berührungsspannungen.

daraus der Kurzschlußstrom in K_2

$$I_{K_2} = \frac{220}{1,17} = 188 \text{ A}.$$

Da an der Verjüngungsstelle der Leitung eine Zwischensicherung von 60 A eingebaut ist, ist die Abschaltbedingung erfüllt, weil bei einem einpoligen Kurzschluß der 2,5 fache Sicherungsnennstrom zum Fließen kommt. Da somit die erste Nullungsbedingung als erfüllt gilt, ist ein ST-Schalter vom Standpunkt der ersten Nullungsbedingung nicht erforderlich.

Da im Versorgungsbereich des Netzes jedoch gute Erder liegen, die nicht mit dem Nulleiter verbunden werden sollen (Gleisanlagen), ist mit Erdschluß eines Außenleiters zu rechnen. Tritt der Erdschluß am Ende der Leitung ein, so fließt ein Erdschlußstrom, wenn man die Induktivität vernachlässigt, da sie hierbei ohnehin keinen großen Einfluß hat (vgl. II. Teil, Abschn. D, S. 108), von

$$I_e = \frac{220}{1 + 2 + 0{,}184 + 0{,}175} = 65{,}5 \text{ A}.$$

Der Nulleiter nimmt somit eine Berührungsspannung

$$U_B = R_0 I_e = 2 \cdot 65{,}5 = 131 \text{ V}$$

gegen Erde an. Die zweite Nullungsbedingung ist also nicht erfüllt. Demzufolge ist ein ST-Schalter mit Fehlerspannungsauslösung einzubauen.

2. Zahlenbeispiel: Bild 131 zeigt ein Ortsnetz, das von einem Transformator mit 380/220 V gespeist wird. Es soll gleichfalls die Notwendigkeit eines ST-Schalters untersucht werden. Die erforderlichen Daten sind in dem Bild eingetragen. Der Belastungsschwerpunkt des Netzes wird durch eine Ringleitung aus Kupfer versorgt, während zu den Belastungspunkten C und B Stichleitungen aus Aluminium verlegt sind. Es ist sofort zu erkennen, daß der kleinste zu erwartende Kurzschlußstrom in Punkt B auftritt. Für den Punkt B ist also die Kurzschlußstromstärke zu berechnen. Der Einfachheit halber soll die Induktivität des Netzes vernachlässigt werden. In der Zahlentafel sind zunächst die errechneten Leitungswiderstände der einzelnen Leitungsstrecken eingetragen. Die Teil-

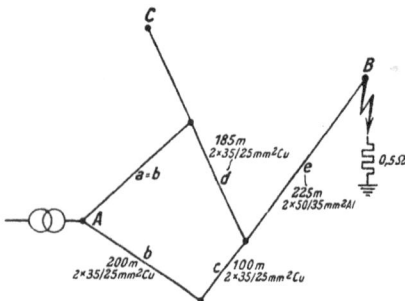

Bild 131. Ortsnetzbild mit Ring- und Stichleitung zur Untersuchung auf Notwendigkeit eines ST-Schalters.

Leitungsstrecke	a	b	c	d	e
Außenleiter . . .	0,10	0,10	0,05	0,09	1,32
Nulleiter	0,14	0,14	0,07	0,13	1,90

strecken a, d und b, c des Ringes liegen in der Kurzschlußbahn parallel. Der resultierende Widerstand des Ringes ist somit

$$\frac{1}{\frac{1}{0,1}+\frac{1}{0,14}+\frac{1}{0,09}+\frac{1}{0,13}} + \frac{1}{\frac{1}{0,1}+\frac{1}{0,14}+\frac{1}{0,05}+\frac{1}{0,07}} = 0,0463 \ \Omega.$$

Der Gesamtwiderstand der Stichleitung ist

$$1,32 + 1,9 = 3,22 \ \Omega.$$

Folglich ist der gesamte Widerstand der Schleife

$$0,0463 + 3,22 = 3,26 \ \Omega.$$

Daraus ergibt sich der Kurzschlußstrom

$$I_K = \frac{220}{3,26} = 67,5 \ \text{A}.$$

Da die Leitung mit 60 A abgesichert ist, gilt die erste Nullungsbedingung als unerfüllt. Es ist somit ein ST-Schalter mit Nulleiterüberstromauslösung einzubauen. Der Auslöser ist gemäß Gleichung (41) auf einen Nennstrom

$$I_n = \frac{67,5}{2,5} = 27 \ \text{A},$$

also rd. 30 A einzustellen.

Es soll ferner noch im Punkt B mit der Möglichkeit eines Erdschlusses über einen Erdungswiderstand von 0,5 Ω gerechnet werden. Die Betriebserdung habe einen Erdungswiderstand von $R_0 = 2 \ \Omega$. Es ergibt sich ein Widerstand des Erdschlußstromkreises von

$$\frac{1}{\frac{1}{0,1}+\frac{1}{0,09}} + \frac{1}{\frac{1}{0,1}+\frac{1}{0,05}} + 1,32 + 0,5 + 2 = 3,8 \ \Omega$$

und somit ein Erdschlußstrom

$$I_e = \frac{220}{3,8} = 58 \ \text{A}.$$

Am Erdungswiderstand der Betriebserdung tritt somit eine Berührungsspannung

$$U_n = I_e R_0 = 58 \cdot 2 = 116 \ \text{V}$$

auf, die auch der Nulleiter annimmt. Die zweite Nullungsbedingung ist somit auch nicht erfüllt. Demzufolge muß der ST-Schalter neben der Nulleiterüberstromauslösung zur Erfüllung der zweiten Nullungsbedingung noch eine Fehlerspannungsauslösung haben.

Vereinfachte Berechnung: Eine Möglichkeit, diesen Rechnungsgang zu vereinfachen, bietet die Benutzung der in Bild 132 dargestellten Rechentafel[1]).

An Hand der Rechentafel kann die Berechnung für den Einstellstrom des Nulleiter-Auslösers vereinfacht durchgeführt werden, wenn die Phasenspannung, d. h. die Spannung zwischen Außenleiter und Nullleiter, 220 V beträgt und folgende Bedingungen erfüllt sind: Sowohl der Außenleiter als auch der Nulleiter müssen auf der ganzen Länge der Strecke je in einem gleichbleibenden Querschnitt verlegt sein. Der Nulleiter kann jedoch einen anderen Querschnitt haben als der Außenleiter. Nulleiter und Außenleiter müssen aus dem gleichen Werkstoff bestehen. Diese Verhältnisse sind in der Praxis sehr oft anzutreffen.

Die Rechentafel ist sowohl für die Berechnung des Einstellstroms bei Kupfer- als auch bei Aluminium- und Eisenleitungen verwendbar. Der induktive Widerstand der Leitungen ist berücksichtigt, und zwar wurde ein Wechselstrom von 50 Per/s und ein Leiterabstand von 50 cm zugrunde gelegt. Bei den anderen üblichen Leiterabständen von Niederspannungsleitungen sind die Abweichungen des Ergebnisses nur gering.

Bei der Verwendung der Rechentafel geht man von der Kurvenschar der rechten Tafelhälfte aus, die dem vorhandenen Leitungsmaterial entspricht (vgl. den mit Pfeilrichtung eingetragenen Linienzug). Man geht in dieser Kurvenschar auf der Linie des vorhandenen Nulleiter-Querschnitts F_0 senkrecht bis zur Kurve des Außenleiter-Querschnitts F_a. Von dem Schnittpunkt der beiden Linien geht man waagerecht weiter bis zu der Leiter, auf der die Impedanzwerte Z je km Trassenlänge angegeben sind. Die Verbindung des hier gefundenen Punktes durch eine Gerade mit dem Punkt der linken Leiter, der die Trassenlänge der Strecke angibt, schneidet auf der mittleren Leiter dort, wo der Kurzschlußstrom I_k für einen Kurzschluß am Ende der Strecke (d. h. für den ungünstigsten Fall) und der Einstellstrom I_n des Nulleiter-Auslösers abgelesen werden können. I_n ist hierbei als der 2,5te Teil von I_k eingetragen, bietet also auch bei kleinen Ungenauigkeiten in der Ermittelung Gewähr für eine genügend schnelle Abschaltung, wie sie in den VDE-Vorschriften gefordert wird. Ergibt sich für I_n ein Wert, der höher als 50% der Außenleiter-Stromstärke ist, so ist eine Einstellung auf 50% der Außenleiterstromstärke zu empfehlen, wenn kein besonderer Grund für eine höhere Einstellung, z. B. tatsächlich höhere Belastung des Nulleiters oder die Forderung einer gesteigerten Selekti-

---

[1]) Nach einer Darstellung der Allgemeinen Elektrizitäts-Gesellschaft.

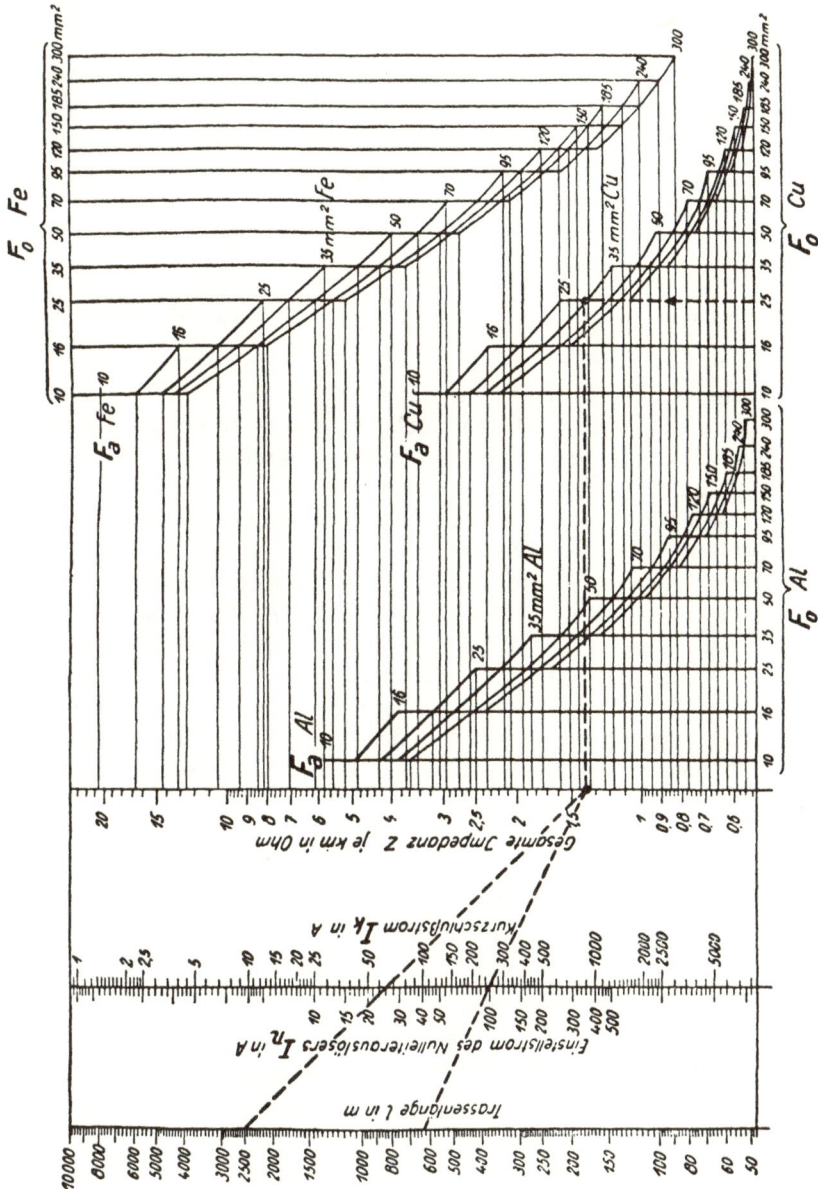

Bild 132. Rechentafel zur Einstellung des Nulleiterüberstromauslösers.

vität, vorliegt. Trifft eine der eingangs genannten Bedingungen nicht zu, so ist die Berechnung entsprechend den angezogenen Zahlenbeispielen durchzuführen.

Folgerungen: Durch Einbau von ST-Schaltern kann in allen Fällen die Erfüllung der ersten und zweiten Nullungsbedingung garantiert werden. In den Fällen, in denen mit Rücksicht auf die Erfüllung der Abschaltbedingung die Leitungsquerschnitte stärker bemessen werden müßten, als es der zulässige Spannungsabfall erfordert, die Leitungen somit sehr schlecht ausgenutzt sind, kann durch Einbau von ST-Schaltern erheblich an Leitungswerkstoffen gespart werden. Der Einbau ist deshalb oft nicht nur vom sicherheitstechnischen, sondern auch vom wirtschaftlichen Standpunkt aus zu empfehlen, als wenn versucht wird, mit großem Aufwand die Erfüllung der Nullungsbedingungen ohne ST-Schalter zu erreichen.

f) Erfüllung der Nullungsbedingungen durch Hausanschluß-Schutzschalter.

In ausgedehnten Freileitungsnetzen können bei Erfüllung der Nullungsbedingungen durch Stations-Schutzschalter u. U. unangenehme Betriebsunterbrechungen eintreten, wenn Anschlußanlagen abgeschaltet werden, in denen im Zeitpunkt der Abschaltung gar keine Gefährdung besteht. Andererseits können aber Anschlußanlagen, deren Nulleiter eine unzulässig hohe Berührungsspannung haben, nicht immer vom ST-Schalter abgeschaltet werden, z. B. bei Unterbrechung des Netznulleiters. Um solchen Betriebsverhältnissen gerecht zu werden, können vor jede Anschlußanlage Hausanschluß-Schutzschalter (HS-Schalter) eingebaut werden. Die Arbeitsweise des HS-Schalters ist nach Bild 133 folgende: Der vom Netz kommende Strom fließt durch den kombinierten Wärme- und Kurzschlußauslöser zur Anschlußanlage. Bei Überlastung bewegt sich der Auslösestift je nach Erwärmung des Auslöserbimetall-

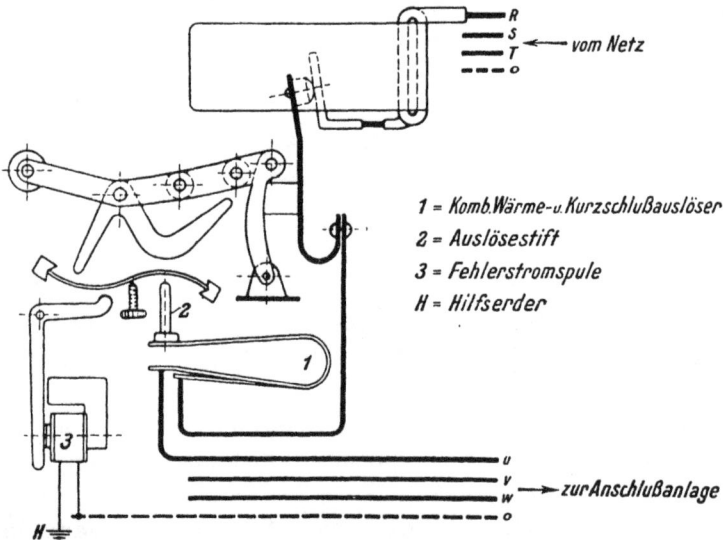

1 = Komb.Wärme-u.Kurzschlußauslöser
2 = Auslösestift
3 = Fehlerstromspule
H = Hilfserder

Bild 133. Hausanschluß-Schutzschalter mit Überstrom- und Fehlerspannungsauslösung.

streifens mehr oder weniger nach oben, wirkt auf die Wellenfeder, die das Kniehebelgelenk der Freiauslösung durchdrückt und den Schalter zur Auslösung bringt. Bei Kurzschluß erfolgt die Bewegung des Auslösestiftes sofort, ohne daß eine Erwärmung des Auslösers nötig ist, da die beiden Schenkel des Bimetallstreifens infolge der entgegengesetzten Ströme sich elektrodynamisch abstoßen. Die Fehlerstromspule, die zwischen dem Nulleiter und einem Hilfserder liegt, wirkt ebenfalls auf die Wellenfeder und somit auf die Freiauslösung, so daß bei einer gefährlichen Berührungsspannung des Nulleiters unverzögerte Abschaltung der Anschlußanlage erfolgt.

Eine Vorstellung der betrieblichen Vorteile bei Anwendung von HS-Schaltern gegenüber dem ST-Schalter gewinnt man am besten, wenn man noch einmal das Spannungsgefälle des Nulleiters in Bild 118 betrachtet, das durch einen einpoligen Kurzschluß entstanden ist. Es sei dabei angenommen, daß dieses Netz durch einen ST-Schalter mit Nulleiterüberstromauslösung abgeschaltet wird. Von der 1200 m langen Strecke haben 840 m eine Spannung von < 65 V und 360 m eine Span­nung von > 65 V gegen Erde, wobei die Stichleitungen noch nicht berücksichtigt sind. Es wäre also nur notwendig, die Leitungsstrecke abzuschalten, die eine Spannung von mehr als 65 V gegen Erde hat. Der ST-Schalter würde indessen aber die ganze Leitungsstrecke abschalten, was unerwünscht ist. Durch Einbau von HS-Schaltern, unter Verzicht auf den ST-Schalter, wird erreicht, daß nur die Anschlußanlagen abgeschaltet werden, deren Nulleiter eine Spannung über dem Ansprechwert der Fehlerspannungsspule haben, während alle übrigen Anlagen weiter in Betrieb bleiben.

Zur Erklärung der sicherheitstechnischen Vorteile betrachtet man noch einmal das Spannungsgefälle des Nulleiters in Bild 123, das durch einen Nulleiterbruch hinter der letzten Erdung entstanden ist. Der ST-Schalter würde hier nicht abschalten, da das am Speisepunkt verbleibende Nulleiterende praktisch keine Berührungsspannung hat, während die Anschlußanlagen hinter der Bruchstelle des Nulleiters eine sehr hohe Berührungsspannung haben. Indessen würden durch HS-Schalter alle Anschluß

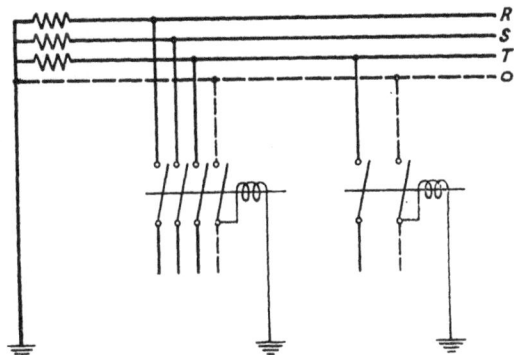

Bild 134. Anordnung der HS-Schalter.

anlagen hinter der Bruchstelle des Nulleiters abgeschaltet werden.

Damit der HS-Schalter seinen sicherheitstechnischen Aufgaben gerecht werden kann, muß er die Anschlußanlage allpolig, also auch den

Nulleiter, abschalten. Die Fehlerstromspule liegt an der zu überwachenden Spannung des Nulleiters, also zwischen dem Nulleiter der Anschlußanlage und einem Hilfserder, wie Bild 134 zeigt. Der Erdungswiderstand des Hilfserders kann bis zu einigen 100 Ω betragen (vgl. II. Teil Abschn. G, S. 164).

Folgerung: Im Hinblick auf eine betriebssichere Abschaltselektivität bietet der Einbau von HS-Schaltern in ausgedehnten Freileitungsnetzen gegenüber dem ST-Schalter erhebliche Vorteile. Das gilt besonders für solche Netze, in denen durch ST-Schalter sehr oft eine Abschaltung erfolgen würde. Außerdem können durch HS-Schalter die Gefahren der Nulleiterunterbrechung einwandfrei beherrscht werden. Ihre Anwendung ist besonders in älteren Freileitungsnetzen zu empfehlen, in denen öfter mit Nulleiterunterbrechungen gerechnet werden muß.

4. Kabelbleimäntel als Nulleiter.

Anläßlich der Umschaltung von Drehstromnetzen von 3 × 220 auf 380/220 V werden öfter die vorhandenen Dreileiterkabel nicht gegen Vierleiterkabel ausgewechselt, sondern als Nulleiter wird der Bleimantel des Kabels verwendet[1]). Die Verwendung des Bleimantels als Nulleiter steht zwar im Widerspruch zur dritten Nullungsbedingung. Seine Verwendung ist aber in manchen Fällen technisch und wirtschaftlich vertretbar. Obwohl beispielsweise das Elektrizitätswerk Innsbruck den Bleimantel als Nulleiter in größerem Umfange verwendet und befriedigende Ergebnisse erzielt hat[2]), wird von anderer Seite die Verwendung ·nur als Behelfsmaßnahme angesehen[3]). Z. B. wird im Versorgungsgebiet der Berliner Kraft- und Licht-(BEWAG)-Akt.Ges. von der Verwendung des Bleimantels nur in ganz beschränktem Umfange Gebrauch gemacht. Lediglich bei der Umschaltung von Freileitungsnetzen werden die Bleimäntel der wenigen Kabel (z. B. für Straßenunterführungen, Zuleitungen zu der

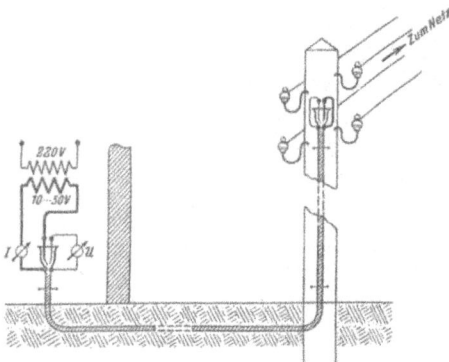

Bild 135. Meßanordnung zur Prüfung des Kabelbleimantels auf Verwendbarkeit als Nulleiter.

---

[1]) Die dadurch bedingten höheren Übertragungsverluste werden in Kauf genommen.

[2]) A. Croce, Umbau von Dreileiterkabelnetzen auf Vierleiternetze (Der Bleimantel als Nulleiter), Elektrotechn. u. Maschinenbau 54 (1936), S. 497.

[3]) Aigner, Ausnutzung vorhandener Kabel unter Benutzung des Bleimantels als vierten Leiter, VDE-Fachberichte 9 (1937), S. 37, s. auch Diskussionsbeitrag von v. Wiarda, S. 40.

Netzstation, einzelne Mastkabelhausanschlüsse u. ä.) als Nulleiter verwendet. In allen Fällen handelt es sich jedoch um kurze Strecken von weniger als 100 m Länge, die im allgemeinen keine Muffen enthalten. Die Verwendung wird grundsätzlich von einer Prüfung abhängig gemacht. Wie Bild 135 zeigt, wird der Kabelbleimantel über einen Stromtransformator belastet und Belastungsstrom und Spannungsabfall gemessen. Der sich aus dieser Messung ergebende Widerstand wird mit dem der Rechnung zugänglichen Widerstand des Bleimantels verglichen. Wenn sich während der Belastungsprüfung irgendwelche Widerstandsveränderungen oder sonstige Erscheinungen, die auf eine ungenügende Verbindungsstelle schließen lassen, nicht zeigen und der gemessene Widerstand mit dem errechneten größenordnungsmäßig übereinstimmt, wird das Kabel zur Verwendung freigegeben.

Zahlentafel 21.

Einfluß der Meßschaltung auf das Meßergebnis bei der Messung von Kabelbleimantelwiderständen.

Nr.	Stromkreis	Prüfstrom A	Spannungs- abfall V	Leistung W	$\dfrac{U}{I}$	$\dfrac{N}{I^2}$
1	Nur Bleimantel	50	9,0	360	0,18	0,14
2	Bleimantel + 1 Leiter .	50	6,0	320	0,12	0,12
3	Bleimantel + 2 Leiter .	50	5,5	278	0,11	0,11
4	Bleimantel + 3 Leiter .	50	5,0	269	0,10	0,10

Zahlentafel 21 zeigt Meßergebnisse an einem 15 m langen Dreileiterkabel von 3×10 mm^2 Cu, aus denen der Einfluß der Meßschaltung auf den Widerstandswert hervorgeht. Wie die Ergebnisse zeigen, besteht bei dem Stromkreis 1 ein Einfluß der Induktivität. Diese Schaltung ist deshalb nicht anzuwenden. Zahlentafel 22 zeigt Meßergebnisse an Kabeln verschiedenen Querschnitts und die Beurteilung. Wie ersicht-

Zahlentafel 22.

Praktische Meßergebnisse von Bleimantelwiderständen an Kupferkabeln verschiedener Länge und Querschnitte.

Nr.	Leiter- quer- schnitt des Kabels mm^2	Länge des Kabels m	Quer- schnitt des Blei- mantels mm^2	Prüf- strom A	Span- nungs- abfall am Blei- mantel V	Widerstand des Bleimantels in Ω Sollwert	Istwert	Beurteilung
1	3 × 6	35	21,2	1,5	22,5	0,33	15,0	nicht verwendbar
2	3 × 10	41	23,7	80	29,3	0,346	0,366	geeignet
3	3 × 16	90	26,3	30	21,6	0,684	0,72	,,
4	3 × 25	68	40	18	38,6	0,34	2,15	nicht verwendbar
5	3 × 35	38	44,4	165	30	0,171	0,182	geeignet
6	3 × 50	55	51,8	152	35	0,212	0,23	,,
7	3 × 70	36	67,5	245	29,4	0,106	0,12	,,
8	3 × 95	29	79,5	295	29,5	0,098	0,10	,,

lich, müssen außer dem Leiterquerschnitt noch Länge und Bleimantelquerschnitt bekannt sein. Ist die örtliche Lage des Kabels bekannt,
so kann die Länge mittels Aufmaßes festgestellt werden, anderenfalls
muß sie durch Rechnung aus der Widerstandsbestimmung einer Kabel-
ader ermittelt werden. Der Bleimantelquerschnitt muß von Fall zu
Fall ermittelt werden, da er außer von dem Leiterquerschnitt noch von
der Form der Kabeladern — ob rund oder sektorförmig — und von
dem Herstellungsjahr abhängig ist. Seine Bestimmung erfolgt am besten
durch Messung der Dicke und des Durchmessers des Kabelbleimantels,
und zwar möglichst an beiden Kabelenden.

Enthält das Kabel überbrückte Muffen, so ist zu beachten, daß
im Hinblick auf die Durchschaltung des Bleimantels die verwendeten
Überbrückungsleitungen mit Rücksicht auf die Gefahr einer Nulleiterunterbrechung meist unzureichend sind und einer Verstärkung bedürfen.
Bild 136 zeigt eine einwandfreie Durchschaltung des Bleimantels an einer

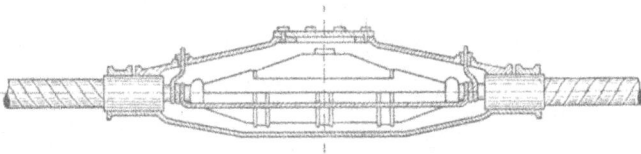

Bild 136. Ordnungsmäßig überbrückte Kabelmuffe bei Verwendung
des Kabelbleimantels als Nulleiter.

Muffe, bei der auch die Muffe selbst noch durch Einlötung der Überbrückungsleitung zur Stromführung herangezogen wird.

In den Fällen, in denen auf Grund der Meßergebnisse eine Verwendung des Bleimantels als Nulleiter nicht verantwortet werden kann,
muß das Dreileiterkabel entweder durch ein Vierleiterkabel ersetzt oder
der Netzteil, soweit es die Anschlüsse der Motoren[1]) zulassen, mit zwei
Außenleitern und dem Nulleiter betrieben werden.

5. Verbindung von Wasserrohren mit dem Nulleiter.

In solchen Fällen, in denen bei der Nullung ein höherer Grad von
Sicherheit geboten ist, hat es sich als vorteilhaft erwiesen, alle in den

---

[1]) Nach einem Vorschlag von W. Schwarz können Drehstrommotoren
auch in Netzen mit zwei Außenleitern und einem Nulleiter unter gewissen Bedingungen betriebssicher arbeiten. Vgl. auch die Deutsche Patentschrift 691 427:
Schaltung von Drehstrommotoren in Sternschaltung an zwei Hauptleitern und Nullleiter (2 × 380/220 V) mittels Kondensatorbeschaltung.

Auch mit Hilfe von sog. Phasenumkehrtransformatoren, d. s. Transformatoren in Sparsonderschaltung, welche die Spannung von 2 × 380/220 V entweder
auf 3 × 380/220 V mit geerdetem Sternpunkt oder auf 3 × 220 V mit geerdetem
Außenleiter (die Erdung erfolgt über den Netznulleiter) umwandeln, ist ein Betrieb von Drehstrommotoren möglich. Im Netznulleiter fließt dann bei symmetrischer
sekundärseitiger Belastung der $\sqrt{3}$ fache Außenleiterstrom, was notwendigenfalls
bei der Querschnittsbemessung des Nulleiters zu beachten ist.

Häusern vorhandenen Erdungen an den Nulleiter anzuschließen. Dadurch werden Spannungsunterschiede zwischen den verschiedenen Rohrsystemen, die der gleichzeitigen Berührung zugänglich sind, vermieden. Diese Forderung muß erst recht dann erhoben werden, wenn die Wasserleitungsrohre hohe Erdungswiderstände aufweisen, wie es heute vorkommt, wenn straßenseitig Isolierstoffrohre, in Gebäuden jedoch Metallwasserrohre verlegt werden. Durch die Einbeziehung der Wasserrohre in die Erdungsanlage wird somit eine wesentliche Erhöhung der Sicherheit gegen Gefährdung von Personen durch Berührungsspannungen erreicht, auch wenn das Wasserrohrnetz n i c h t als Erder für den Nulleiter benötigt wird. Leider wird dieser vom Standpunkt der Sicherheit erhobenen Forderung nicht von allen Stellen das nötige Verständnis entgegengebracht. Es gibt indessen aber keinen stichhaltigen Grund, sich dieser Forderung zu verschließen; das um so weniger, als gerade diese einfache Maßnahme geeignet ist, die Verschleppung von Berührungsspannungen weitgehendst zu unterbinden, ohne daß dadurch irgendwelche Benachteiligungen entstehen, wenn man von den in Gleichstromnetzen ohnehin unvermeidlichen Korrosionserscheinungen absieht, für den Fall, wenn auch der Nulleiter eines Gleichstromnetzes mit angeschlossen wird. Es kann deshalb nicht dringend genug gefordert werden, daß sich die für die einzelnen Rohrnetze zuständigen Betriebsverwaltungen im Interesse der Unfallverhütung verständigen und wenigstens bei Neu- oder Umbauten von Gebäuden, die mit Wechsel- oder Drehstrom versorgt werden, einen planmäßigen Zusammenschluß aller Rohrnetze durchführen[1]).

Auf der anderen Seite können aber neue Schwierigkeiten entstehen, wenn die Verbindungsleitungen den zu erwartenden Strombeanspruchungen nicht gewachsen sind. Tritt z. B. im Netz eine Nulleiterunterbrechung ein, so kann über die Verbindungsleitung ein mehr oder weniger großer Ausgleichsstrom fließen, diese unzulässig erwärmen, so daß beim Zusammentreffen ungünstiger Umstände Brände entstehen können. Um diesen Gefahren zu begegnen, muß die Verbindung, die zweckmäßig in der Nähe des Hausanschlusses erfolgt, hinsichtlich ihrer Leitfähigkeit dem Nulleiter gleichwertig sein. Ihr Kupferquerschnitt soll im allgemeinen bei Verlegung über der Erde 16 mm², und bei Verlegung in der Erde 50 mm² betragen, es sei denn, daß ein etwaiger Fehlerstrom durch hohe Erdungswiderstände der Wasserrohre begrenzt wird, so daß mit geringeren Querschnitten auszukommen ist. Der mechanischen Festigkeit, die durch die Verlegungsart bedingt ist, muß jedoch Rechnung getragen werden.

Bestehen indessen in Anschlußanlagen zwangsläufige Verbindungen des Nulleiters mit geerdeten Anlagenteilen — geerdete Anlagenteile

---

[1]) Vgl. a. II. Teil Abschn. D, S. 117.

müssen ja gemäß der zweiten Nullungsbedingung genullt werden —, so müßte, um bei Unterbrechung des Netznulleiters übermäßige Erwärmungen des schwächeren Installationsnulleiters zu verhindern, der Querschnitt des Installationsnulleiters gleich dem des Netznulleiters sein. Das verursacht naturgemäß hohe Kosten und ist in kleineren Anschlußanlagen praktisch kaum durchführbar. Um trotzdem die Überlastungsgefahr zu verhindern, können solche Anlagenteile über mehrpolige Schalter, deren Auslöseorgan vom Nulleiterüberstrom betätigt wird, betrieben werden. Hierfür kommen handelsübliche mehrpolige Installations-Selbstschalter oder sonstige Überstromschalter entsprechender Nennstromstärken in Frage, die den Nulleiter bei Überstrom mit abschalten, mit der Maßgabe, daß der im Nulleiter liegende Schaltkontakt beim Einschalten voreilt bzw. beim Ausschalten nacheilt. Von dieser Möglichkeit wird bisher viel zuwenig Gebrauch gemacht, wie auch überhaupt der Gefahr zu hoher Ausgleichsströme über Verbindungsleitungen in Installationen mit verhältnismäßig kleinen Leitungsquerschnitten zu wenig Beachtung geschenkt wird. Ausreichende Maßnahmen sind aber mit Rücksicht auf die Brandgefahr, besonders in feuergefährdeten Räumen, unerläßlich.

6. Prüfung der Nullung.

Eine Prüfung der Nullung als Schutzmaßnahme erfolgt am einfachsten durch Feststellung der Wirksamkeit wie bei der Schutzerdung in Netzen mit geerdetem Netzpunkt. Bei Herstellung eines künstlichen Körperschlusses müssen also die vorgeschalteten Sicherungen sofort abschalten. Bei großen Sicherungsnennstromstärken ist diese Prüfung aber nicht zu empfehlen, weil, abgesehen von dem etwaigen Verlust einer Sicherung, die Prüfung mit einer gewissen Gefahr verbunden ist. Es empfiehlt sich deshalb, die Prüfung durch eine Messung des Schleifenwiderstandes vorzunehmen. Als Meßschaltung kann die gleiche Schaltung wie bei der Bestimmung des Schleifenwiderstandes, entsprechend Bild 105, verwendet werden. Der Schutzerder wird in diesem Falle durch den Nulleiter ersetzt. Gemäß Gleichung (34) wird dann der Schleifenwiderstand R_{sch} errechnet. Es ist dann der zu erwartende Kurzschlußstrom nach Gleichung (36)

$$I_k = \frac{\text{treibende Spannung}}{R_{sch}}$$

Der Sicherungsnennstrom darf somit nach Gleichung (35) nicht größer als

$$I_n = \frac{I_k}{2,5}$$

sein. Um diese Prüfung zu vereinfachen, können auch die im Abschnitt E, S. 120 beschriebenen Erdungsprüf- und -meßgeräte verwendet

werden, wenn sie für die in Frage
kommenden Strom- und Spannungsverhältnisse ausgelegt sind. Ein von
der Industrie hergestelltes Gerät für
die Prüfung der Nullung zeigt Bild
137. Es ist ähnlich wie das Erdungsmeßgerät aufgebaut. Die zulässigen
Sicherungsnennstromstärken gemäß
Gleichung (35) können unmittelbar
abgelesen werden[1]).

Die Prüfung auf Einhaltung der
Nullungsbedingungen erfordert entsprechende Messungen im Netz. Die
Messungen sind in Anlehnung an
die schon aufgeführten Zahlenbeispiele durchzuführen.

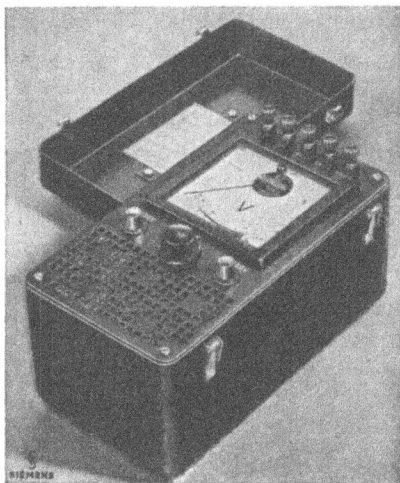

Bild 137. Nullungsprüfgerät.

7. Anwendungsgrenze der Nullung.

Von einer begrenzten Anwendung der Nullung kann, sofern die
Nullungsbedingungen eingehalten werden, grundsätzlich nicht gesprochen werden. Im Gegenteil, sie muß sogar angewendet werden an solchen Anlagenteilen, die konstruktiv mit anderen Erdern so verbunden
sind, daß mit dem Eintreten von Erdschlüssen gerechnet werden muß
(z. B. Pumpenmotoren, Heißwasserspeicher, Kühlanlagen, Krane u. ä.),
vorausgesetzt, daß im selben Netz die Nullung allgemein als Schutzmaßnahme angewendet wird.

In solchen Nulleiternetzen, in denen die Nullungsbedingungen nicht
eingehalten werden, darf auch nicht genullt werden. Das gilt oftmals
für ältere Freileitungsnetze, die mit Rücksicht auf die Leistungserhöhung
auf eine höhere Betriebsspannung umgeschaltet werden, ohne daß dabei auf die Einhaltung der Nullungsbedingungen geachtet wird. Hier
müssen dann andere Schutzmaßnahmen angewendet werden. Maßgebend
für die Entscheidung, ob in einem Netz die Nullung zulässig ist oder
nicht, ist stets das zuständige Elektrizitätswerk oder Versorgungsunternehmen, da ihm bekannt sein muß, ob die Nullungsbedingungen eingehalten sind oder nicht.

8. Beurteilung der Nullung.

Ein Nullungssystem, das den VDE-mäßigen Bedingungen entspricht,
bietet eine völlig ausreichende Sicherheit gegen Berührungsspannungen.
Zugleich ist die Nullung auch eine Schutzmaßnahme, die mit dem geringsten Aufwand wirtschaftlicher Mittel durchgeführt werden kann. Die

---

[1]) Pflier, Prüfgerät für Erdung und Nullung, ETZ 57 (1936) S. 1425.

wirtschaftlichen Vorteile kommen allerdings nur dem Stromabnehmer zugute. Obwohl die Nullung hinsichtlich ihrer Einfachheit, Bequemlichkeit und Billigkeit von einer anderen Schutzmaßnahme kaum überboten werden kann, verpflichtet sie doch das Elektrizitätswerk zur unbedingten Einhaltung der Nullungsbedingungen. Diese Bedingungen sind in Kabelnetzen leichter zu erfüllen als in Freileitungsnetzen, doch kann man sich durch Einbau von Stations- oder Hausanschluß-Schutzschaltern sehr gut helfen.

Bei der Verwendung von Kabelbleimänteln als Nulleiter sind bisher nachteilige Erscheinungen nicht bekannt geworden.

Die Einbeziehung von Rohrsystemen in die Nulleiteranlage hat sich oft als notwendig erwiesen. Von dieser Maßnahme sollte daher, soweit technisch und wirtschaftlich möglich, weitgehendster Gebrauch gemacht werden. Die Nullung wird dann zu einer äußerst sicheren Schutzmaßnahme werden.

F. Schutzleitungssystem.

1. Wirkungsweise.

Alle zu schützenden Anlagenteile, sowie alle im Versorgungsbereich des Netzes befindlichen Rohrleitungen, leitfähigen Gebäudeteile, Kabelbleimäntel u. dgl., werden durch Leitungen untereinander verbunden. Dieses Leitungssystem, welches das Schutzleitungssystem bildet, ist zu erden.

Es werden drei Ausführungsarten von Schutzleitungssystemen unterschieden, und zwar:

1. Schutzleitungssystem mit Isolationskontrolle,
2. Schutzleitungssystem ohne Isolationskontrolle,
3. Schutzleitungssystem mit einem Netzpunkt verbunden.

Zu 1: Bei Eintritt eines Körperschlusses an einem an das Schutzleitungssystem angeschlossenen Anlageteil bricht die Spannung des vom Erdschluß betroffenen Leiters gegen Erde zusammen, wenn das Netz im Normalzustand von Erde isoliert ist. Die gesunden Leiter führen jetzt eine höhere Spannung gegen Erde als im Normalzustand. Z. B. führen jetzt die gesunden Leiter eines Drehstromnetzes die verkettete Spannung gegen Erde, so daß die Isolation der Anlage mit der $\sqrt{3}$ fachen Spannung beansprucht wird. Dadurch entsteht die Möglichkeit weiterer Erdschlüsse, d. h. Doppelerdschlüsse, die Kurzschlüsse bedeuten, also zur Abschaltung und somit zu Betriebsstörungen führen. Der Betrieb kann zwar bei einem Erdschluß meistens noch eine Zeitlang aufrechterhalten bleiben, das rechtzeitige Erkennen des Erdschlusses und seine Meldung sind aber vom Standpunkt einer sicheren Betriebsführung unbedingt erforderlich.

Tritt an einem mit dem Schutzleitungssystem verbundenen Anlageteil ein Körperschluß ein, so wird dieser von der Isolationskontrolle angezeigt. Eine Berührungsspannung ist noch nicht vorhanden. Sie kann
nur auftreten, wenn ein weiterer Erdschluß in einem der noch gesunden
Leiter über einen mit dem Schutzleitungssystem nicht verbundenen
Erder eintritt. Tritt vor Beseitigung des Fehlers ein weiterer Körperschluß an einem geschützten An-
lageteil, und zwar in einem der
anderen Leiter als bei dem ersten
auf, so entsteht ein Kurzschluß.
Durch den Kurzschluß wird einer
der fehlerhaften Anlageteile, und
zwar der am schwächsten abgesicherte, abgeschaltet (Bild 138).

Zu 2: Bei dem Schutzlei-
tungssystem ohne Isolationskontrolle ergeben sich die gleichen
Verhältnisse wie bei der Schutzerdung. Das Schutzleitungssystem

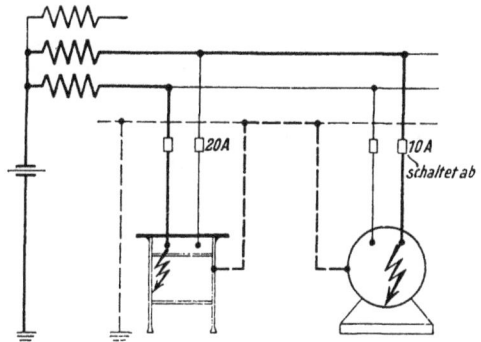

Bild 138. Kurzschluß im Schutzleitungssystem.

bildet dann eine Sammelerdleitung. Bei richtiger Bemessung des Erdungswiderstandes der Sammelerdleitung kann die Berührungsspannung
65 V nicht übersteigen, oder die Fehlerstelle wird durch Ansprechen des
Sicherungsorgans selbsttätig abgeschaltet.

Zu 3: Wird das Schutzleitungssystem mit einem Netzpunkt verbunden, so ergibt sich die gleiche Wirkungsweise wie bei der Nullung,
d. h. jeder Körperschluß wird zum einpoligen Kurzschluß und durch
die Sicherung abgeschaltet.

2. Anwendung.

Wegen der Überwachung des Isolationszustandes und der räumlich
zu begrenzenden Ausdehnung des Schutzleitungssystems kommt diese
Schutzmaßnahme nur für kleinere Verteilungsanlagen mit eigener
Stromquelle in Betracht. Das gegebene Anwendungsgebiet sind Fabriken, größere Bürohäuser u. ä. Gebäude, die entweder eine eigene Strom-
erzeugung haben, oder die Energie über Transformatoren mit elektrisch
getrennten Wicklungen aus einem öffentlichen Versorgungsnetz beziehen.

Mit Hilfe des Schutzleitungssystems können alle in diesen Anlagen
befindlichen Motoren, Geräte usw. gegen Berührungsspannungen geschützt werden.

3. Bedingungen.

a) Schutzleitungssystem mit Isolationskontrolle.

Mit Rücksicht auf den Umfang der Schutzmaßnahmen und auf die
Verwendung von Leitungsbaustoffen für Spannungen bis 250 V gegen

Erde empfiehlt es sich, keine höheren Betriebsspannungen als 250 V zu verwenden, andernfalls Schutzmaßnahmen an allen Anlagenteilen durchgeführt und Leitungsbaustoffe für Spannungen über 250 V gegen Erde verwendet werden müssen. Da kein Netzpunkt, auch nicht der Sternpunkt, geerdet werden darf, ist mit dem Auftreten der vollen Betriebsspannung gegen Erde zu rechnen.

Sofern das Schutzleitungssystem durch Verbindung mit Rohrsystemen schon geerdet ist und der Erdungswiderstand nicht mehr als 20...30 Ω beträgt, ist eine weitere Erdung nicht notwendig.

Um das Auftreten von Berührungsspannungen im Falle eines Doppelerdschlusses zu verhindern, müssen sämtliche im Versorgungsbereich liegenden Erder, also auch solche, die zu Erdungszwecken sonst nicht

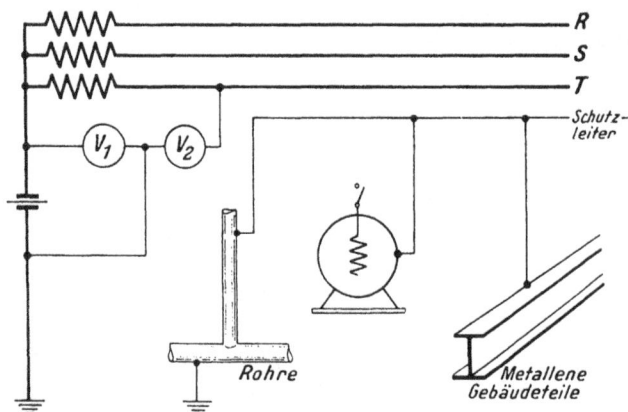

Bild 139. Schutzleitungssystem mit Isolationskontrolle in Form von zwei Spannungsmessern.

herangezogen werden (Gas- und Heizungsrohre u. ä.), mit dem Schutzleiter verbunden werden, so daß ein Doppelerdschluß zu einem Kurzschluß führt. Neutrale Schutzerdungen, d. h. Schutzerdungen ohne Verbindung mit dem Schutzleiter, dürfen nicht ausgeführt werden.

Um grundsätzlich die Möglichkeit von Doppelerd- oder Kurzschlüssen herabzusetzen, muß jeder Erdschluß von einer Überwachungseinrichtung angezeigt werden, so daß er sofort beseitigt werden kann. Bild 139 zeigt ein Schutzleitungssystem mit einer Isolationskontrolle in Form von zwei in Reihe geschalteten Spannungsmessern V_1 und V_2, die einerseits an den Transformatorsternpunkt und andererseits an den Phasenleiter T angeschlossen sind. Die Verbindungsleitung zwischen den Spannungsmessern ist geerdet. Im normalen Betriebszustand zeigen die Spannungsmesser die halbe Phasenspannung an. Bei Erdschluß im Phasenleiter T zeigt der Spannungsmesser V_1 die ganze Phasenspannung und V_2 Null an. Bei Erdschluß in den Phasenleitern R oder S zeigt V_1 die ganze Phasenspannung und V_2 die verkettete Spannung an. Bei

Durchschlag der Spannungssicherung zeigt V_1 keine und V_2 die ganze Phasenspannung an.

Eine Isolationskontrolle mit optischer Anzeige- und akustischer Meldevorrichtung zeigt Bild 140. Drei in Stern geschaltete Spannungs-

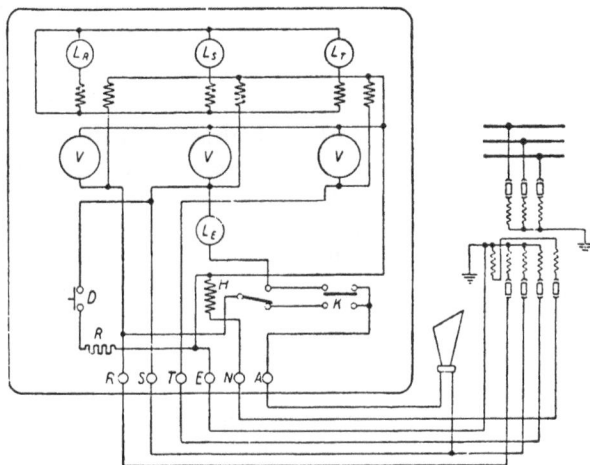

Bild 140. Isolationskontrolle mit optischer Anzeige- und
akustischer Meldevorrichtung.

messer V und drei Phasenglimmlampen L_R, L_S, L_T liegen an den Klemmen eines Fünfschenkel-Spannungswandlers. Die Hilfswandler vor den Glimmlampen dienen zur Erreichung der Zündspannung. Das Hilfsrelais H, das durch die Sternpunkt-Erdspannung im Fehlerfalle erregt wird, legt die Erd-schlußmeldelampe L_E an die verkettete Spannung. Gleich-zeitig ertönt das Tonzeichen. Das Tonzeichen kann durch den Umschalter K abgestellt werden, während die Melde-lampe weiterbrennt. Ein Spannungsmesser, sowie das Verlöschen einer der drei Phasenlampen zeigen den mit Erdschluß behafteten Leiter an. Ist der Erdschluß beho-ben, so schaltet das Hilfs-relais ab und das Tonzeichen ertönt erneut über den zwei-

Bild 141. Erdschlußmeldetafel.

ten Kontakt des Umschalters. Die Erdschlußmeldelampe erlischt, die Spannungsmesser und die Phasenlampen zeigen die Wiederherstellung des ordnungsmäßigen Betriebszustandes an. Das Tonzeichen wird wieder umgeschaltet und die Kontrolleinrichtung ist wieder betriebsbereit. Zur Prüfung auf Bereitschaft ist eine Prüftaste D angeordnet, bei deren Betätigung ein künstlicher Erschluß über den Widerstand R hergestellt wird, und somit das Arbeiten der Einrichtung überwacht werden kann. Bild 141 zeigt die Ansicht dieser Erdschlußmeldetafel.

b) Schutzleitungssystem ohne Isolationskontrolle.

In diesem Falle sind die Erdungsbedingungen für die Schutzerdung zu beachten und dementsprechend zu verfahren. Je nachdem, ob ein Netzpunkt geerdet ist oder nicht, ist der Erdungswiderstand des Schutzleitungssystems zu bemessen. Der Erdungswiderstand des Schutzleitungssystems und gegebenenfalls auch der Betriebserdung müssen dann den Bemessungsformeln für Schutz- und Betriebserder entsprechen (vgl. Abschn. D, S. 96).

c) Schutzleitungssystem mit einem Netzpunkt verbunden.

In diesem Falle gleicht das Schutzleitungssystem der Nullung. Es müssen die gleichen Bedingungen wie bei der Nullung, d. h. die Nullungsbedingungen, eingehalten werden (vgl. Abschn. E, S. 128).

4. Prüfung des Schutzleitungssystems.

Die Prüfung des Schutzleitungssystems mit Isolationskontrolle erfolgt durch Herstellung eines künstlichen Erdschlusses. Die Überwachungseinrichtung muß dann ansprechen.

Für die Prüfung von Schutzleitungssystemen ohne Isolationskontrolle können die gleichen Methoden wie bei der Prüfung von Schutzerdung und Nullung angewendet werden.

5. Anwendungsgrenze.

Die Anwendung des Schutzleitungssystems mit Isolationskontrolle muß auf kleinere Anlagen beschränkt bleiben. Für größere, besonders sehr verzweigte Anlagen kann es schon deshalb nicht verwendet werden, weil die von der Isolationskontrolle angezeigten Fehler nicht so leicht gefunden werden können und somit die Möglichkeit eines Doppelerdschlusses sehr wahrscheinlich ist.

Der Anwendung des Schutzleitungssystems ohne Isolationskontrolle, je nachdem, ob mit oder ohne Verbindung eines Netzpunktes, sind die gleichen Grenzen wie bei Schutzerdung und Nullung gesetzt, d. h. es müssen die erforderlichen Erdungswiderstände mit wirtschaftlichen Mitteln erreichbar bzw. die Nullungsbedingungen mit den zur Verfügung stehenden Mitteln sichergestellt sein.

6. Beurteilung.

Das Schutzleitungssystem, das eine Zwischenlösung von Schutzerdung und Nullung darstellt, kann in Verbindung mit einer Isolationskontrolle nur als eine bedingt sichere Schutzmaßnahme angesprochen
werden. Der Isolationszustand muß dauernd überwacht werden und
angezeigte Fehler müssen sofort, d. h. durch einen jederzeit erreichbaren Betriebsmonteur beseitigt werden. Der Sicherheitsgrad ist deshalb auch von der mehr oder weniger großen menschlichen Zuverlässigkeit des Monteurs abhängig; es sei denn, daß mit einem zweiten Erdschluß über einen anderen Erder als das Schutzleitungssystem mit
Sicherheit nicht gerechnet zu werden braucht. Das ist aber, wie die
Erfahrungen ergeben haben, selten der Fall.

Für die Beurteilung des Schutzleitungssystems ohne Isolationskontrolle gilt das bereits über Schutzerdung und Nullung Gesagte.

G. Schutzschaltung.

1. Wirkungsweise.

Der zu schützende Anlagenteil wird über eine Leitung (Schutzschaltungsleitung) mit der Auslösespule (Fehlerspannungs- oder Fehlerstromspule) eines Schalters, des
sog. Schutzschalters, verbunden.
Die Auslösespule wird andererseits
über eine Leitung (Hilfserdleitung)
an den Erder (Hilfserder) angeschlossen (Bild 142). Erhält der auf
diese Weise angeschlossene Anlagenteil Körperschluß oder tritt ein
unzulässiger Isolationsfehler ein, so
daß eine Spannung zwischen den zu
schützenden Teilen und der Erde
auftritt, dann treibt diese Spannung
einen Strom durch die Auslösespule

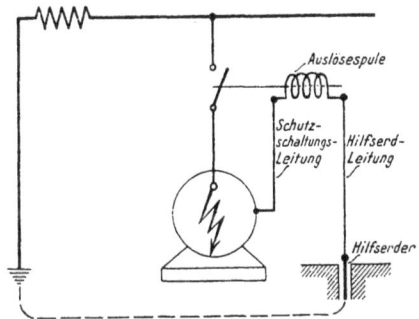

Bild 142. Wirkungsweise der Schutzschaltung.

und bringt somit den Schalter zum Auslösen. Eine Wiedereinschaltung
des Schutzschalters ist zufolge der Freiauslösung erst möglich, wenn der
Fehler am Anlagenteil beseitigt wird. Einen Schutzschalter dieser Art
zeigt Bild 143. Das wesentlichste Bauelement des Schutzschalters ist
neben der Prüfeinrichtung (vgl. S. 182) die Auslösespule. Je nach Fabrikat
des Schalters liegen die Ansprechwerte für die Auslösespule zwischen
4...20 V und 15...60 mA. In Netzen mit geerdetem Netzpunkt schließt
sich der Fehlerstromkreis über die Betriebserdung; es entsteht ein Fehlerstrom

$$i_f = \frac{\text{Spannung gegen Erde}}{\sqrt{(R + R_h + R_0)^2 + (\omega L)^2}} \quad \cdots \cdots \quad (42)$$

11*

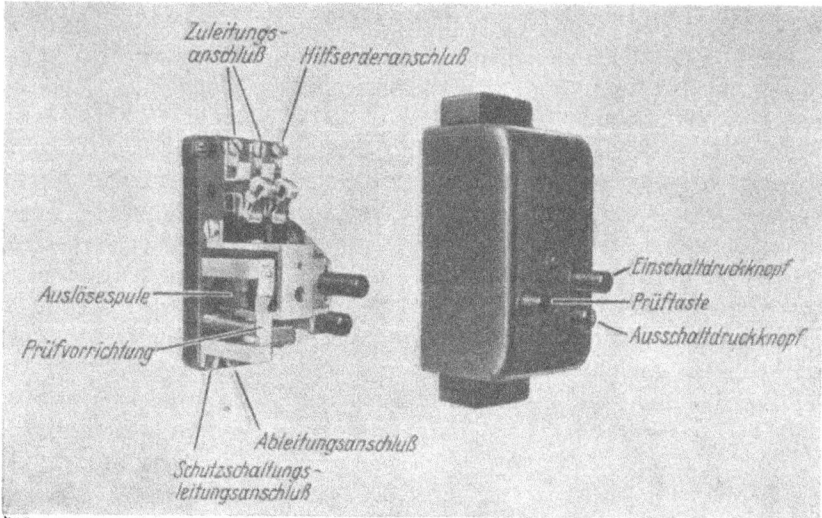

Bild 143. Ansicht eines Schutzschalters.

In der Formel bedeuten: $R =$ Ohmscher und $\omega L =$ induktiver Widerstand der Auslösespule, $R_h =$ Erdungswiderstand des Hilfserders und $R_0 =$ Erdungswiderstand der Betriebserdung. In Netzen ohne geerdeten Netzpunkt kann sich der Fehlerstromkreis über die Kapazitäts- und Isolationswiderstände des Netzes schließen. Die Spannung zwischen dem schutzgeschalteten Anlagenteil und der Erde ist in jedem Falle

$$u_e = i_f \sqrt{(R + R_h)^2 + (\omega L)^2} \qquad . \text{ (43)}$$

Ist nach Gleichung (43) der Widerstand der Auslösespule genügend groß, so ist die Auslösung des Schalters und somit die Wirksamkeit der Schutzschaltung in weitem Maße von dem Erdungswiderstand des Hilfserders unabhängig. Bild 144 zeigt die Abhängigkeit der Ansprechspannung u_e vom Erdungswiderstand des Hilfserders R_h. Aus der Kennlinie ist ersichtlich, daß bei einem Erdungswiderstand von 800 Ω noch eine Auslösung erfolgt und die Ansprechspannung noch unter 65 V liegt. Die Abschaltzeit ist außerordentlich gering und beträgt meistens weniger als

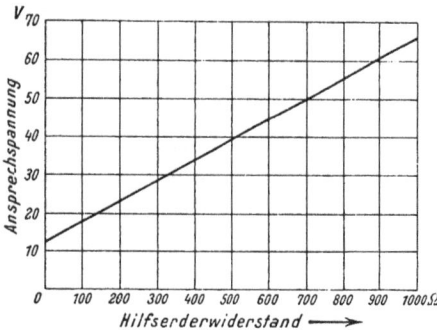

Bild 144. Abhängigkeit der Ansprechspannung vom Erdungswiderstand des Hilfserders.

0,1 s wie das Oszillogramm (Bild 145) zeigt. Die praktische Unabhängigkeit vom Erdungswiderstand und die schnelle Abschaltung ist ein wesentlicher Vorteil gegenüber Schutzerdung und Nullung, die immer sehr geringe Erdungswiderstände erfordern. Im übrigen unterscheidet sich die Schutzschaltung von der Schutzerdung und Nullung grundsätzlich insofern, als die unverzögerte Abschaltung des fehlerhaften Anlagenteils durch die zwischen den zu schützenden Teilen und der Erde auftretende Spannung mit Hilfe der Fehlerspannungsauslösung erfolgt, im Gegensatz zur Erdung und Nullung, bei denen erst unter dem Einfluß eines bestimmten Stromes die Abschaltung durch Überstromschutzorgane, die ihrer Natur nach gar nicht dazu bestimmt sind, herbeigeführt wird.

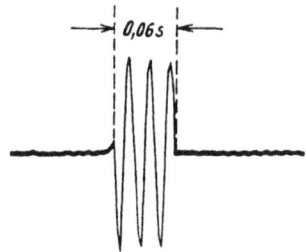

Bild 145. Abschaltoszillogramm eines Schutzschalters.

2. Anwendung.

Die Schutzschaltung kann in allen Netzen angewendet werden. Ihre Anwendung ist besonders in Netzen ohne Nulleiter, in denen die Schutzerdung nicht oder nicht mehr durchgeführt werden kann, am Platze. Aber auch in Netzen mit Nulleiter, in denen die Nullung als Schutzmaßnahme nicht zugelassen werden kann und Schutzerder nicht zur Verfügung stehen, kann sie mit Vorteil angewendet werden. Schließlich kann sie noch in Sonderfällen, in denen andere Schutzmaßnahmen aus irgendwelchen Gründen nicht durchgeführt werden können, in mehr oder weniger abgeänderter Form zur Anwendung gelangen.

3. Bedingungen.

a) Allgemeine Bedingungen.

Obwohl die Schutzschaltung einerseits erheblich weniger oder sogar praktisch unabhängig vom Erdungswiderstand eines Erders ist, sind andererseits wieder gewisse Besonderheiten bei der Durchführung der Schaltung zu beachten, die durch die Eigenart dieser Schutzmaßnahme bedingt sind und deren Vernachlässigung ihre Wirksamkeit in Frage stellen können. Das wesentlichste Bauelement der Schutzschaltung, der Schutzschalter, muß in sich selbst zuverlässig gebaut und auch vor äußeren Einwirkungen, die seine mechanische Wirksamkeit beeinträchtigen könnten, geschützt sein. Um diesen Verhältnissen Rechnung zu tragen, sind in den Fällen, in denen die Schalter erhöhten Beanspruchungen, und zwar sowohl mechanischer Art als auch durch Feuchtigkeit, Verstaubung u. ä., ausgesetzt sind, die entsprechenden Ausführungen zu verwenden. Außerdem muß Vorsorge getroffen werden, daß die Wirksamkeit der Schaltung nicht durch leitende Überbrückungen der Auslösespule aufgehoben wird. Hierauf muß um so mehr Bedacht

genommen werden, als in Anbetracht der niedrigen Auslösestrom-
stärken schon Überbrückungen mit verhältnismäßig hohen Widerständen
die Auslösung verhindern oder erschweren können[1]). Je nachdem, ob
die zu schützenden Anlagenteile von Erde isoliert oder mit geerdeten
Teilen in mehr oder weniger hohem Maße leitend verbunden sind, müssen
die Bedingungen eingehalten werden, die allein den beabsichtigten Berührungsspannungsschutz sicherstellen können.

b) Schutzschaltung bei von Erde isolierten Anlagen- teilen.

Bild 146 zeigt die übliche Ausführung der Schutzschaltung an einem
Gerät, das durch seine Aufstellung praktisch von Erde isoliert ist. Würden Schutzschaltungs- und Hilfserdleitung blank verlegt werden, so
wäre mit einer leitenden Verbindung
der beiden Leitungen zu rechnen, so
daß ein Kurzschluß der Fehlerstrom-

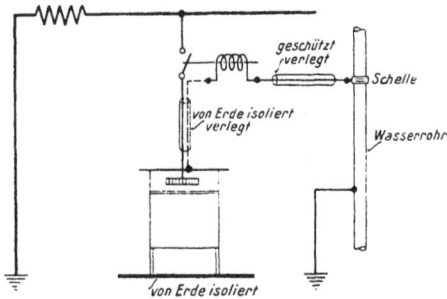

Bild 146. Übliche Ausführung der Schutzschaltung bei von Erde isolierten Geräten.

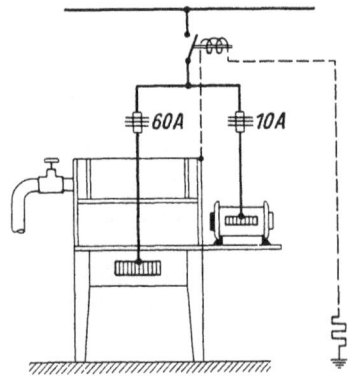

Bild 147. Schutzschaltung von Geräten
mit mehreren Stromkreisen.

spule eintreten kann. Der Schalter könnte somit nicht zur Auslösung
kommen und die Berührungsspannung würde bestehen bleiben. Um die
Möglichkeit einer leitenden Verbindung zwischen den beiden Leitungen
auszuschließen, muß die Schutzschaltungsleitung von Erde isoliert, also
genau so gut wie die energieführenden Leitungen verlegt werden. Einer
blanken Verlegung der Hilfserdleitung steht an sich nichts im Wege. Es
ist aber zweckmäßig, die Hilfserdleitung mit Rücksicht auf fernzu-
haltende Beschädigungen geschützt (Leitung in Rohr od. dgl.) zu verlegen. Erfahrungsgemäß werden oft einzelne ungeschützt verlegte Leitungen aus Unkenntnis ihres Verwendungszweckes entfernt, so daß in
solchen Fällen jede Schutzmaßnahme aufgehoben ist.

   Die Durchführung der Schutzschaltung an solchen Geräten, die
zwei oder mehr Stromkreise enthalten (z. B. elektrisch beheizte und

---

[1]) Dittrich, Über Schutzleiter für Schutzschaltung, ETZ 56 (1935), S. 585/679.

elektromotorisch angetriebene Wasch- und Bügelmaschinen), deren Gehäuse also konstruktiv vereinigt sind, zeigt Bild 147. Der Schutzschalter muß hier stets in die gemeinsame Zuleitung eingebaut werden. In diesem Falle könnte natürlich auch jedem Stromkreis ein Schutzschalter zugeordnet werden. Das ist jedoch nicht notwendig, da im Fehlerfalle stets beide Schalter auslösen würden. Der fehlerfreie Stromkreis läßt sich allerdings wieder einschalten, was aber mit Rücksicht auf die Betriebsweise solcher Geräte kaum von Vorteil ist.

Der Gedanke liegt nahe, auch eine größere Anzahl von Geräten und schutzbedürftigen Anlagenteilen an eine gemeinsame Schutzschaltungsleitung anzuschließen, wie Bild 148 zeigt.

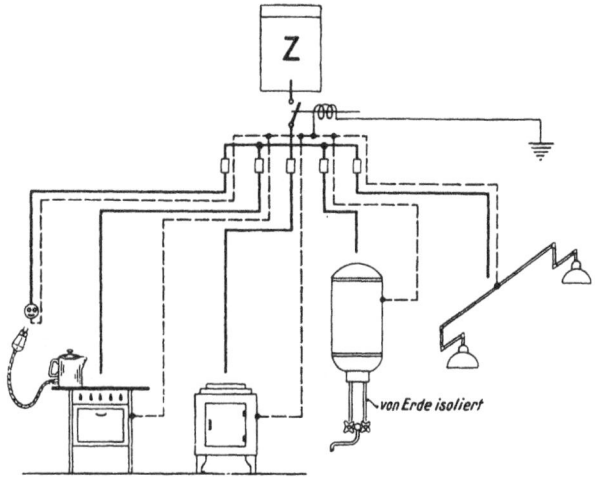

Bild 148. Zentrale Anordnung des Schutzschalters.

Diese Maßnahme ist jedoch nur nach sorgfältigster Prüfung aller Begleitumstände durchführbar, da stets bei einem Fehler in nur einem Gerät die ganze Anlage abgeschaltet wird, was meistens zu unangenehmen Betriebsstörungen führen kann. Es ist daher zweckmäßiger, jedem Anlagenteil einen besonderen Schutzschalter

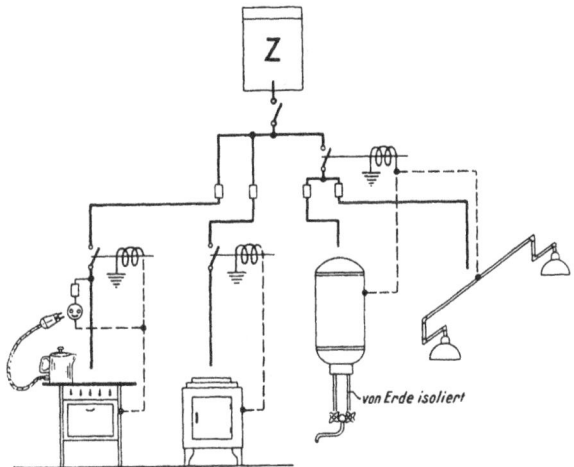

Bild 149. Dezentrale Anordnung der Schutzschalter.

zuzuordnen oder allenfalls nur eine kleine Gruppe zusammenzufassen (Bild 149).

Der Anschluß der Hilfserdleitung erfolgt am besten an das nächstliegende Wasserrohr, dessen Erdungswiderstand für die Zwecke der Schutzschaltung fast immer ausreichend ist. Steht ein Wasserrohr oder ein anderer geeigneter Erder nicht zur Verfügung, so muß natürlich ein besonderer Erder, an den ja keine großen Anforderungen hinsichtlich des Erdungswiderstandes gestellt werden, errichtet werden. Der Nullleiter eines Netzes sollte als Hilfserder im allgemeinen nicht verwendet werden, da er selbst eine mehr oder weniger hohe Spannung gegen Erde annehmen und auch unterbrochen werden kann. Auch Gasrohre, Abflußrohre u. ä. unzuverlässige Erder sollte man nicht als Hilfserder heranziehen.

c) Schutzschaltung geerdeter Anlagenteile.

Unter geerdeten Anlagenteilen sollen hier solche verstanden werden, die nicht absichtlich, sondern zwangläufig mit geerdeten Teilen verbunden sind. Die zwangläufige Erdung ist meistens durch den Verwendungszweck und die Aufstellung der schutzbedürftigen Geräte und Motoren bedingt. Solche Geräte sind hauptsächlich Pumpenmotoren für Frisch- und Abwässer, Brennstoff, Milch usw., Heißwasserspeicher, Durchlauferhitzer, fest an ein Wasserrohr angeschlossene Waschmaschinen, elektromotorisch angetriebene und gasbeheizte Bügelmaschinen, Kühlanlagen in Brauereien und Restaurants, Krane, Hebebühnen, elektrische Verkehrsbeleuchtungsanlagen u. ä. Die zwangläufige Erdung kann bedingt sein durch den konstruktiven Zusammenbau der Geräte mit Wasser-Gas-Dampf- und Heizungsrohren leitenden Gebäudeteilen, Kabelbleimänteln und Betonfundamenten.

Bezüglich des Erdungswiderstandes der zwangsläufigen Erdung muß zunächst unterschieden werden zwischen solchen Erdern, die entsprechend den VDE-mäßigen Bemessungsformeln für Schutzerder (vgl. II. Teil, Abschn. D, S. 96) einen

1. unzureichenden oder

2. ausreichenden

Erdungswiderstand besitzen.

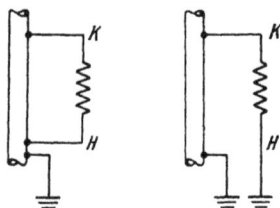

a) Kurzschluß der Fehlerstromspule. b) richtige Schaltung der Fehlerstromspule.

Bild 150. Schaltung der Fehlerstromspule bei geerdeten Geräten.

Zu 1: Bei Durchführung der Schutzschaltung an zwangläufig geerdeten Geräten, deren Erdungswiderstand im Sinne der VDE-Vorschriften unzureichend ist, muß man sich zunächst über die Ausmaße des im Fehlerfalle sich bildenden Spannungstrichters Klarheit verschaffen. In den meisten Fällen wird der Spannungstrichter keine großen Ausmaße haben. Während man normalerweise gewohnt ist, als Hilfserder den nächstliegenden Erder zu verwenden, ist hier zu bedenken, daß der nächstliegende Erder der zwangläufig mit dem zu schützenden Anlagenteil verbundene Erder ist. Als Hilfserder kann er natürlich nicht in Frage kommen, da dann die Fehlerstromspule des Schutzschalters

kurzgeschlossen wäre (Bild 150a).
Es muß also ein besonderer
Hilfserder errichtet werden (Bild
150b), dessen örtliche Lage durch
die Ausmaße und Form des
Spannungstrichters gegeben ist.
Sind andere Erder, die als Hilfserder in Betracht kommen könnten, erreichbar (z. B. Kabelbleimäntel), so müssen sie auf ihre
Eignung geprüft werden. Da die
im Fehlerfalle zwischen dem
zwangläufigen Erder und seiner
Umgebung auftretende Spannung ihren höchsten Wert an
der Spannungstrichtergrenze hat
(vgl. I. Teil, Abschn. H, S. 43),
so muß auch der Hilfserder an
dieser Stelle errichtet werden.
Die richtige Lage des Hilfserders
bei einem kreisförmigen und
einem ellipsenförmigen Spannungstrichter zeigt Bild 151.

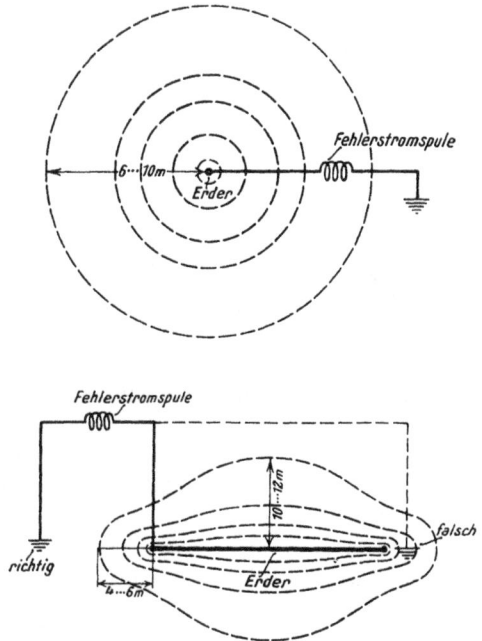

Bild 151. Lage des Hilfserders außerhalb
des Spannungstrichters.

Praktisches Beispiel: Ein Pumpenmotor in einer Hauswasserversorgungsanlage ist an ein sternpunktgeerdetes Drehstromnetz von
3×220 V angeschlossen und mit 10 A gesichert. Der Gesamterdungswiderstand der zwangläufigen Erdung setzt sich, wie Bild 152 zeigt,
aus den Erdungswiderständen des Saugrohres $R_1 = 10\ \Omega$ und der

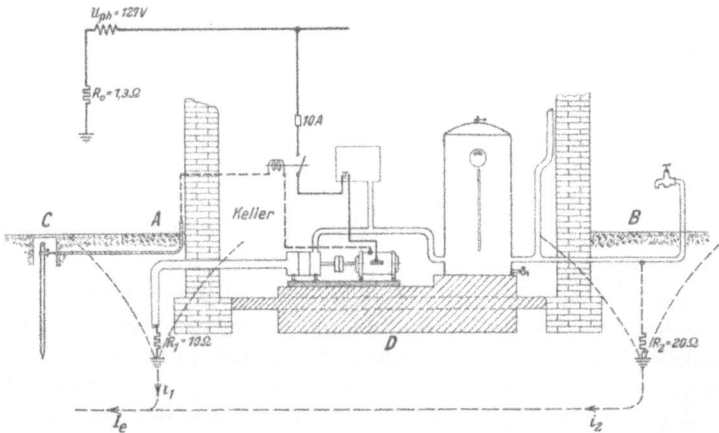

Bild 152. Schutzschaltung einer Haus-Wasser-Versorgungsanlage.

Sprengleitung $R_2 = 20\ \Omega$ zusammen. Die Betriebserdung des Netzes habe mit Rücksicht auf die Zulässigkeit von Schutzerdungen in Stromkreisen bis zu 20-A-Sicherungen einen Erdungswiderstand $R_0 = 1{,}3\ \Omega$. Bei Körperschluß des Pumpenmotors würde dann ein Erdschlußstrom

$$I_e = \frac{U_{\mathrm{Ph}}}{R_0 + \dfrac{R_1 R_2}{R_1 + R_2}} = \frac{127}{1{,}3 + \dfrac{10 \cdot 20}{10 + 20}} = 16\ \mathrm{A}$$

fließen, der keine Abschaltung der 10-A-Sicherung bewirken kann, aber eine Berührungsspannung

$$U_B = U_{\mathrm{Ph}} - (R_0 I_e) = 127 - (1{,}3 \cdot 16) = 106{,}2\ \mathrm{V}$$

am Motorgehäuse und an allen mit ihm verbundenen Teilen der Wasseranlage hervorrufen wird. Ein Bestehenbleiben der Berührungsspannung kann durch Anwendung der Schutzschaltung mit einem außerhalb des Spannungstrichters liegenden Hilfserder verhindert werden. Infolge der Parallelschaltung der Erdungswiderstände R_1 und R_2 tritt im Erdschlußstromkreis eine Stromverzweigung ein. Die Zweigströme i_1 und i_2 bewirken zwei Spannungstrichter, deren ungefähre Ausmaße in Bild 152 angedeutet sind. Der Hilfserder darf daher weder im Bereich des Spannungstrichters A, noch im Bereich des Spannungstrichters B liegen. Er ist also in einem neutralen Punkt, z. B. in C oder D zu errichten. Für den Fall, daß die Zuleitung zum Hilfserder durch den Spannungstrichter des zwangläufigen Erders verlegt werden muß (nach Bild 152 nicht erforderlich, weil der Hilfserder zweckmäßig im Punkt D errichtet werden kann), ist die Hilfserdleitung von Erde isoliert zu verlegen, um unkontrollierbaren Verbindungen vorzubeugen und unerwünschte Potentialverschleppungen, die das ordnungsmäßige Arbeiten der Schutzschaltung beeinträchtigen können, fernzuhalten.

Bei der Durchführung der Schutzschaltung an geerdeten Anlagenteilen ist es wichtig, daß die Hilfserdleitung, also die Leitung vom Schutzschalter bis zum Hilfserder von Erde isoliert verlegt werden muß (kabelmäßige Verlegung), während einer blanken Verlegung der Schutzschaltungsleitung (Leitung vom Schutzschalter bis zum schutzbedürftigen Anlagenteil) an sich nichts im Wege steht. Es empfiehlt sich aber auch hier, diese Leitung geschützt zu verlegen. Durch diese Maßnahme unterscheidet sich die Schutzschaltung geerdeter Anlagenteile grundsätzlich von der Schutzschaltung bei von Erde isolierten Anlagenteilen, in der die Schutzschaltungsleitung von Erde isoliert verlegt werden muß und die Hilfserdleitung blank verlegt werden kann.

Sind in einer Anlage mehrere zwangläufig geerdete Geräte vorhanden, so kann nach Bild 153 verfahren werden. Jedem Gerät ist ein Schutzschalter zugeordnet. Für die Schutzschalter des Heißwasserspeichers und des Pumpenmotors wird ein gemeinsamer Hilfserder verwendet, während für die Schutzschaltung des Elektroherdes natürlich das Wasserrohr als Hilfserder verwendet wird. Hierbei ist aber zu beachten, daß bei einem Fehler im Speicher oder Motor stets beide Schalter auslösen werden, da die Fehlerstromspulen an einer gemeinsamen Spannung liegen. Eine Fehlauslösung des dem Elektroherd zugeordneten Schutzschalters erfolgt selbstverständlich nicht. Das fehlerfreie Gerät läßt sich natürlich wieder einschalten. Bild 154 zeigt die zentrale Anordnung eines Schutzschalters für alle Geräte. In diesem Falle ist der Elektroherd unmittelbar an das Wasserrohr angeschlossen, was jedoch nicht erforderlich ist, wenn er einen besonderen Schutzschalter wie in Bild 153 erhält. Nach Bild 154 wird bei einem Fehler in nur

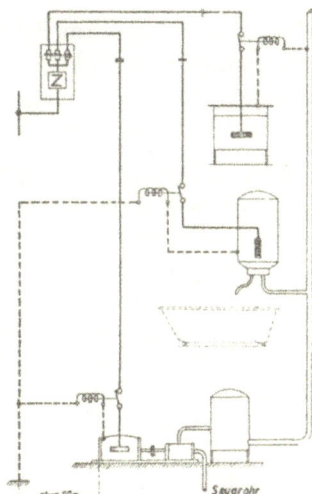

Bild 153. Schutzschaltung mehrerer Geräte in einem Siedlungshaus.

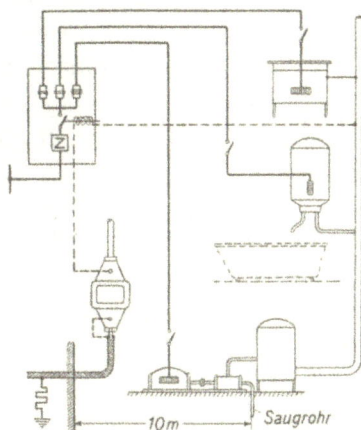

Bild 154. Zentrale Anordnung eines Schutzschalters für mehrere Geräte in einem Siedlungshaus unter Verwendung des Kabelbleimantels als Hilfserder.

einem Gerät natürlich die ganze Anlage abgeschaltet, doch lassen sich die fehlerfreien Geräte wieder einschalten, wenn das fehlerhafte Gerät durch Abschaltung allpolig vom Netz abgetrennt wird. Bild 154 zeigt ferner die Zuhilfenahme eines Kabelbleimantels als Hilfserder. Durch den Anschluß der Hilfserdleitung an den mit dem Kabelbleimantel verbundenen Hausanschlußkasten lassen sich die Kosten für die Errichtung eines besonderen Hilfserders ersparen, wenn sich die Verwendbarkeit herausstellt.

Zu 2: Die Anwendung der Schutzschaltung an zwangläufig geerdeten Anlagenteilen führt in den Fällen oft zu praktischen Schwierigkeiten, in denen der Erdungswiderstand der zwangläufigen Erdung im Sinne der VDE-Vorschriften ausreichend oder sogar noch um vieles geringer ist, aber trotzdem nicht als Schutzerder verwendet werden kann. Es muß nämlich unterschieden werden zwischen solchen Erdern, die für Erdungen in Starkstromanlagen

  a) mitbenutzt oder
  b) nicht verwendet

werden können oder dürfen. Es genügt nämlich nicht, daß ein Anlagenteil über einen Erder mit einem entsprechend der Stromkreissicherung ausreichenden Erdungswiderstand schutzgeerdet ist, weil

  a) der Erdungswiderstand der Betriebserdung nur dem Wert zu entsprechen braucht, der auf die Schutzerdung schwächer abgesicherter Geräte abgestellt ist,
  b) die Erder den erhöhten Beanspruchungen durch den im Fehlerfall fließenden Erdschlußstrom nicht gewachsen sind,
  c) nicht alle Erder zu Erdungszwecken in Starkstromanlagen verwendet werden können bzw. dürfen.

Die Anwendung der Schutzschaltung mit dem außerhalb der Sperrfläche liegenden Hilfserder stößt oft insofern auf Schwierigkeiten, als die Sperrfläche infolge des kleinen Erdungswiderstandes sehr große Ausmaße hat und somit die Hilfserdleitung außerordentlich lang wird. Daß grundsätzlich aber auch in diesen Fällen das einwandfreie Arbeiten

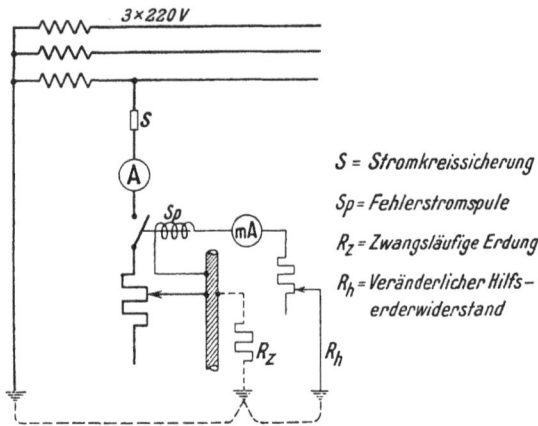

der Schutzschaltung möglich ist, zeigt die Versuchsanordnung in Bild 155. Dem zwangläufigen Erder (Wasserrohr) mit dem Erdungswiderstand von $R_z = 0,5 \ \Omega$ wurde über einen Regelwiderstand ein Strom von 50 A aufgedrückt, der seinen Weg über die Betriebserdung $R_0 = 1 \ \Omega$ zurück nahm. In diesem Zustand wurde im Abstand von 10 m die Spannung des Wasserrohres gegen den Hilfs-

S = Stromkreissicherung
Sp = Fehlerstromspule
R_z = Zwangsläufige Erdung
R_h = Veränderlicher Hilfs- erderwiderstand

Bild 155. Versuchsanordnung zur Ermittlung des Hilfserderwiderstandes.

erder R_h zu etwa 15 V gemessen. An Stelle des Spannungsmessers wurde dann die Auslösespule eines Schutzschalters angeschlossen. Eine Auslösung erfolgte zunächst nicht. Erst bei Verminderung des Hilfserderwiderstandes von 100 auf 50 Ω erfolgte einwandfreie Auslösung des Schutzschalters, wobei die Auslösestromstärke etwa 60 mA und die Spulenspannung etwa 10...11 V war. An dem Hilfserder entstand somit ein Spannungsabfall im ersten Falle von ungefähr 0,06 · 100 = 6 V und im zweiten Falle etwa 0,06 · 50 = 3 V. Folglich konnte auch im ersten Falle der Schutzschalter nicht ansprechen, da von den 15 V Gesamtspannung schon 6 V Spannungsabfall am Hilfserder verlorengingen.

Mit Rücksicht auf die gleichzeitige Anwendung von Erdung und Schutzschaltung kann grundsätzlich der Fall eintreten, daß bei einem Fehler die Sicherung schneller abschmilzt als der Schutzschalter auslöst. Die Schaltgeschwindigkeit des Schutzschalters ist durch den Streubereich der mechanischen Eigenzeit des Auslöseorganes gegeben. Die oberste Grenze darf bei 30 V Berührungsspannung nach den VDE-Vorschriften[1]) 0,1 s nicht überschreiten, die unterste Grenze liegt ungefähr bei 0,025 s. Die Empfindlichkeit des Auslösers ist in erster Linie von der aufzuwendenden mechanischen Arbeit beim Auslösevorgang und somit von Ansprechstromstärke und Ansprechspannung der Auslösespule abhängig. Das Zustandekommen der erforderlichen Ansprechwerte ist aber wieder von der Spannung des zwangläufigen Erders gegen den Hilfserder und von dem Erdungswiderstand des Hilfserders abhängig. Die Abschmelzzeit der Sicherung ist durch ihren Abschaltstrom bedingt, dieser jedoch wieder von dem Gesamtwiderstand des Erdschlußstromkreises abhängig. Das Zusammenarbeiten von Schutzschalter und Sicherungen hängt also von folgenden Faktoren ab: Nenn- und Abschaltstromstärke der Sicherung, Streubereich der Abschmelzzeit, Streubereich der mechanischen Eigenzeit, Erdungswiderstand der zwangläufigen Erdung, Gesamtwiderstand des Erdschlußstromkreises, Erdungswiderstand des Hilfserders, Ansprechstrom und Ansprechspannung der Auslösespule. Für einen praktischen Fall ist das Zusammenarbeiten rechnerisch ermittelt und in Bild 156 dargestellt. Die Darstellung gilt für eine normale und träge 6 A-Sicherung. Die beiden Kurvenstreubänder schneiden die Fläche der mechanischen Eigenzeit des Schutzschalters. In dem Bereich der Fläche *A* wird stets der Schalter vor den Sicherungen ansprechen. Im Bereich der Fläche *B* hängt die Abschaltung von der mehr oder

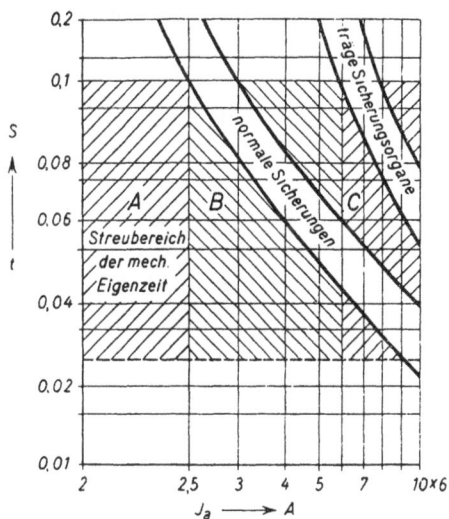

Bild 156. Zusammenarbeiten von Schutzschalter und Schmelzsicherungen.

[1]) VDE 0663/1933. § 38.

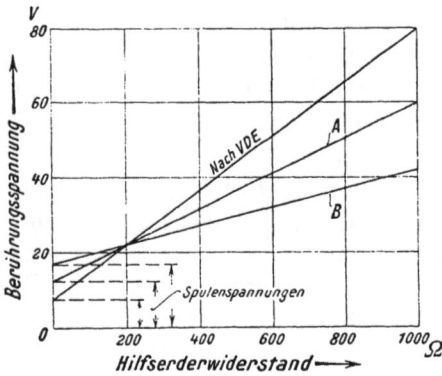

Bild 157. Kennlinien VDE-mäßiger Schutz-schalter.

weniger großen Eigenzeit des Schalters ab, kann also durch normale Sicherungen oder Schalter erfolgen. Im Bereich der Fläche C ist die Abschaltung ebenfalls durch Sicherungen oder Schalter möglich, aber durch Sicherungen wahrscheinlicher.

Die Abhängigkeit der Empfindlichkeit des Schutzschalters vom Erdungswiderstand des Hilfserders vermitteln die in Bild 157 dargestellten Kennlinien. Die VDE-mäßigen Abschaltgrenzwerte

a) Berührungsspannung 20 ± 2 V bei 200 Ω Hilfserderwiderstand,
b) » < 65 V » 800 Ω »

werden durch die Kennlinie, welche die Punkte a und b verbindet, dargestellt[1]). Für zwei Schalter, die im Punkt a den Vorschriften genügten, sind die Kennlinien A und B aufgenommen worden. Bei der Beurteilung der Kennlinien ist zu beachten, daß nur eine Bedingung vom Schutzschalter erfüllt werden kann, und zwar entweder

a) eine größere Abhängigkeit vom Erdungswiderstand (Kennlinie A) oder
b) eine weniger große Abhängigkeit vom Erdungswiderstand (Kennlinie B).

Beide Kennlinien entsprechen grundsätzlich den VDE-Vorschriften, können aber nicht von einem Schalter erfüllt werden. Die Kennlinie A ist meistens durch kleine Spulenspannung und großen Auslösestrom, die Kennlinie B durch große Spulenspannung und kleinen Auslösestrom gekennzeichnet. Je nachdem, auf welche Ansprechwerte es ankommt, sind Schalter der Kennlinien A oder B zu wählen.

Da in der Praxis diese Umstände kaum alle berücksichtigt werden können, eine ausreichende Selektivität zwischen Schutzschalter und Sicherungen aber erwünscht ist, müssen bei der Durchführung der Schutzschaltung in diesen Anlagen an den Erdungswiderstand des Hilfserders besondere Anforderungen gestellt werden. Während man sonst gewohnt ist, Hilfserderwiderstände bis zu 800 Ω zuzulassen, sollte man hier größere Erdungswiderstände, welche die Selektivität in Frage stellen, nicht zulassen.

1. Zahlenbeispiel: Ein mit 35 A abgesicherter Pumpenmotor ist an ein 3×220-V-Drehstromnetz mit geerdetem Sternpunkt ange-

---

[1]) VDE 0663/1933 § 38.

schlossen. Der zwangläufige Erder habe einen Erdungswiderstand von $R_z = 0,5\ \Omega$. Im Netz sei die Schutzerdung in Stromkreisen bis zu 20 A zugelassen und dementsprechend betrage der Erdungswiderstand der Betriebserdung nach Gleichung (28) $R_0 = 1,3\ \Omega$. Bei Vernachlässigung des Netzwiderstandes ist der Erdschlußstrom

$$I_e = \frac{127}{0,5 + 1,3} = 70\ \text{A}.$$

Abgesehen davon, daß der Abschaltstrom der 35 A-Sicherung nicht erreicht, aber auch die Berührungsspannungsgrenze nicht überschritten wird, ist die Schutzerdung trotzdem unzulässig. Der zwangläufige Erder hat eine Spannung

$$U_e = I_e R_z = 70 \cdot 0,5 = 35\ \text{V}$$

gegen Erde. Diese Spannung gegen Erde kann aber noch begrenzt werden, wenn nicht ein satter Körperschluß auftritt. Da ein maximaler Erdschlußstrom entsprechend der zulässigen Schutzerdung bei 20 A-Sicherungen von $2,5 \cdot 20 = 50\ \text{A}$ zugelassen werden kann, ist auch nur dieser Erdschlußstrom in Rechnung zu setzen. Folglich muß bei einer Spannung des zwangläufigen Erders gegen Erde von

$$U_e = 50 \cdot 0,5 = 25\ \text{V}$$

eine Abschaltung erfolgen. Angenommen, es stehe ein Schutzschalter zur Verfügung, dessen Auslösestrom $i = 50\ \text{mA}$ betrage. Der Ohmsche sowie der induktive Widerstand der Auslösespule sei $R = \omega L = 200\ \Omega$. Nach Gleichung (43) und dem Spannungsvektorbild (Bild 158) ergibt sich der Erdungswiderstand für den Hilfserder zu

$$R_h = \frac{U_h}{i} = \frac{13}{0,05} = 260\ \Omega.$$

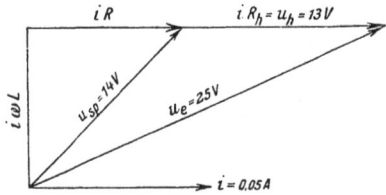

Bild 158. Spannungsdiagramm der Schutzschaltung.

Weitere Rechnungen ergeben für die verschiedenen Hilfserderwiderstände folgende Spannungen:

$R_h =$	0	50	100	200	260	400	800	1000 Ω
$U_e =$	14	16	18	22	25	31	51	67 V.

Im angezogenen Zahlenbeispiel wird also eine Abschaltung mit Sicherheit erreicht, wenn der Erdungswiderstand des Hilfserders 260 Ω nicht überschreitet. Der Hilfserder muß in dem Abstand vom zwangläufigen Erder errichtet werden, bei dem eine Spannung von 25 V gemessen wird. Erscheint dieser Abstand zu groß, so kann ein kleinerer gewählt werden. Der Hilfserderwiderstand muß dann aber entsprechend der Zahlentafel kleiner sein, damit eine Auslösung sichergestellt ist.

2. Zahlenbeispiel: Ein mit 25 A abgesicherter Hochdruckspeicher ist an ein sternpunktgeerdetes Drehstromnetz von 220 V angeschlossen und zwangläufig geerdet. Der Schleifenwiderstand (s. S. 119) werde zu 2 Ω bestimmt. Davon entfallen auf den Erdungswiderstand der zwangläufigen Erdung 0,2 Ω. Der Erdschlußstrom ist

$$\frac{127}{2} = 63{,}5 \text{ A},$$

also rund das 2,5fache des Sicherungsnennstromes. Unter dem Einfluß dieses Stromes tritt am zwangläufigen Erder eine Spannung von

$$63{,}5 \cdot 0{,}2 = 12{,}7 \text{ V}$$

auf. Die Auslösung des Schutzschalters mit den in Zahlenbeispiel 1 angenommenen Daten ist somit nicht erreichbar, da die Spulenspannung 14 V ist, aber nur 12,7 V erreicht werden können. Es könnte hier grundsätzlich ein Schalter verwendet werden, dessen Ansprechspannung unter 12,7 V liegt. Bei weiterer Verminderung des Erdungswiderstandes des zwangläufigen Erders bzw. Vergrößerung des Erdungswiderstandes der Betriebserdung wäre aber der Auslösung ohnehin eine Grenze gesetzt. Infolgedessen genügt die Feststellung, daß im Falle einer Vergrößerung des Erdungswiderstandes des zwangläufigen Erders der Schutzschalter bestimmt abschalten wird, wenn die Auslösespannung, die ja weit unterhalb der Berührungsspannung liegt, erreicht wird. Im Fehlerfalle wird also hier, wenn der zwangläufige Erder den Erdschlußstrom aushält, die Sicherung abschmelzen.

3. Zahlenbeispiel: In einem 380/220-V-Netz mit geerdetem Netzpunkt ohne Nulleiter ist ein mit 60 A abgesicherter Motor zwangläufig über einen Erdungswiderstand von 0,01 Ω geerdet. Der Erdungswiderstand der Betriebserdung sei 2 Ω. Im Fehlerfalle würde ein Erdschlußstrom von

$$\frac{220}{2 + 0{,}01} \approx 110 \text{ A}$$

fließen. Der Abschaltstrom wird also nicht erreicht; da der zwangläufige Erder nur eine Spannung von

$$0{,}01 \cdot 110 = 1{,}1 \text{ V}$$

hat, wird auch der Schutzschalter nicht ansprechen. Es erfolgt somit eine Abschaltung weder durch Sicherungen noch durch Schutzschalter. Gleichzeitig kann aber die Spannung des Netzes gegen Erde 250 V übersteigen, was nach den VDE-Vorschriften unzulässig ist (vgl. S. 113). In diesem Falle müssen nach den VDE-Vorschriften netzseitig Mittel angewandt werden, die das Bestehenbleiben einer höheren Spannung als 250 V zwischen einem beliebigen Leiter und der Erde verhindern[1]).

---

[1]) VDE 0140/1932. § 20; s. a. Fußnoten S. 136 u. 144.

Die Schutzschaltung als Berührungsspannungsschutz ist hier aber keinesfalls überflüssig, da im Falle einer Widerstandserhöhung des zwangläufigen Erders durch den Erdschlußstrom der Schutzschalter abschalten
wird.
In den Zahlenbeispielen wurden stets Netze mit geerdetem Netzpunkt vorausgesetzt. Der die Auslösespannung erzeugende Erdschlußstrom konnte sich also stets über die Betriebserdung schließen. In
Netzen ohne geerdeten Netzpunkt wird im Normalzustand des Netzes
ein ausreichender Erdschlußstrom natürlich nicht zustande kommen.
Im Fehlerfalle wird auch hier nur dann der Schutzschalter auslösen,
wenn im Falle eines Netzerdschlusses der Erdschlußstrom so groß ist,
daß er einen genügend großen Spannungsabfall zwischen dem zwangläufigen Erder und dem Hilfserder hervorruft, so daß die Auslösespannung des Schutzschalters erreicht wird. Es bestehen
hier grundsätzlich dann die gleichen Verhältnisse
wie bei der Schutzschaltung in Netzen mit geerdetem Netzpunkt.

Folgerungen: Wie gezeigt, ist die Schutzschaltung an zwangläufig geerdeten Anlagenteilen
auch unter den ungünstigsten Verhältnissen grundsätzlich durchführbar. Indessen muß aber zugegeben
werden, daß die Ausführung wegen der oft langen
Hilfserdleitungen erhebliche Kosten verursacht, die
Wirksamkeit oft von vielen Begleitumständen abhängt und Fehlauslösungen die Betriebssicherheit
beeinträchtigen können. Es gibt jedoch eine ganze
Anzahl praktischer Fälle, in denen eine Aufhebung
der zwangläufigen Erdung möglich ist.

Bild 159 zeigt ein Beispiel, in dem die zwangläufige Erdung eines Heißwasserspeichers durch Einbau von Isolierstoffrohren (Hartporzellan) zwischen
Mischbatterie und Speicherkörper aufgehoben ist.

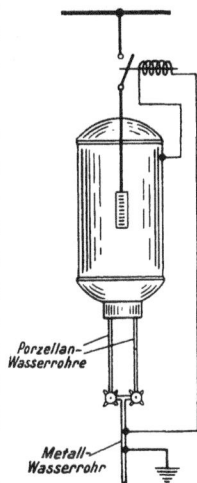

Bild 159. Vereinfachte
Schutzschaltung eines
Heißwasserspeichers
durch Aufhebung der
zwangsläufigen Erdung.

Es kann hier in üblicher Weise die Schutzschaltung
durchgeführt werden, bei der das Wasserrohr als Hilfserder verwendet
wird. Man sollte daher solche Möglichkeiten ausnutzen, denn es wird
oft möglich sein, durch Einbau isolierender Zwischenstücke (Isolierflansche, Isoliermuffen u. dgl.) die zwangläufige Erdung aufzuheben.

4. Sonderausführungen der Schutzschaltung.

Die Schwierigkeiten, die sich bei der Anwendung der Schutzschaltung bei zwangläufig geerdeten Anlagenteilen hinsichtlich der Herstellung und Betriebssicherheit hin und wieder ergeben haben, veranlaßten
den Verfasser, zwei bekannt gewordene Abarten der Schutzschaltung

auf ihre Verwendbarkeit zu prüfen. Dabei wurden kleinere Abänderungen bzw. Ergänzungen durchgeführt, da bei der Entwicklung dieser Schaltungen andere Gesichtspunkte, als die im Rahmen dieses Buches behandelten, zugrunde gelegen haben.

a) Schutzschaltung mit künstlichem Nullpunkt.

Diese Schaltung wird von H. Ott, Karlsruhe i. B., angegeben[1]). Voraussetzung für die Anwendung der Schaltung ist ein Drehstromnetz, dessen Sternpunkt im Sinne von VDE 0140 § 20 starr geerdet ist. Anwendungsbeispiele zeigt das Bild 160. Der künstliche Nullpunkt wird

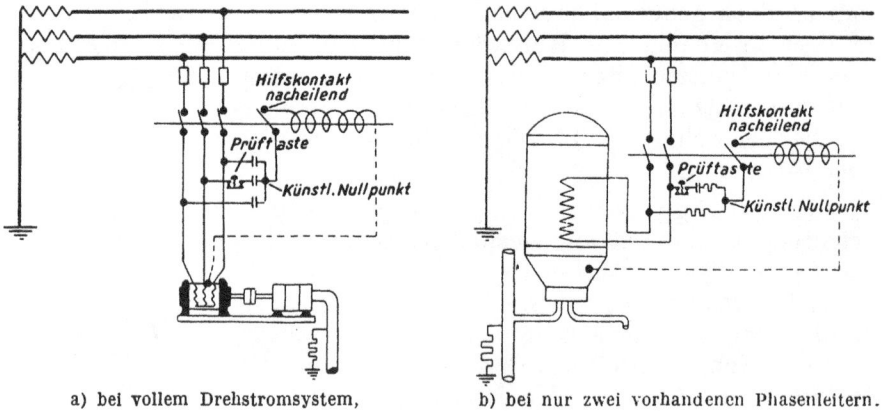

a) bei vollem Drehstromsystem,   b) bei nur zwei vorhandenen Phasenleitern.

Bild 160. Schutzschaltung mit künstlichem Nullpunkt

bei vollem Leitersystem durch drei in Stern geschaltete Kondensatoren von etwa 0,5 μF und bei nur zwei vorhandenen Phasenleitern durch einen Kondensator und zwei Ohmsche Widerstände geeigneter Größe hergestellt[2]). Die Nullpunktsanordnung kann parallel zu den Zuleitungs- oder auch zu den Ableitungsklemmen des Schalters angeschlossen werden, je nachdem, ob auf die Schaltfolge in den VDE-Vorschriften Rücksicht genommen werden muß oder nicht, da die Auslösespule durch den Hilfskontakt mitgeschaltet wird[3]). Der Hilfskontakt ist notwendig, weil für den Fall, wenn der Nullpunkt an die Zuleitungsklemmen des Schalters angeschlossen ist, nach Ansprechen des Schalters der Stromkreis der Auslösespule unterbrochen werden muß. Ist jedoch der Null-

---

[1]) Deutsche Patentschrift Nr. 638895 Berührungsschutzschaltung für Wechselstromnetze.

[2]) G. Zimmermann, Der künstliche Nullpunkt zwischen zwei Hauptleitern eines Mehrphasennetzes, ETZ 60 (1939), S. 1209.

[3]) Die in VDE 0663 § 15, Abs. 2 vorgeschriebene Schaltfolge gilt zwar nur für Stationsschalter, ist aber sinngemäß auch als Zusatz zu § 33 für Schutzschalter in Anschlußanlagen anzuwenden.

punkt an die Ableitungsklemmen angeschlossen, so würde der Schalter überhaupt nicht in die Einschaltstellung zu bringen sein, weil im Moment der Berührung des ersten Schaltkontaktes bereits ein Auslöseimpuls auftritt, da der Schalter niemals wirtschaftlich so gebaut werden kann, daß alle Kontakte gleichzeitig zum Eingriff kommen; in diesem Fall muß der Hilfskontakt den Hauptkontakten zeitlich nacheilen.

Die Wirkungsweise des Schalters als Berührungsspannungsschutz ist folgende: Im normalen Betriebszustand ist zwischen dem natürlichen Nullpunkt (geerdetes Gerät) und dem künstlichen Nullpunkt keine Spannung vorhanden. Tritt ein Isolationsfehler oder Körperschluß an dem zu schützenden Geräteteil ein, so fließt zunächst ein Strom über den Erder nach Erde. Je nach der Höhe des Erdungswiderstandes nimmt der Erder eine mehr oder weniger hohe Berührungsspannung gegen das wahre Erdpotential an. Da der künstliche Nullpunkt das Potential Null hat, tritt auch eine Spannung an der Auslösespule auf, die zwischen dem Erder und dem künstlichen Nullpunkt liegt und den Schalter zur Auslösung bringt.

Weil der Auslösestrom einen Spannungsabfall an den Bauelementen des künstlichen Nullpunktes bewirkt, liegt an der Auslösespule nur eine Teilspannung der tatsächlichen Berührungsspannung. Durch Messung wurde ermittelt, daß der Schalter bei einer tatsächlichen Berührungsspannung von etwa 30...35 V einwandfrei abschaltet. Die Ansprechstromstärke der Spule betrug hierbei etwa 30 mA.

Um eine Möglichkeit zu haben, während des Betriebes in einfacher Weise die Schaltung auf ihre Wirksamkeit und Sicherheitsbereitschaft zu überprüfen, wurde eine Prüftaste angeordnet, durch deren Betätigung der künstliche Nullpunkt so verlagert wird, daß eine Auslösung erfolgt.

Um den Einfluß etwaiger Unsymmetrien des Netzes, die u. U. eine ungewollte Auslösung des Schalters verursachen könnten, zu ermitteln, wurden in einer Versuchsanordnung die Netzverhältnisse nachgebildet. Zu unterscheiden sind grundsätzlich zwei Grenzfälle, die zu Unsymmetrien führen können, und zwar

a) die einphasige Belastung und

b) der Erdschluß eines Phasenleiters

im sternpunktgeerdeten Drehstromnetz.

Das Bild 161 stellt die Spannungsdreiecke für den einphasigen Belastungs- und Erdschlußfall dar. Wird bei einer künstlichen Nullpunktsanordnung durch Kondensatoren von etwa 0,5 μF die Auslösespannung der Spule zu etwa 4 V gewählt — dieses ist ein Wert, der sich in der Größenordnung handelsüblicher Fehlerstromschutzschalter bewegt —, so treten bei Verschiebung des Spannungsdreiecks die in den Bildern eingetragenen Spannungen an der Auslösespule auf. Nach Bild 161 a wird der Schalter auch nahezu im Grenzfall, wenn die verkettete Spannung von 220 V auf etwa 135 V fällt, nicht zur Abschaltung gebracht, da hierbei die Spulenspannung nur etwa 2,15 V beträgt. Nach Bild 161 b

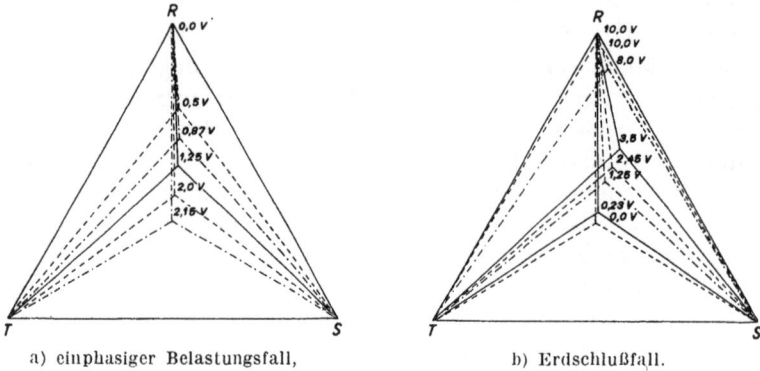

a) einphasiger Belastungsfall, b) Erdschlußfall.

Bild 161. Spannungsdiagramm zur Beurteilung der Fehlauslösung

kann die Phasenspannung von 127 V auf etwa 90 V fallen, ohne daß eine Auslösung des Schalters erfolgt, da die Spulenspannung nur etwa 3,5 V ist. Bei diesen Netzverschiebungen wurde der Schalter in seiner Wirkungsweise noch nicht beeinträchtigt. Diese Versuche zeigten ferner, daß auf die genaue Abgleichung des künstlichen Nullpunktes Wert gelegt werden muß, da geringe Abweichungen schon eine Spulenvorspannung erzeugen.

Um die Eignung des Schalters für den ihm zugedachten Zweck zu erproben und insbesondere auch den Einfluß der in der Praxis auftretenden Netzunsymmetrien zu erfassen, wurden versuchsweise einige Schalter in bestehende Anlagen eingebaut. Hierbei zeigte sich aber, daß mit größeren Unsymmetrien im Drehstromnetz gerechnet werden muß. Erdschlüsse im Netz, auch nur kurzzeitige führten stets zu unzulässigen Nullpunktsverlagerungen und somit zu Fehlauslösungen. Bei länger andauernden Nullpunktsverlagerungen konnten die Schalter nicht mehr eingeschaltet werden, so daß es zu unangenehmen Betriebsunterbrechungen kam. Die Schaltung erwies sich somit als ungeeignet.

b) Differentialschutzschaltung.

Diese Schaltung wird von A. M. Hasler, Randers (Dänemark), angegeben[1]). Der Schalter besteht aus einem Differentialrelais, dessen magnetisches Kraftfeld im ordnungsmäßigen Zustand der schutzgeschalteten Anlage, d. h. wenn keine nennenswerten Fehlerströme nach Erde

[1]) Dänische Patentschrift Nr. II 135657, Vorrichtung zum Schutze elektrischer Anlagen gegen Isolationsfehler.

fließen, nahezu Null ist. Tritt
ein Fehlerstrom nach Erde auf,
so wird das Gleichgewicht des
Differentialrelais gestört, d. h.
es entsteht ein magnetisches
Kraftfeld, durch welches die
Auslösevorrichtung des Schalters betätigt wird (Bild 162).
Die durchgeführten Versuche ergaben, daß ein Schalter, dessen
Differentialspulen mit 10 A belastet waren, bei einem Fehlerstrom von rd. 100 mA auslöste.
Da die Differentialspulen vom
Betriebsstrom durchflossen werden, müssen übermäßige Erwärmungen durch Überlastungen
vermieden, d. h. der Schalter
muß für die jeweilige Nennstromstärke ausgelegt werden.
Die Versuche, die allerdings kei-

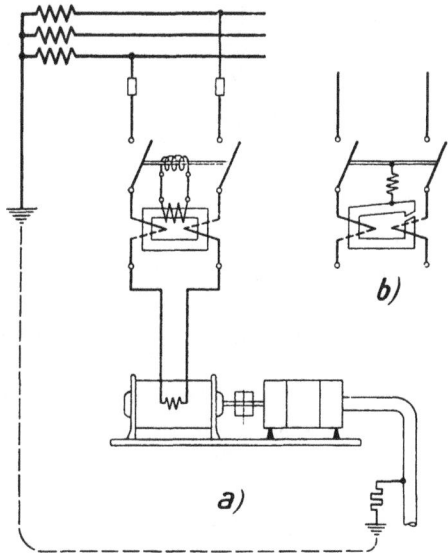

Bild 162. Differentialschutzschaltung
a) für Wechsel- bzw. Drehstrom,
b) für Wechsel-, Dreh- und Gleichstrom.

nen Anspruch auf Vollständigkeit erheben können, zeigen, daß der
Schalter den grundsätzlichen Anforderungen entsprechen würde. Da
auch der zusätzliche Einbau einer Überwachungseinrichtung keine
Schwierigkeiten macht, besteht begründete Aussicht, daß dieser Schalter
mit technischem und wirtschaftlichem Vorteil für die Schutzschaltung
geerdeter Anlagenteile verwendet
werden kann. Das um so mehr, als
sein Prinzip sowohl für Wechsel-
und Drehstrom- als auch für Gleich-
stromanlagen anwendbar ist.
Bild 163 zeigt die Schaltung
eines während der Drucklegung dieses Buches von der Industrie ent-
wickelten Differentialschutzschalters. Das Differentialrelais besteht
aus einem bifilar gewickelten (in dem
Bild nicht besonders gekennzeichnet)
Ringwandler, auf dessen Kern außerdem noch eine Hilfswicklung für die
Erregung der Auslösespule angebracht ist, und der Auslösevorrich-

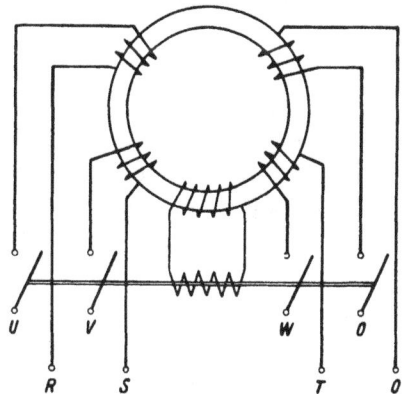

Bild 163. Vierpoliger Differentialschutzschalter.

tung. Wird in der Hilfswicklung eine Spannung induziert, so treibt
diese einen Strom durch die Auslösespule, die ihrerseits den auf das

Schalterschloß wirkenden permanenten Anker abstößt und somit den Schalter zur Auslösung bringt. Die Empfindlichkeit kann höher als im allgemeinen notwendig oder erwünscht eingestellt werden, so daß schon bei 5 mA Fehlerstrom eine Auslösung erreichbar ist. Zur Überprüfung des Auslösemechanismus ist eine Prüfeinrichtung vorgesehen, die derart ausgebildet ist, daß eine Taste eine der Differentialspulen vorübergehend kurzschließt. Zu beachten ist hierbei, daß diese Prüfeinrichtung nur wirksam ist, wenn die Differentialspule stromdurchflossen ist. Besser wäre eine Prüfeinrichtung, bei der ein künstlicher Erdschluß über einen hochohmigen Widerstand hergestellt wird, so daß auch eine Prüfung erfolgen kann, wenn die Differentialspulen nicht vom Betriebsstrom durchflossen sind. Der Schalter wird zunächst für Wechsel- und Drehstromanlagen, und zwar zwei- und vierpolig ausgeführt. Mit Rücksicht auf die Typenbeschränkung sind die Differentialspulen im Verhältnis 1 : 2 umschaltbar, so daß ein vierpoliger Schalter für 30 A bzw. 15 A als zweipoliger Schalter für 60 A bzw. 30 A und umgekehrt verwendet werden kann.

Obwohl der Differentialschutzschalter nur für die Schutzschaltung zwangsläufig geerdeter Anlagenteile von Vorteil ist, kann man ihn auch an Stelle des normalen Fehlerspannungsschutzschalters verwenden, wenn man die zu schützenden Anlagenteile an eine Erdleitung anschließt. Mit Rücksicht auf die Empfindlichkeit des Differentialschutzschalters brauchen an den Erdungswiderstand der Erdleitung keine größeren Anforderungen als an den Erdungswiderstand des Hilfserders für Fehlerspannungsschutzschalter gestellt werden. Über die praktische Bewährung des Differentialschutzschalters kann z. Z. noch nichts gesagt werden, da die Erfahrungen noch ausstehen.

5. Prüfung der Schutzschaltung.

Um die Schutzschaltung auf ihre Betriebsbereitschaft überprüfen zu können, müssen Schutzschalter eine Überwachungseinrichtung besitzen, die mit Hilfe der Netzspannung jederzeit die Wirksamkeit des Schutzschalters nebst der dazugehörigen Erdungsanlage zu prüfen gestattet. Die Überwachungseinrichtung muß derart doppelpolig ausgebildet sein, daß sie die Überwachung auch dann ermöglicht, wenn einer der zur Prüfung vorgesehenen Netzleiter keine oder eine sehr geringe Spannung gegen Erde hat[1]). Aus diesem Grunde erhalten Schutzschalter eine fabrikmäßig eingebaute Prüftaste, bei deren Betätigung die Auslösespule von dem schutzgeschalteten Anlagenteil getrennt und über einen hochohmigen Widerstand an einen Netzleiter gelegt wird (Bild 164). Es fließt dann ein Strom über die Auslösespule und den Hilfserder, der

---

[1]) VDE 0663/1933 § 32; bei älteren Schaltern ist die Prüfeinrichtung nur einpolig durchgeführt.

sich über die Betriebserdung oder die Isolations- und Kapazitätswiderstände des Netzes schließt und den Schalter zur Auslösung bringt. Nach erfolgter Prüfung geht die Prüftaste selbsttätig wieder in ihre Normallage zurück, d. h. die Fehlerstromspule wird wieder an den schutzgeschalteten Anlagenteil gelegt.

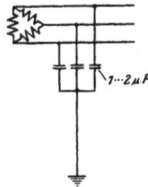

In Netzen geringerer Ausdehnung, besonders in kleineren Freileitungsnetzen ohne geerdeten Netzpunkt, sind die Isolations- und Kapazitätswiderstände oft so groß, daß der Prüfstrom nicht zustande kommt. Durch Herstellung künstlicher Nullpunkte mittels Kondensatoren oder Widerständen, die geerdet werden, kann man sich gut helfen (Bild 165). Solche Maßnahmen müssen aber vom stromliefernden Elektrizitätswerk getroffen werden.

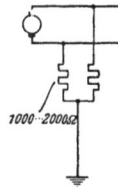

Bild 164. Überwachungseinrichtung an Schutzschaltern.

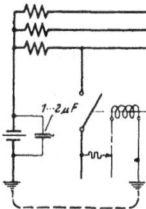

Bei der Prüfung der Schutzschaltung mittels der eingebauten Prüftaste wird aber die Schutzschaltungsleitung nicht in die Prüfung einbezogen. Eine Unterbrechung der Schutzschaltungsleitung wird also

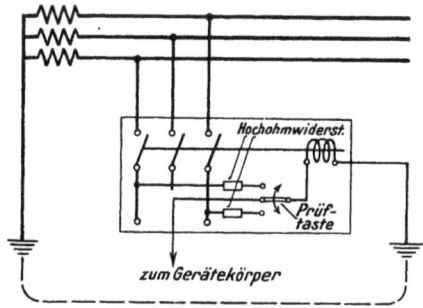

a) Kondensator paralell zur   b) Künstlicher Nullpunkt   c) Künstlicher Nullpunkt
    Durchschlagsicherung.   durch Kondensatoren,   durch Widerstände.

Bild 165. Herstellung künstlicher Nullpunkte im Netz.

nicht bemerkt. Gleichfalls werden Kurzschlüsse der Fehlerstromspule, die durch Verbindung von Schutzschaltungs- und Hilfserdleitungen bestehen könnten, nicht erkannt. Es ist aber notwendig, eine vollständige Prüfung der Schutzschaltung bei der Inbetriebsetzung der Anlage durchzuführen. Bei von Erde isolierten Anlagenteilen wird deshalb auf den schutzgeschalteten Anlagenteil Spannung gegeben, was zweckmäßigerweise mit Hilfe eines mit einem Belastungswiderstand ausgerüsteten Spannungsprüfers erfolgt — also kein normaler Spannungsprüfer —, der zwischen einem gegen Erde spannungführenden Netzleiter und dem zu prüfenden Anlagenteil gelegt wird, so daß eine Auslösung des Schutzschalters erfolgt (Bild 166).

Bei zwangläufig geerdeten Anlagenteilen wird die Schutzschaltung ebenfalls durch Aufdrücken von Spannung über einen Widerstand oder unmittelbar geprüft, wobei der Schutzschalter ansprechen muß. Erfolgt keine Auslösung, so ist in Zweifelsfällen eine Prüfanordnung nach Bild 155 (vgl. S. 172) anzuwenden. Dem zwangläufigen Erder wird über einen Belastungswiderstand ein Strom aufgedrückt. Die Höhe des Stromes richtet sich nach der betriebs-mäßig vorgeschalteten Stromkreis-sicherung und darf im Grenzfalle den 2,5 fachen Wert der Sicherungs-

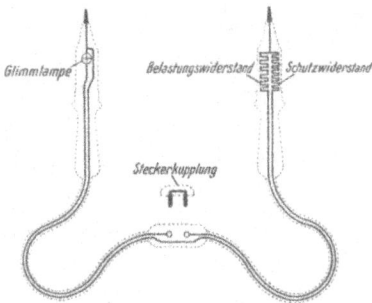

a) Spannungsprüfer mit Belastungswiderstand.

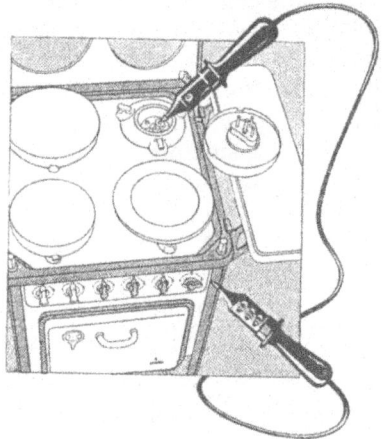

b) Vornahme der Prüfung.

Bild 166. Prüfung der Schutzschaltung bei von Erde isolierten Geräten.

nennstromstärke nicht übersteigen, wenn nicht mit Rücksicht auf die jeweilige Bemessung der Betriebserdung ein kleinerer Wert eingehalten werden muß. Bei der Prüfung muß notwendigenfalls vorübergehend eine stärkere Sicherung verwendet werden. Der in die Hilfserdleitung eingeschaltete Strommesser (Milliamperemeter) zeigt dann den durch die Fehlerstromspule fließenden Strom an. Da dieser durch den Erdungswiderstand des Hilfserders begrenzt werden kann, muß der Hilfserderwiderstand so weit vermindert werden, bis die Auslösestromstärke der Fehlerstromspule erreicht wird. Hat der zwangläufige Erder einen sehr kleinen Erdungswiderstand, gemessen an dem Widerstand der Betriebserdung, so daß ein ausreichender Auslösestrom des Schutzschalters nicht erreicht wird, so genügt die Feststellung, daß bei Vergrößerung des Erdungswiderstandes eine Auslösung erfolgen würde. Das gleiche gilt für die Prüfung der Schutzschaltung in Netzen ohne geerdeten Netzpunkt.

6. Anwendungsgrenzen der Schutzschaltung.

Hinsichtlich der Netzverhältnisse ist die Anwendung der Schutzschaltung in keiner Weise begrenzt. Auch bei ihrer Anwendung an von Erde isolierten Anlagenteilen ist sie unbegrenzt anwendbar. Man hat zwar versucht, die Schutzschaltung wegen ihrer großen Empfindlichkeit für Geräte mit größeren Ableitströmen, z. B. Großküchengeräte, abzulehnen mit der Begründung, die Ableitströme der Heizkörper seien so groß, daß die Schutzschalter öfter auslösen. Die Empfindlichkeit der Schutzschalter ist aber nicht die Ursache dieser Betriebsstörungen. Wenn es zu Abschaltungen gekommen ist, so waren es keine zulässigen Ableitströme, sondern unzulässige Fehlerströme, die beseitigt werden müssen. Bei einer Schutzerdung oder Nullung wäre es allerdings noch nicht zu einer Abschaltung gekommen, aber später wäre eine empfindlichere Betriebsstörung (u. U. Zerstörung des Heizkörpers) eingetreten.

Bei der Anwendung der Schutzschaltung an geerdeten Anlagenteilen entstehen Schwierigkeiten grundsätzlicher Art nicht. Doch sind die praktischen Schwierigkeiten oft außerordentlich groß, so daß man genötigt ist, von ihrer Anwendung abzusehen. Die Verlegung langer Hilfserdleitungen (kabelmäßig) ist technisch und wirtschaftlich zweifellos von Nachteil. Dazu kommt die gegenseitige Beeinflussung, wenn mehrere Schutzschalter in einer Anlage eingebaut sind, so daß sich unangenehme Betriebsstörungen ergeben. Hier entscheiden nur die örtlichen Verhältnisse. Es muß in diesen Fällen dem Ingenieur überlassen bleiben, ob er die Schutzschaltung in normaler Aufsührung noch anwenden kann oder nicht. Durch Einbau isolierender Zwischenstücke kann man sich aber in vielen Fällen sehr gut helfen.

7. Beurteilung der Schutzschaltung.

Die Schutzschaltung ist an sich eine sehr elegante Schutzmaßnahme. Sie hat in den 15 Jahren ihres Bestehens, dort wo Nullung und Schutzerdung nicht angewendet werden können, eine große Verbreitung gefunden. Das gilt besonders für landwirtschaftliche Anlagen[1]).

In wirtschaftlicher Hinsicht ist sie für den Abnehmer insofern belastend, als sie im allgemeinen einen erhöhten Aufwand an Installationskosten verursacht. Dem stehen aber folgende technische Vorteile gegenüber:

1. Sofortige allpolige Abschaltung beim Auftreten einer gefährlichen Berührungsspannung.
2. Wirksamkeit auch bei ungünstigen und veränderlichen Erdungswiderständen.
3. Keine Wiedereinschaltung fehlerhafter Anlagen.

[1]) Schrank, Berührungsspannungschutz an Elektropumpen und Heißwasserspeichern in landwirtschaftlichen Betrieben, Techn. in der Landwirtsch. 20 (1939) S. 189.
Schnell, Erdung, Nullung und Schutzschaltung in Installationen landwirtschaftlicher Betriebe, ETZ 59 (1938), S. 1197.
Taylor, Erdung, Nullung und Schutzschaltung in ländlichen Versorgungsgebieten, Inst. electr. Engrs. 81 (1937), S. 761.

4. Die Berührungsspannung bleibt im allgemeinen lokalisiert und wird nicht auf gesunde Anlagenteile übertragen.

5. Da schon bei Fehlerströmen von einigen mA eine Abschaltung erfolgt, sind Geräte durch große Erdschlußströme, soweit deren Schutz nicht durch Sicherungen übernommen werden kann, ungefährdet.

Auf der anderen Seite sind aber gewisse Gesichtspunkte bei der Durchführung der Schutzschaltung zu beachten, die durch die Eigenart dieser Schutzmaßnahme bedingt sind und deren Vernachlässigung ihre Wirksamkeit in Frage stellen können[1]). Abgesehen von gewissen Anwendungsschwierigkeiten muß bei der Ausführung schutzgeschalteter Anlagen auf die Einhaltung nachfolgender installationstechnischer Forderungen geachtet werden:

1. Anbringung der Schalter, wenn möglich, in unmittelbarer Nähe der zu schützenden Geräte, mindestens aber an leicht zugänglichen Stellen.

2. Geschützte und übersichtliche Verlegung der Schutzschaltungs- und Hilfserdleitungen.

3. Isolierte Verlegung der Schutzschaltungsleitungen bei von Erde isoliert aufgestellten Geräten.

4. Isolierte Verlegung der Hilfserdleitungen bei zwangläufig geerdeten Geräten.

5. Errichtung des Hilfserders außerhalb der Sperrfläche bei geerdeten Geräten.

6. Einwandfreie Prüfung der Schaltung.

Man sieht also, daß bei der Ausführung der Schutzschaltung höhere Anforderungen an die Sorgfalt der Installation gestellt und Rücksicht auf die Eigenart dieser Schutzmaßnahme genommen werden muß. Werden die gestellten Forderungen eingehalten, dann muß die Schutzschaltung als eine sehr zuverlässige Schutzmaßnahme bezeichnet werden.

H. Installationsmaterial für Schutzmaßnahmen.

Zur praktischen Durchführung der Schutzmaßnahmen werden verschiedene Installationsmaterialien benötigt. Die richtige Anwendung und Auswahl dieser Mittel ist für die Sicherstellung des Berührungsspannungsschutzes sehr wichtig. Die für die Durchführung der Kleinspannung und Isolierung erforderlichen Mittel wurden bereits aus Gründen der Zweckmäßigkeit in den Abschnitten B und C (II. Teil) behan-

---

[1]) Schrank, Fehlerquellen in schutzgeschalteten Anlagen, Elektrotechn. Anzeig. 53 (1936), S. 157.

delt. In diesem Abschnitt sollen daher nur die für die Durchführung der Schutzerdung, Nullung und Schutzschaltung erforderlichen Mittel behandelt werden.

1. Erder, Beschaffenheit und Verlegung.

Soweit Erder aus Eisen oder Stahl bestehen, müssen sie zum Schutz gegen Verrosten feuerverzinkt, verbleit oder verkupfert sein. Indessen dürfen sie aber nicht durch andere Rostschutzmittel, z. B. Anstrich oder Bandagen, die eine wesentliche Erhöhung des Erdungswiderstandes zur Folge haben würden, gegen Verrosten geschützt sein.

Als Rohrerder kommen 1...2 zöllige Rohre nach DIN VDE 1815 zur Verwendung. Sie sind senkrecht in den Erdboden einzurammen. Müssen mehrere Rohre verwendet werden, so soll ihr Abstand mindestens so groß sein, wie die Länge eines Rohres.

Band- oder Seilerder müssen einen Mindestquerschnitt von 50 mm² haben. Bänder sollen mindestens 3 mm dick sein. Ihre Länge richtet sich nach dem zu fordernden Erdungswiderstand und dem spezifischen Widerstand des Erdbodens. Sie sind mindestens 30 cm unter der Erdoberfläche zu verlegen. Bei ungünstigen Platzverhältnissen können sie im Zickzack verlegt werden, wobei zu beachten ist, daß ein Mindestabstand der Windungen von 1,5 m eingehalten wird. Der Erdungswiderstand wird dadurch allerdings etwas erhöht.

Plattenerder sollen einseitig mindestens eine Fläche von 0,5 m² und eine Dicke von 3 mm haben (DIN VDE 1816). Sie sind senkrecht in den Erdboden zu stellen. Müssen mehrere Platten verwendet werden, so ist ein Mindestabstand von 3 m einzuhalten.

Werden Wasserrohre als Erder verwendet, so muß der Anschluß an gut blank gemachten Stellen durch Schellen, die sinngemäß DIN VDE 1818 entsprechen müssen, erfolgen.

2. Schutzleitungen.

Unter Schutzleitung versteht man den Sammelbegriff für die leitende Verbindung zwischen dem zu schützenden Anlagenteil und dem Erder. Bei der Schutzerdung wird sie auch Erdungsleitung und bei der Nullung Nullungsleitung genannt. Bei der Schutzschaltung unterteilt sich die Schutzleitung in die Schutzschaltungs- und Hilfserdleitung.

a) Leitungen für ortsfeste Verlegung.

Die Schutzleitungen können verlegt werden als

1. isolierte oder blanke Leitungen in Rohr,
2. Rohrdraht,
3. Beidraht in Rohrdrähten und kabelähnlichen Leitungen,
4. Kabel,
5. blanke, offen verlegte Leiter.

Die Querschnitte der Erdungs- und Nullungsleitungen sollen, wenn sie als Einfachleitungen verlegt werden, mindestens gleich dem halben Querschnitt der zugehörigen energieführenden Leitungen, brauchen jedoch bei Kupferleitungen nicht stärker als 50 mm² sein.

Mit Rücksicht auf die mechanische Festigkeit muß der Mindestquerschnitt aller Schutzleitungen bei

1. fester ungeschützter Verlegung 4 mm²,
2. fester geschützter Verlegung 1,5 mm²

betragen.

Der Querschnitt des Beidrahtes in Rohrdrähten muß Zahlentafel 23 entsprechen.

Zahlentafel 23.

Schutzleiterquerschnitte bei Rohrdrähten.

Kupferquerschnitte des	Polleiters	1,5	2,5	4	6	10	16	25	35	mm²
	Beidrahtes	1,5	2,5	4	4	6	6	10	10	mm²

Der Beidraht in kabelähnlichen Leitungen ist aus fabrikatorischen Gründen schwächer gehalten. Sein Kupferquerschnitt muß der Zahlentafel 24 entsprechen. Sind die Querschnitte der Beidrähte geringer als in Zahlentafel 24 angegeben oder bestehen sie aus schlechter leitendem Werkstoff, so daß ihre äquivalente Leitfähigkeit nicht gewahrt ist, dann dürfen sie für Erdung und Nullung nicht, sondern nur für Schutzschaltung verwendet werden.

Zahlentafel 24.

Schutzleiterquerschnitte bei kabelähnlichen Leitungen.

Kupferquerschnitte des	Polleiters	1,5	2,5	4	6	10	mm²
	Beidrahtes	1,0	1,0	1,5	1,5	2,5	mm²

Die Schutzleitungen sind, soweit sie offen und ungeschützt verlegt sind, gegen mechanische Beschädigungen, gegebenenfalls auch gegen chemische Zerstörung zu schützen und so zu verlegen, daß sie leicht überwacht werden können. Unzulässig ist es, sie ohne Schutz einzumauern.

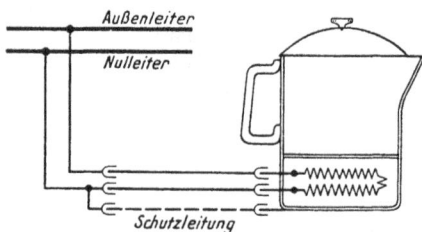

Bild 167. Anordnung der Schutzleitung bei ortsveränderlichen Geräten.

Bei Mehrfachleitungen ist die fabrikationsmäßig rot gefärbte Ader als Schutzleitung zu verwenden.

b) Leitungen für ortsveränderliche Verlegung.

Die Schutzleitung muß bei ortsveränderlichen Energieverbrauchern stets innerhalb der Anschlußleitung liegen, darf also nicht als gesonderte einzelne Leitung geführt und an den ortsfesten Teil der Schutzleitung angeschlossen werden. Bei der Nullung muß neben dem an der Stromzuführung beteiligten Nulleiter noch eine weitere, nicht an der Stromzuführung beteiligte Leitung vorhanden sein (Bild 167).

Ein zweipoliges Gerät erfordert also bei allen Schutzmaßnahmen (Schutzerdung, Nullung und Schutzschaltung) eine dreiadrige und ein dreipoliges Gerät eine vieradrige Leitung.

Schutzleitungen sind enthalten in[1]):

1. Gummiaderschnüre (NSA),
2. leichte Gummischlauchleitungen (NLH oder NLHG),
3. mittlere Gummischlauchleitungen (NMH),
4. Werkstattschnüre (NWK),
5. Sonderschnüre für rauhe Betriebe (NSGK),
6. starke Gummischlauchleitungen (NSH),
7. Leitungstrossen (NT).

Die Schutzleiterquerschnitte müssen in den Leitungen unter 1., 2. und 3. gleich dem Querschnitt der stromführenden Leiter sein. In den Leitungen unter 4. und 5. müssen sie der Zahlentafel 23 entsprechen. Leitungen unter 6. müssen bis 16 mm² gleichen Schutzleiterquerschnitt wie die stromführenden Leitungen und über 16 mm² Zahlentafel 25

Zahlentafel 25.

Schutzleiterquerschnitte bei NSH-Leitungen
über 16 mm².

Kupferquerschnitte des	Polleiters	25	35	50	70	mm²
	Beidrahtes	10	10	16	25	mm²

entsprechen. Leitungen unter 7. müssen einen Schutzleiterquerschnitt von gleichem Leiterquerschnitt, brauchen jedoch nicht mehr als 50 mm² haben.

Als Schutzleiter ist bei allen Leitungen die fabrikationsmäßig rot gefärbte Ader zu verwenden.

3. Schutzleitungsanschlüsse.

An Geräten und Installationsmaterialien, die durch Schutzerdung, Nullung oder Schutzschaltung geschützt werden sollen, müssen die zur Durchführung dieser Maßnahmen erforderlichen Anschlußstellen fabrikmäßig angebracht sein. Gleichfalls müssen an den Erdern die erforderlichen Klemmen angebracht werden. Die Gestaltung der Anschlußstellen ist verschieden, je nachdem, ob es sich um ortsfeste oder ortsveränderliche Geräte, Installationsmaterialien oder um Anschlüsse an Erder handelt.

---

[1]) VDE 0250/1934.

a) Ortsfeste Geräte.

Ortsfeste Geräte sind solche, deren Standort betriebsmäßig nicht gewechselt wird und an die Anlage fest angeschlossen sind. Unter festem Anschluß ist entweder eine unmittelbare Verbindung des Gerätes mit der fest verlegten Leitung zu verstehen oder eine Verbindung über eine an sich bewegliche Leitung, die durch eine nur mittels Werkzeug lösbare Klemmvorrichtung an die fest verlegte Leitung angeschlossen ist.

Für eine ganze Reihe ortsfester Geräte und Installationsmaterialien sind Schutzleitungsanschlüsse in den VDE-Vorschriften vorgeschrieben; so z. B. für

Maschinen   VDE 0530 § 27 a,
Transformatoren   VDE 0532 § 27 a u. VDE 0550 § 15, Abs. b,
Elektrowärmegeräte   VDE 0720 § 7, Abs. b,
Elektrowerkzeuge   VDE 0740 § 8,
Installationsmaterial VDE 0610 § 9.

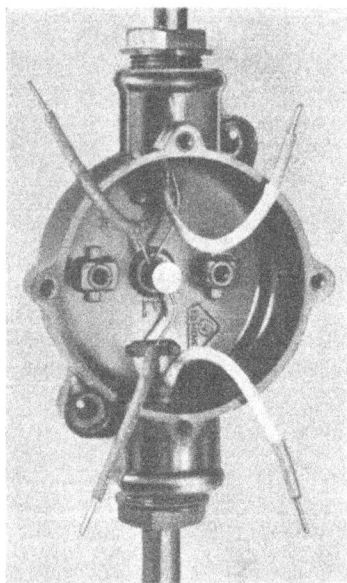

Bild 168. Klemmverbindung des Schutzleiters in einer Isolierstoff-Abzweigdose,

Der Anschluß für die Schutzleitung muß als solcher gekennzeichnet sein, und zwar mit dem Zeichen ⏚. Bei älteren Geräten auch noch vielfach mit $\overline{/\!/\!/\!/\!/}$ oder E. Bei Schutzschaltern wird der Anschluß für die Schutzschaltungsleitung mit K (d. h. Körper) und für den Hilfserder mit H gekennzeichnet. Der Anschluß muß mit Ausnahme bei Schutzschaltern mindestens für den gleichen Querschnitt wie die Anschlußvorrichtungen für die Zuleitungen bemessen sein. Außenliegende Anschlußstellen müssen für Leitungen von mindestens 4 mm² ausreichen. Auch an Installationsmaterialien und Schaltgeräten aus Isolierstoffen sind im allgemeinen Schutzleitungsanschlußklemmen erforderlich, wenn die Weiterführung des Schutzleiters handwerksmäßig sichergestellt werden soll, wie z. B. Bild 168 zeigt.

b) Ortsveränderliche Geräte.

Ortsveränderliche Geräte sind solche, deren Verwendungsort betriebsmäßig oft gewechselt wird. Der Anschluß erfolgt stets über bewegliche Leitungen durch Steckvorrichtungen. Die bewegliche Leitung kann am Gerät fest oder über eine Gerätesteckvorrichtung angeschlossen werden. Indessen erfolgt der Anschluß der beweglichen Leitung an die ortsfeste Leitung stets über eine fest montierte Steckdose; die bewegliche Leitung muß also an einem Ende einen Stecker erhalten.

Um den Anschluß der Schutzleitung zu ermöglichen, müssen Steckvorrichtungen Schutzkontakte besitzen. Die Schutzkontakte müssen so beschaffen sein, daß die Schutzverbindung zeitlich früher hergestellt wird als sich die Polkontakte berühren. Diese Bedingung erfüllt das VDE-mäßige[1]) Schutzkontaktsystem (Schukosystem) nach Bild 169.

Die doppelseitigen Schutzkontakte der Steckdosen und Stecker sind voreilend, d. h. sie schließen sich schon, bevor die Steckerstifte Spannung erhalten und öffnen sich erst, wenn das angeschlossene Gerät bereits wieder spannungslos ist. Auf diese Weise wird erreicht, daß etwa

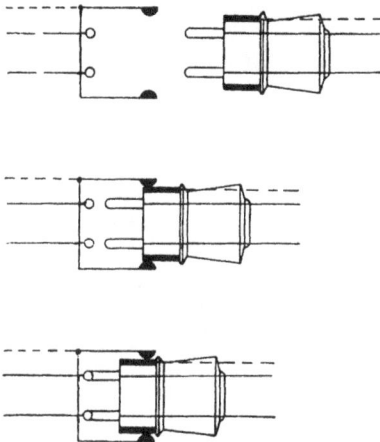

Bild 169. Schutzkontaktsystem.

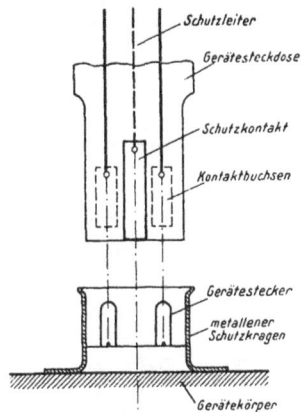

Bild 170. Gerätesteckvorrichtung mit Schutzkontakt.

vorhandene Körperschlüsse sofort nach Kontaktgabe unschädlich gemacht werden. Die Schutzkontakte müssen als Schleifkontakte ausgebildet und an der Steckdose federnd, am Stecker jedoch nicht federnd sein. Steckdosen mit Schutzkontakt müssen so eingerichtet sein, daß Stecker ohne Schutzkontakt (normale Stecker) in ihnen nicht verwendet werden können. Dagegen können Schutzkontaktstecker auch in normalen Steckdosen passen. Damit soll erreicht werden, daß Geräte mit Schutzkontaktstecker sowohl in gefährlichen als auch in ungefährlichen Räumen und Geräte mit Normalstecker nicht in Schutzkontaktdosen, d. h. in gefährlichen Räumen verwendet werden können. Damit die Weiterführung des Schutzleiters von der Steckdose bis zum Gerät sichergestellt wird, erhält das Gerät entweder auch eine VDE-mäßige[2]) Gerätesteckvorrichtung mit Schutzkontakt (Bild 170), oder der Anschluß

[1]) VDE 0622/1930.
[2]) VDE 0626/1933.

erfolgt durch unmittelbare Verbindung entsprechend VDE 0100 § 15, Abs. h, d. h. in gleicher Weise wie die Anschlüsse der Zuleitungen.

Damit nicht durch die Verwendung von Kupplungssteckvorrichtungen eine Unterbrechung des Schutzleiters eintritt, dürfen keine normalen Steckvorrichtungen, sondern nur Kupplungssteckdosen mit Schutz-

a) Einpolig gesicherte Schukodose für Nullung oder Schutzschaltung

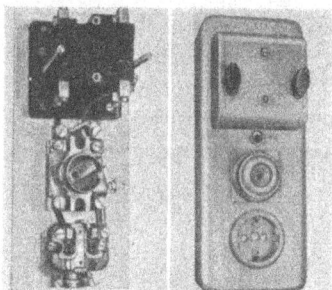

b) Kombination von Schutzschalter und gesicherter Schukodose

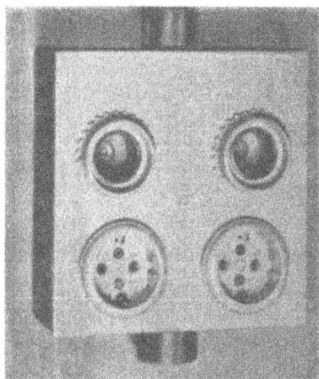

c) Einpolig gesicherte Zwillings-Schukodose

d) Doppelpolig gesicherte Schukodose für Schutzerdung zur Unterputz montage (Kachelgröße).

Bild 171. Herdanschlußgeräte.

kontakt verwendet werden. Ebenfalls ist die Verwendung von Zwischensteckern oder sonstigen Verbindungsstücken, die eine Unterbrechung des Schutzleiters herbeiführen würden, unzulässig.

Für den Anschluß von Elektroherden und den erforderlichen Zusatzgeräten werden von vielen Elektrizitätswerken mit Rücksicht auf die örtlichen Verhältnisse als auch die Tarifgestaltung sogenannte Herdanschlußgeräte vorgeschrieben. Diese Anschlußgeräte vereinigen in sich meist

1. eine Anschlußklemme mit Zugentlastungsschelle für den Anschluß des Herdes über eine bewegliche Gummischlauch-
leitung,

2. ein oder zwei Schutzkontaktsteckdosen für den Anschluß der
Zusatzgeräte,

3. doppel- oder einpolige Sicherungsorgane in Form von Schmelzsicherungen oder I.S.-Schaltern, die den Schukosteckdosen
vorgeschaltet sind, weil im allgemeinen schwächere Leitungs-
abzweige für die Zusatzgeräte besonders abgesichert werden
müssen.

Oftmals enthalten auch die Herdanschlußgeräte einen Schutzschalter
oder Hauptschalter sowie Signallampen zur optischen Überwachung des

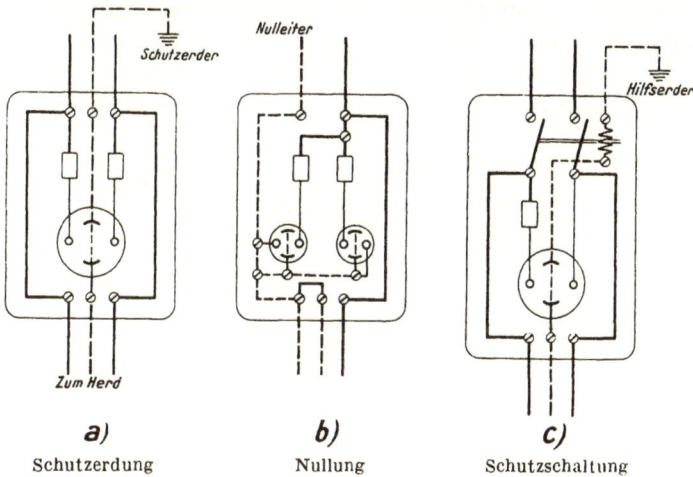

a) Schutzerdung   b) Nullung   c) Schutzschaltung

Bild 172. Schaltungen mit Herdanschlußgeräten.

jeweiligen Betriebszustandes. Bild 171 zeigt einige Ausführungsarten
von Herdanschlußgeräten.

Für die Montage ergeben sich dadurch sehr große Erleichterungen,
da alle benötigten Teilgeräte in einem Gerät vereinigt sind und somit
Fehlschaltungen leichter vermieden werden können. Bild 172 zeigt
einige Innenschaltungen dieser Geräte. Zu bemerken ist hierbei noch,
daß im Falle der Schutzerdung mit Rücksicht auf einen Erdschluß eine
doppelpolige Sicherung erforderlich ist, dagegen ist bei der Nullung oder
Schutzschaltung einpolig abzusichern.

Für den Anschluß ortsveränderlicher Geräte über 10 bis zu 25 A
werden die Schutzkontaktsteckvorrichtungen mit Flachstiften (Flakosteckvorrichtungen) ausgebildet, die gleichzeitig polunverwechselbar
sind. Für die Anforderungen der Praxis haben sich zwei Normgrößen
herausgebildet, die für alle vorkommenden Fälle ausreichen, und zwar

Steckvorrichtungen bis zu 3 oder bis zu 5 Stiften (Bild 173). Die Polunverwechselbarkeit ist durch Unverwechselbarkeitsrippen gewährleistet.

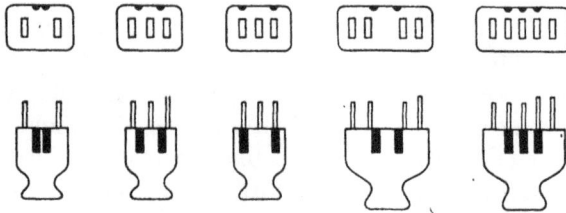

Bild 173. Flakosteckvorrichtungen.

Die Verbindung der Schutzleitungen erfolgt über Schleifkontakte, die des Nulleiters über Steckerstifte, die zur Erzielung der Voreilung etwas länger als die übrigen Stifte sind. Die Anwendungsmöglichkeiten ergeben sich aus den jeweiligen Anforderungen, welche die verschiedenen Netzverhältnisse und Schutzmaßnahmen an die Installation stellen.

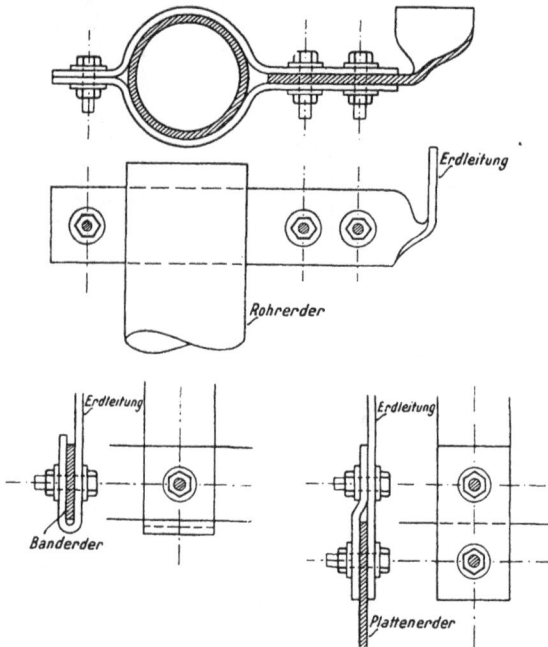

Bild 174. Anschluß von Erdleitungen an Erder.

Für den Anschluß schwerer ortsveränderlicher Geräte bis zu 200 A werden gußgekapselte oder aus Panzerisolierstoff bestehende Steckvorrichtungen, zum Teil mit eingebauten und verriegelten Schaltern verwendet. Der Anschluß der Schutzleiter an den gußgekapselten Steckvorrichtungen erfolgt hier unmittelbar an die gußeisernen Gehäuse, die in den Schutz einbezogen werden müssen. Die Anschlußklemmen sollen im Innern der Steckdose liegen. Die Verbindung der Schutzleitung zwischen Stecker und Mutterteil erfolgt durch starke Blattfedern.

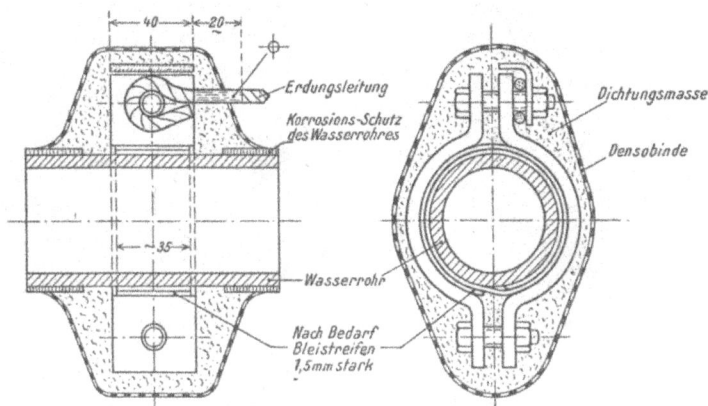

Bild 175. Anschluß der Erdleitung an ein Wasserrohr unter Erde.

c) Erdungsklemmen.

Die Anschlüsse der Schutzleitungen an Erder und Rohre müssen so hergestellt sein, daß die Verbindungen durch Übergangswiderstände (schlechte Kontaktgabe oder Oxydbildung) nicht beeinträchtigt werden. Die Verbindungen sollen deswegen verschweißt, vernietet oder gut verschraubt werden. Sie sind notwendigenfalls gegen Oxydation durch

Bild 176. Erdungsklemmen für den Anschluß von Schutzleitungen an Wasserrohre über Erde.

Anstrich od. dgl. zu schützen. Bild 174 zeigt Klemmverbindungen für den Anschluß von Bandeisenerdleitungen an Rohr-, Band- und Plattenerdern unter Berücksichtigung ausreichender Kontaktflächen. Der Anschluß einer Erdungsleitung an ein Wasserrohr unter Erde geht aus Bild 175 hervor. In Bild 176 sind Klemmen für den Anschluß von

13*

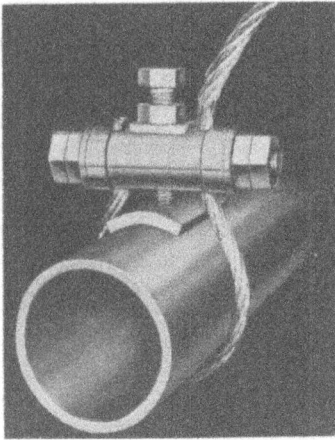

a) Montage der Erdungsklemme. b) Wassermesserüberbrückung.

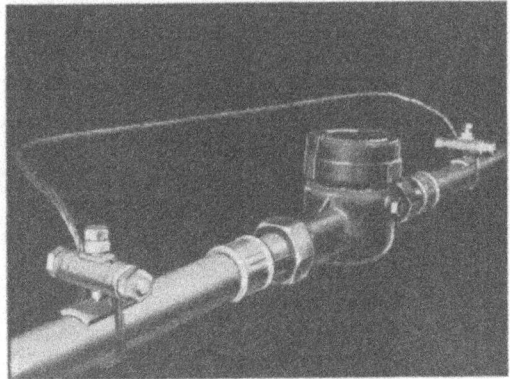

Bild 177. Erdungsklemmen für alle Rohrdurchmesser.

Schutzleitungen an Wasserrohre über Erde dargestellt. Die in Bild 177a dargestellte Erdungsklemme eignet sich besonders für Rohrüberbrükkungen. Ihre Verwendung hat den Vorteil, daß sie für alle Rohrdurchmesser paßt. Die Kontaktgabe ist ausgezeichnet, da das zu einer Schlinge um das Rohr gelegte 16 mm² starke verzinnte litzenförmige Kupferseil mittels der Kopfschraube sehr fest angezogen werden kann. Bild 177b zeigt diese Klemmen für die Überbrückung eines Wassermessers. Die Überbrückungsleitung muß so verlegt sein, daß eine Behinderung bei Arbeiten an dem Wassermesser nicht eintreten kann.

4. Schutzschalter.

Sämtliche Schutzschalter werden grundsätzlich in zwei Gruppen eingeteilt, und zwar

1. Stations-Schutzschalter (S.T.-Schalter),
2. Schutzschalter für Anschlußanlagen.

Alle Schalter haben den Zweck, das Bestehenbleiben von Berührungsspannungen zu verhindern. Zur Sicherstellung ihrer Wirkungsweise müssen sie hinsichtlich ihres Aufbaues und ihrer Schaltleistung den VDE-Vorschriften VDE 0663 entsprechen.

a) Stations-Schutzschalter.

S.T.-Schalter sind dazu bestimmt, im nachgeordneten Netz das Bestehenbleiben einer zu hohen Berührungsspannung des Nulleiters zu verhindern, in dem sie das Netz abschalten.

Sie sind nur für die Verwendung in Wechsel- und Drehstromanlagen mit Spannungen bis zu 500 V vorgesehen. Genormte Nennstromstärken sind 60, 100, 200 und 350 A. Sie werden ausgeführt

1. Ohne Überstromauslöser in den Außenleitern:
   a) mit Nulleiterüberstromauslöser,
   b) mit Fehlerspannungsauslöser,
   c) mit Nulleiterüberstrom- und Fehlerspannungsauslöser.
2. Mit Überstromauslöser in den Außenleitern:
   a) mit Nulleiterüberstromauslöser,
   b) mit Fehlerspannungsauslöser,
   c) mit Nulleiterüberstrom- und Fehlerspannungsauslöser.

Sämtliche Auslöser, die auf die Freiauslösung des Schalters wirken müssen, sind mit Ausnahme des Kurzschlußauslösers in den Außenleitern, mit einer Auslöseverzögerung versehen. Bei Ansprechen des

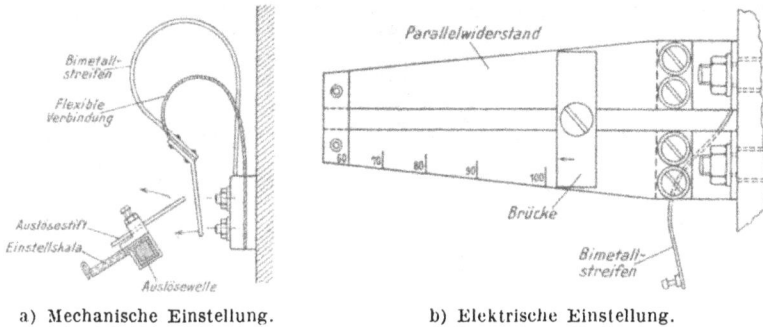

a) Mechanische Einstellung.   b) Elektrische Einstellung.
Bild 178. Anordnung der Einstellung des Nulleiter-Überstromauslösers.

Nulleiterüberstrom- oder Fehlerspannungsauslösers muß die Abschaltung aller Pole zwangsläufig erfolgen. Wird der Nulleiter mit abgeschaltet, so muß sich die Kontaktstelle des Nulleiters später öffnen und früher schließen als die Kontaktstellen der Außenleiter. Die Wärmeauslöser der Außenleiter dürfen bei dem 1,05 fachen Nennstrom innerhalb zwei Stunden nicht, dagegen müssen sie bei dem 1,2 fachen Nennstrom innerhalb der gleichen Zeit ansprechen. Der Nulleiterüberstromauslöser muß bei dem 1,75 fachen Nennstrom in einer Zeit von < 30 s ansprechen. Bild 178 zeigt die Einstellmöglichkeiten des Nulleiterüberstromauslösers.

Die zeitlich verzögerte Fehlerspannungsauslösung muß den in Zahlentafel 26 eingetragenen Werten genügen. Bild 179 zeigt einige

Zahlentafel 26.
Auslösezeiten des Fehlspannungsauslösers in S.T.-Schaltern in Abhängigkeit von Berührungsspannung und Hilfserderwiderstand.

Erdungswiderstand des Hilfserders in Ω	Spannung in V	Auslösezeit in s
0	40	∞
50	65	0,2..30
50	125	0,2..10

Ausführungsarten von S.T.-Schaltern. Bild 180 zeigt einen S.T.-Schalter mit einer automatischen Wiedereinschaltvorrichtung. Wie ersichtlich, besitzt die Wiedereinschaltvorrichtung einen Hubmagneten, der mit den Steuerkontakten und dem Zeitwerk im oberen Kasten untergebracht ist. Die Übertragung der Einschaltbewegung auf den S.T.-Schalter erfolgt durch das auf_der rechten Seite befindliche Gestänge, während auf der

a)   b)   c)

Bild 179. Stations-Schutzschalter, rechte Funkenkammer abgenommen.
a) für 100 A nur mit Nulleiterüberstromauslösung,
b) für 200 A mit Wärme- und Kurzschlußauslösung in den Außenleitern, Nulleiterüberstrom- und Fehlerspannungsauslösung,
c) für 600 A mit Wärme- und Kurzschlußauslösung in den Außenleitern, Nulleiterüberstrom- und Fehlerspannungsauslösung.

linken Seite zur Minderung der Schlagwirkung eine Ölbremse angebracht ist.

b) Schutzschalter für Anschlußanlagen.

Diese Schalter haben den Zweck, das Auftreten zu hoher Berührungsspannungen in Anschlußanlagen, d. h. in Anlagen hinter dem Hausanschluß zu verhindern, indem sie die Anlage abschalten. Je nach ihrem Schutzbereich werden unterschieden:

1. Hausanschluß-Schutzschalter (HS.-Schalter),
2. Stromkreis-Schutzschalter (VS.-Schalter),
3. Trennschutzschalter (TS.-Schalter),
4. Motorschutzschalter mit Fehlerstromauslösung.

Zu 1. HS.-Schalter sind Schutzschalter, die an Stelle des Hausanschlußkastens verwendet werden. Je nach ihrer Anwendung übernehmen sie den Schutz für den Nulleiter oder unmittelbar der zu schützenden Teile. Für den Fall, wenn sie auch den Leitungsschutz übernehmen sollen, müssen sie neben der Fehlerstromauslösung noch mit einer Überstromauslösung versehen sein. Die Überstromauslösung besteht bei manchen Schaltern nur in einer thermischen Überstromzeitauslösung. Für den Kurzschlußschutz müssen dann zusätzlich Schmelzsicherungen vorgeschaltet werden. Andere Schalter besitzen eine zusätzliche Kurzschlußauslösung in Form elektrodynamischer oder elektromagnetischer

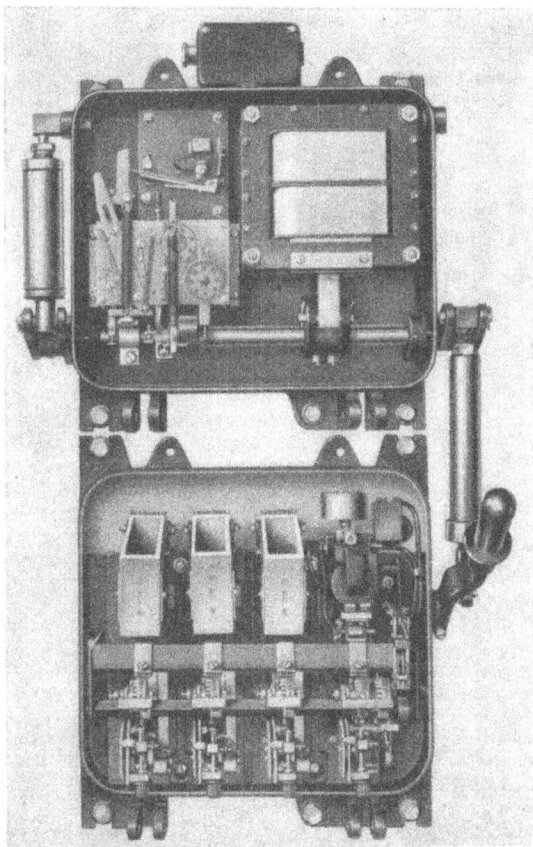

Bild 180. Stations-Schutzschalter mit gekuppelter automatischer Wiedereinschaltvorrichtung.

Auslöser. Die elektrodynamische Auslösung besteht in der elektrodynamischen Wirkung zwischen dem als thermischer Auslöser dienenden Bimetallstreifen und dem herumgelegten Shunt (Bild 181). Bei schweren Kurzschlüssen findet zwischen dem unteren Teil des Shunts und dem Bimetallstreifen infolge der umgekehrten Stromrichtung (vgl. die Strompfeile in dem Bild) eine Abstoßung statt, während der obere Teil des Shunts den Bimetallstreifen infolge gleicher Stromrichtung anzieht.

Somit federt der Bimetallstreifen durch, ohne die sonst zu seiner Auslösung notwendige Erwärmung zu erfahren und führt momentan die
Auslösung über den Auslösestift herbei. Da die elektrodynamische Aus-

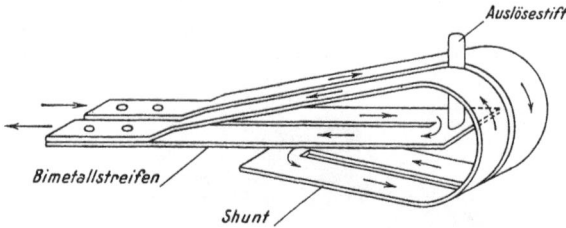

Bild 181. Wirkungsweise des elektrodynamischen Auslösers.

lösung erst bei großen Stromstärken (1800...2000 A) eintritt, müssen bei
kleineren Kurzschlußstromstärken elektromagnetische Auslöser verwendet werden. Die Auslöseart muß somit den Kurzschlußverhältnissen des

a) vierpolig mit dreipoliger Überstrom-Zeit-
und Fehlerspannungsauslösung
für 15 A, 380 V

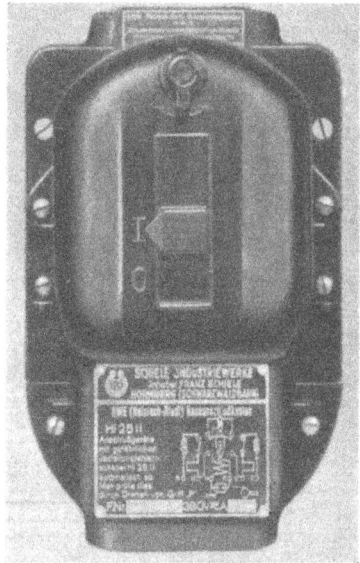

b) zweipolig mit doppelpoliger Wärme-
auslösung und Fehlerspannungsspule für
Gleich- und Wechselstrom 15 A, 250 V

Bild 182. Hausanschluß-Schutzschalter

Netzes unter Berücksichtigung ausreichender Selektivität angepaßt
werden. Bild 182 zeigt einige Ausführungsformen von HS.-Schaltern.

Zu 2. VS.-Schalter sind Schutzschalter, die an Stelle der Stromkreissicherungen eingebaut werden. Sie übernehmen den Schutz für
den gesamten Stromkreis oder Teile desselben. Sie besitzen neben der

Fehlerstromauslösung noch eine Überstromauslösung in Form eines thermischen Zeit- und eines elektromagnetischen Schnellauslösers. Sie übernehmen somit gleichzeitig den Überstromschutz des Stromkreises. Einige Ausführungsarten zeigt Bild 183.

Zu 3. TS.-Schalter sind Schutzschalter, die geeignet sind, hinter Sicherungen an Stelle von Ausschaltern zu treten. Je nach ihrer Anwendung übernehmen sie den Schutz einzelner oder zu Gruppen zusammengefaßter Geräte. Sie besitzen nur eine Fehlerspannungsauslösung. Bild 184 zeigt einige Ausführungsarten.

Zu 4. Motorschutzschalter mit Fehlerstromauslösung sind für den Berührungsspannungsschutz und Überlastungsschutz von Motoren be-

a) zum Einbau in Verteilungstafeln,
b) mit Isolierstoffabdeckung zum Anbau auf die Wand in trockenen Räumen,
c) in Isolierstoffkapselung für staubige und feuchte Räume.

Bild 183. Stromkreis-Schutzschalter.

stimmt. Der Überlastungsschutz besteht aus Wärme- und Schnellauslösern, deren Auslösewerte einstellbar sind, so daß sie den jeweiligen Betriebsbedingungen angepaßt werden können. Bild 185 zeigt einige Motorschutzschalter. Beachtenswert ist noch, daß bei einigen Erzeugnissen die Fehlerstromauslösung auch noch nachträglich eingebaut werden kann.

Sämtliche Schutzschalter für Anschlußanlagen können in Gleich-, Wechsel- und Drehstromanlagen mit Spannungen bis zu 500 V verwendet werden, soweit sie im einzelnen dafür ausgelegt sind. Genormte Nennstromstärken sind 6, 10, 15, 25, 60 und 100 A.

Im Gegensatz zu den Stations-Schutzschaltern, bei denen die Fehlerstromauslösung zeitverzögert ausgebildet sein muß, erhalten alle Schutzschalter für Anschlußanlagen eine unverzögerte Fehlerstromauslösung. Bei Ansprechen der Fehlerstromauslösung muß stets eine allpolige Abschaltung erfolgen, also auch etwa vorhandene Nulleiter müssen mit abgeschaltet werden. Die Schaltfolge muß dabei so sein, daß sich die im Nulleiter liegenden Kontaktstücke früher schließen und

a) zweipolig 25 A   b) zwei- bis vierpolig 35 A   c) vierpolig 60 A

d) zwei- bis vierpolig   e) Steckdosenschutzschalter   f) zwei- bis vierpolig, zum Einbau in
   für feuchte Räume   für feuchte Räume   die Wand (Kachelgröße)

Bild 184. Trennschutzschalter.

später öffnen, als die in den Außenleitern liegenden Kontaktstücke. Die Fehlerstromauslösung muß bei einem Erdungswiderstand des Hilfserders von 200 Ω und einer Berührungsspannung von 22 ± 2 V, und bei einem Erdungswiderstand von 800 Ω und einer Berührungsspannung von 65 V ansprechen. Die Schutzschalter für Anschlußanlagen müssen mit einer Überwachungseinrichtung versehen sein, die so ausgebildet sein muß, daß mit Hilfe der Netzspannung jederzeit die Wirksamkeit

a) mit Isolierstoffabdeckung für trockene Räume

b) in Isolierstoffkapselung

c) gußeisengekapselter Ölschalter mit aufgebautem Fehlerspannungsauslöser

Bild 185. Motorschutzschalter mit Fehlerspannungsauslösung.

des Schutzschalters und des Hilfserders nachgeprüft werden kann, und zwar auch dann, wenn ein Netzpol keine Spannung gegen Erde hat.

Abschließend soll noch auf einige Gesichtspunkte hingewiesen werden, die bei der allgemeinen Auswahl von Schutzschaltern für Anschlußanlagen zu beachten sind:

1. Abdeckteile und Grundplatten des Schalter sollen möglichst aus Isolierstoff bestehen.
2. Anschlußklemmen für die Zu- und Ableitungen, Schutzschaltungs- und Hilfserdleitungen müssen eindeutig gekennzeichnet sein.
3. In jedem Schalter soll ein unverlierbares Schaltbild untergebracht sein.
4. Etwaige Zugentlastungsschellen für bewegliche Schutzleitungen müssen von den Klemmen der Schutzleitungen isoliert sein, damit Kurzschlüsse der Fehlerspannungsspulen bei Anschluß von geerdeten metallummantelten Schutzleitungen nicht eintreten.
5. Der Auslösestrom soll mit Rücksicht auf die Empfindlichkeit und Störanfälligkeit der Schaltung nicht unter 30 mA und nicht über 50 mA liegen.
6. Die Auslösung der Schutzschalter soll nicht lageabhängig sein.
7. Die Widerstände für die Überwachungseinrichtung sollen aus nichtalternden Widerstandsbaustoffen bestehen.

Bei der besonderen Auswahl sind die örtlichen Verhältnisse zu berücksichtigen. Für feuchte Räume oder im Freien müssen wasserdichte und für staubige Räume staubdichte Schalter verwendet werden. Gleichfalls sind für die Räume, in denen die Schalter mechanischen Beanspruchungen ausgesetzt sind, die entsprechenden Schaltgerätetypen zu wählen.

K. Die Schutzmaßnahmen in der Praxis.

1. Fehler- und Störungsquellen.

Bei Fehlern und Störungen an Schutzmaßnahmen muß grundsätzlich unterschieden werden in

1. Fehler, die bei der Anwendung und Durchführung der Maßnahmen gemacht wurden, und
2. Störungen, die im Laufe der Betriebszeit eintreten.

Sämtliche Fehler und Störungen können sowohl in Netzen als auch in Anschlußanlagen auftreten. Sie können in allen Fällen die beabsichtigte Schutzwirkung mehr oder weniger beeinträchtigen. Die Ursachen der Fehler und Störungen können recht verschiedener Art sein. Es ist daher auch nicht beabsichtigt, alle Möglichkeiten von Fehlern und Störungen erschöpfend zu behandeln. Der Verfasser will sich daher darauf beschränken, die von ihm untersuchten Fälle, soweit sie als Beispiele geeignet sind, wiederzugeben.

a) Fehler in Netzen.

Nullung und Schutzerdung im gleichen Netz. Eine Siedlung wurde von einer Netzstation mit Drehstrom 3 × 220 V versorgt. Als Schutz für die Elektroherde wurde ein vierter Leiter mitgeführt, der einerseits an die Gerätekörper und andererseits an den geerdeten Sternpunkt des Netztransformators angeschlossen wurde. Diese Schutzmaßnahme war somit als eine Nullung anzusprechen. Die Nullungsbedingungen waren auch erfüllt.

Bei einer späteren Netzerweiterung wurde jedoch von der Weiterführung des Schutzleiters abgesehen und eine Schutzerdung der Geräte durchgeführt (Bild 186). Die Anwendung dieser beiden Schutzmaßnahmen in ein und demselben Netz muß aber als unzulässig abgelehnt werden, weil dieselben Verhältnisse vorliegen

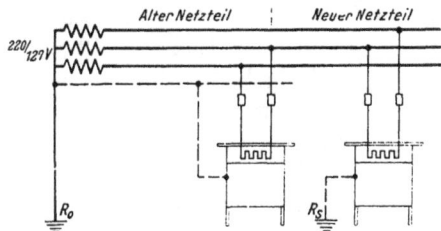

Bild 186. Nullung und Schutzerdung **ohne** Verbindung mit dem Nulleiter im **gleichen** Netz verursacht Berührungsspannungen des Nulleiters.

wie bei einem Nulleiternetz, in dem wahlweise genullt und geerdet wird, was der zweiten Nullungsbedingung zuwiderläuft. Je nach dem Verhältnis der Erdungswiderstände R_s und R_0 nimmt bei Erdschluß eines Phasenleiters im neuen Netzteil der Schutzleiter im alten Netzteil eine mehr oder weniger hohe Berührungsspannung an. Als Abhilfe wurde auch im neuen Netzteil der Schutzleiter durchgeführt und zusätzlich an die geerdeten Gerätekörper angeschlossen.

Sammelerdleitung und Wasserrohre als Schutzerder im gleichen Netz. Ähnliche Verhältnisse bestanden in einem Siedlungsnetz, das ebenfalls von einer Netzstation mit Drehstrom 3 × 220 V gespeist wurde. Der mitgeführte geerdete vierte Leiter wurde an die Gehäuse der Elektroherde angeschlossen und diente somit als Sammelerdleitung. Die Heißwasserspeicher wurden jedoch nicht an den Schutzleiter angeschlossen, sondern waren nur über das

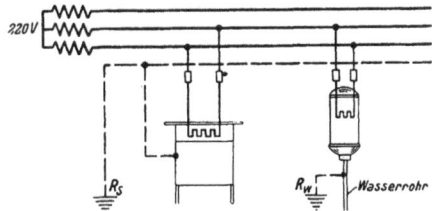

Bild 187. Doppelerdschluß führt zu Berührungsspannungen an Elektroherd und Speicher.

Wasserrohrnetz zwangsläufig geerdet, wie Bild 187 zeigt. Dieses Schutzsystem muß gleichfalls als unzulässig abgelehnt werden, da ein Doppelerdschluß (Elektroherd und Speicher) gleichfalls Berührungsspannungen an Wasserleitungen und Schutzleiter hervorrufen wird. Als erschwerender Umstand kam hier noch hinzu, daß die Erdungswiderstände R_s und R_w unzulässig hoch waren. Zur Behebung dieser Mängel wurde der Schutzleiter auch an die Heißwasserspeicher angeschlossen und an mehreren Stellen des Netzes mit dem Wasserrohr verbunden.

Fehlende Nullungsbedingung im Freileitungsnetz. Für eine Waldsiedlung war ein Nulleiternetz 380/220 V in Freileitungsausführung gebaut worden. Als Schutzmaßnahme war die Nullung durchgeführt. Infolge sehr schlechter Leitfähigkeit des Sand- und Kiesbodens ($\varrho = 1000$ Ωm) war es jedoch nicht möglich, für die beiden Netzausläufererder die VDE-mäßigen Erdungswiderstände von 5 Ω zu erreichen. Da nach den VDE-Vorschriften in solchen Fällen aber größere Banderder als von 50 m Länge nicht verlegt zu werden brauchen[1]), wurde die zweite Nullungsbedingung als erfüllt angesehen, wenn je zwei Banderder der geforderten Länge verlegt waren. Da ein Gesamterdungswiderstand des Nulleiters von 6 Ω, in erster Linie aber bedingt durch den Anschluß des Nulleiters an den Bleimantel des Zuleitungskabels, ermittelt wurde und mit der Möglichkeit von Erdschlüssen über Erder sehr kleiner Erdungswiderstände (Luftkabel der Reichspost), die nicht mit dem Nulleiter verbunden werden können, zu rechnen war, konnte die zweite Nullungsbedingung nicht als erfüllt angesehen werden. Der gesamten Anlage mußte deshalb ein S.T.-Schalter mit Fehlerspannungsauslösung vorgeschaltet werden.

Verwendung eines erdschlußbehafteten Leiters als Schutzleiter. In der elektrischen Anlage eines stillgelegten Sägewerkes wurde bei der Wiederinbetriebsetzung festgestellt, daß von den drei Leitern des werkseigenen Drehstromnetzes ein Leiter keine Spannung und zwei Leiter die volle Betriebsspannung von 220 V gegen Erde hatten. Aus diesem Zustand wurde geschlossen, daß der vermeintliche geerdete Leiter als Schutzleiter verwendet werden könnte. Es wurde daher beabsichtigt, diesen Leiter an die schutzbedürftigen Anlagenteile anzuschließen. Diese Maßnahme muß nicht nur als völlig ungeeignet bezeichnet werden, sondern sie bringt grundsätzlich erst eine Gefahr in die Anlage hinein.. Die Untersuchung ergab nämlich, daß der geerdete Leiter einen Erdschluß über einen Widerstand von 50 Ω hatte. Somit lag nicht eine betriebsmäßige Erdung eines Netzpunktes vor. Außerdem war der Leiter, genau wie die übrigen Leiter, mit Sicherungen und Schaltern versehen, so daß im Falle der Durchführung der Maßnahmen lebensgefährliche Zustände eingetreten wären. Als einwandfreie Maßnahme wurde in dieser Anlage der Erdschluß beseitigt und der Sternpunkt des Netztransformators vorschriftsmäßig geerdet und als Schutz die Schutzerdung über werkseigene Wasserrohre und leitende Gebäudeteile durchgeführt.

Vorschriftwidrige Betriebserdung eines Netzpunktes. Das Verteilungsnetz eines Sanatoriums wurde über einen Transformator

---

[1]) Eine Erleichterung, die nicht immer ausgenutzt werden sollte.

mit Drehstrom 3×110 V betrieben. Um auf die Anwendung von Schutzmaßnahmen grundsätzlich verzichten zu können, wurde der Sternpunkt des Netztransformators geerdet, so daß gegen Erde nur eine Spannung vcn $110/\sqrt{3} = 63,5$ V auftreten kann. Bei der Bemessung dieser Betriebserdung wurden jedoch nicht die Erdschlußmöglichkeiten der Phasenleiter berücksichtigt. Da diese Möglichkeiten in hohem Maße vorhanden waren (Pumpenmotoren, Waschmaschinen), und der Erdungswiderstand der Betriebserdung 20 Ω, der Erdungswiderstand des Hauswasserrohrnetzes aber 1,5 Ω betrug, würde bei Erdschluß eines Leiters über das Wasserrohr die Spannung gegen Erde ihren Normalwert weit übersteigen, so daß die Anlage ohne Schutzmaßnahmen vorschriftswidrig ist. Zur Herstellung eines ordnungsmäßigen Zustandes wurde die Betriebserdung mit dem Wasserrohrnetz verbunden.

Abschaltung des Netznulleiters. Die Verteilungsanlage eines Industriewerkes wurde mit Gleichstrom 2×220 V betrieben. Als Schutzmaßnahme war die Nullung durchgeführt. Die Stromversorgung erfolgte durch eine Eigenkraftanlage mit Reservelieferung von einem öffentlichen Stromversorgungsnetz. Die Umschaltung des Verteilungsnetzes von der Eigenkraftanlage auf das Netz erfolgte durch einen dreipoligen Hebelumschalter, der auch den Nullleiter mitschaltete (Bild 188). Infolge Nacheilens des im Nullleiter liegenden Schaltmessers traten bei der Umschaltung stets gefährliche Berührungsspannungen an den genullten Maschinen

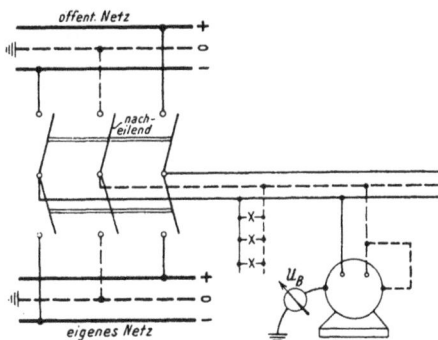

Bild 188. Unzweckmäßige Umschaltung eines Nullleiternetzes von einer Stromquelle auf die andere.

auf, weil der Nulleiter, wenn auch nur kurzzeitig, unterbrochen war[1]). Als Abhilfemaßnahme wurde das im Nulleiter liegende Schaltmesser durch eine feste Verbindung überbrückt.

Erdschluß im Nulleiternetz durch Überspannungsableiter. Die Eigenversorgungsanlage eines Bauerngutes wurde von 220 V Gleichstrom auf 2×220 V Gleichstrom umgeschaltet. Der Nulleiter wurde an die Eigenwasserversorgungsanlage (Erdungswiderstand 3 Ω) angeschlossen. Als Schutzmaßnahme wurde die Nullung angewandt. Nach einem Gewitter wurden an dem an eine Stichfreileitung angeschlossenen und genullten Motor für die Dreschmaschine hohe Berührungsspannungen wahrgenommen. Die Untersuchung ergab folgenden

---

[1]) Die Abschaltung des Nulleiters ist zwar zulässig, wenn zwangsläufig auch die Außenleiter abgeschaltet werden, ist aber im vorliegenden Falle unzweckmäßig.

Befund: Infolge atmosphärischer Überspannungen war ein in die Freileitung eingebauter Überspannungsableiter zerstört. Als Erder für den
Ableiter war ein Feldbahngleis verwendet worden, das einen Erdungswiderstand von 5 Ω hatte. Der Null-
leiter war nicht mit dem Überspannungsableiter verbunden. An dem Nullleiter war somit eine Berührungsspannung von

$$U_B = \frac{220}{3+5} \cdot 3 = 82{,}5 \text{ V}$$

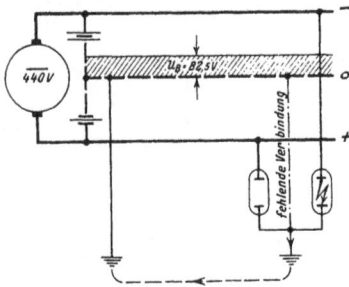

Bild 189. Berührungsspannung des Nullleiters durch vorschriftwidrig angeschlossenen und zerstörten Überspannungsableiter.

aufgetreten, wie Bild 189 zeigt. Das
Auftreten dieser Berührungsspannung
wäre vermieden worden, wenn die Erdleitung des Überspannungsableiters mit
dem Nulleiter verbunden gewesen wäre.
Offenbar ist diese Verbindung bei der
Umschaltung des Netzes vergessen worden. Nach der zweiten Nullungsbedingung müssen ohnehin alle im Versorgungsbereich des Netzes
liegenden Erder, also auch das Feldbahngleis, mit dem Nulleiter verbunden werden.

b) Fehler in Anschlußanlagen.

Versagen der Schutzschaltung an Großküchengeräten.
Anläßlich der Inbetriebsetzung von Großküchen wurde festgestellt,
daß die angewandten Schutzmaßnahmen zum Teil versagten. Wie
Bild 190a zeigt, ist ein Groß-
küchenherd und ein Wärme-
becken in zwei Stromkreise
unterteilt. Jedem Stromkreis
war ein Schutzschalter zugeordnet. Das Versagen der Schutzschaltung war auf die Berührung der zufällig geerdeten Stahl-
panzerrohre mit dem Herdkörper zurückzuführen, was einen
Kurzschluß der Fehlerstromspulen verursachte. Da die Er-

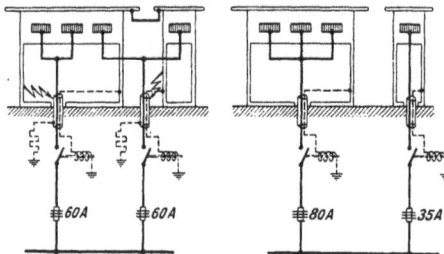

a) fehlerhafte Schaltung,   b) richtige Schaltung.
Bild 190. Schutzschaltung an Großküchengeräten.

dung der Rohre infolge ihrer Unzugänglichkeit im Betonfußboden
nicht mehr aufzuheben war, mußten die Austrittsstellen innerhalb und
oberhalb des Fußbodens vom Herdkörper zuverlässig isoliert werden,
was erst mit verhältnismäßig großen Schwierigkeiten gelang. Außerdem war die vorgenommene Stromkreisverteilung bezüglich der angewandten Schutzschaltung sehr ungünstig. Bei Körperschluß in einem

der beiden Stromkreise würden stets beide Schutzschalter auslösen. Bild 190b zeigt die richtige Anordnung der Schutzschalter.

In anderen Fällen wurde für die verschiedenen Wärmegeräte teils die Schutzerdung, teils die Schutzschaltung angewendet. Das kann oft zum Versagen der Schutzschaltung führen, wenn sich die Gehäuse der schutzgeerdeten und schutzgeschalteten Geräte berühren, oder durch Ablegen von metallischen Küchengeräten in leitende Verbindung gebracht werden, so daß ein Kurzschluß der Fehlerstromspule eintritt (Bild 191).

Obwohl gegen die Anwendung verschiedener Schutzmaßnahmen in einer Anlage an sich nichts einzuwenden ist, muß im Interesse der Einheitlichkeit und Übersichtlichkeit der Anlage doch Wert darauf gelegt werden, tunlichst nur eine Schutzmaßnahme anzuwenden. Kann aus wirtschaftlichen Gründen auf verschiedene Schutzmaßnahmen nicht verzichtet werden, so ist zu beachten, daß sich die Maßnahmen nicht gegenseitig beeinflussen oder sogar aufheben.

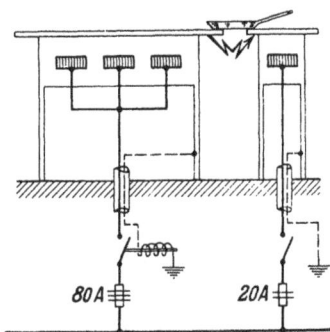

Bild 191. Schutzschaltung und Schutzerdung an zusammenstehenden Geräten verursacht leicht Kurzschluß der Fehlerstromspule.

Versagen der Schutzschaltung an Bügel- und Waschmaschinen. In Wäschereien wurden für die elektrisch beheizten und elektromotorisch angetriebenen Wasch- und Bügelmaschinen Schutzmaßnahmen angewandt, die erhebliche Mängel aufwiesen. Bild 192a zeigt eine der vorgefundenen Schutzschaltungen an einer Bügelmaschine. Der Antriebsmotor war konstruktiv mit dem Gestell und der elektrisch beheizten Bügelwalze verbunden. Bei einem Körperschluß, hervorgerufen durch einen Fehler in der Motorwicklung würde der dem Motor zugeordnete Schutzschalter auslösen und die Berührungsspannung abschalten; bei einem Körperschluß in der Heizwicklung der Bügelwalze würde ebenfalls der Schalter auslösen, jedoch würde die Berührungsspannung bestehen bleiben und nach kurzer Zeit die Fehlerstromspule verbrennen, so daß, wenn dieser Vorgang unbemerkt bleibt, die Maschine vollkommen schutzlos ist. Bild 192b zeigt die richtige Durchführung der Schutzschaltung.

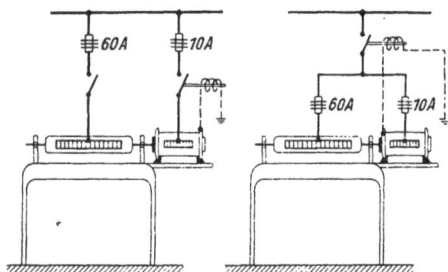

a) fehlerhafte Schaltung,   b) richtige Schaltung.
Bild 192. Schutzschaltung an Bügelmaschinen.

Schrank, Berührungsspannungen.   14

An Waschmaschinen wurde oft eine Schutzerdung des Motors und eine Schutzschaltung der Heizung durchgeführt. Zur Anwendung verschiedener Schutzmaßnahmen sahen sich die Installationsfirmen veranlaßt, da im fraglichen Versorgungsgebiet die Schutzschaltung in Stromkreisen über 20 A gefordert wurde, in Stromkreisen bis zu 20 A jedoch die Schutzerdung zulässig war. Bild 193 a zeigt eine der sehr oft vorgefundenen Schaltungen. Mit Rücksicht auf die angewandte Schutzerdung für den Antriebsmotor war die Schutzschaltung der Heizung unwirksam. Der Schutz-

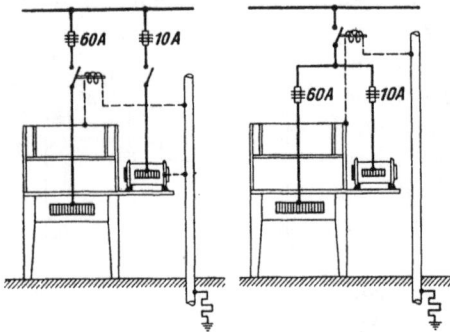

a) fehlerhafte Schaltung, b) richtige Schaltung.
Bild 193. Schutzschaltung an Waschmaschinen

schalter muß in solchen Fällen in die gemeinsame Zuleitung eingebaut und die Erdleitung des Motors entfernt werden (Bild 193 b).

In allen genannten Fällen lassen sich grundsätzlich nicht zwei verschiedene Schutzmaßnahmen anwenden.

Abschaltung des Nulleiters durch doppelpolige Schalter. In einer Reihe von Siedlungshäusern waren für Heißwasserspeicher doppelpolige Dosenschalter eingebaut. Durch den doppelpoligen Schalter erfolgte auch die Abschaltung des Nulleiters, der hinter der Unterbrechungsstelle erst mit dem zu schützenden Geräteteil verbunden war. Nun ist es aber bei einem doppelpoligen Dosenschalter technisch kaum möglich, alle Schaltfedern gleichzeitig zum Eingriff zu bringen, so daß ein Nacheilen der im Nulleiter liegenden Schaltfeder beim Einschalten und ein Voreilen beim Ausschalten zu stoßweisen Berührungsspannungen führen kann.

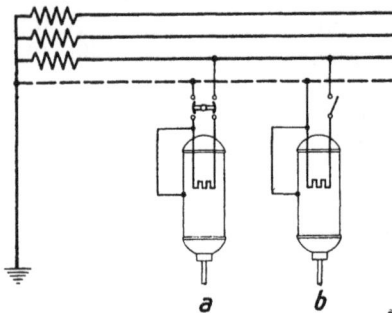

Bild 194. Nullung von Heißwasserspeichern
a) unzweckmäßige Schaltung,
b) richtige Schaltung.

Es muß außerdem ohnehin mit einem Schaden im Schalter gerechnet werden, so daß in solchen Fällen dauernd Berührungsspannungen am Speicher und allen mit ihm verbundenen Wasserrohren auftreten würden, wenn der Nulleiter im Schalter unterbrochen wird (Bild 194a). Obwohl nach den VDE-Vorschriften die Abschaltung des Nulleiters nicht vorschriftswidrig ist, wenn zwangsläufig auch die übrigen Netzleiter abgeschaltet werden, ist sie jedoch nicht zweckmäßig. Es ist also richtiger, in Nulleiteranlagen nur einpolige Schalter für Heißwasserspeicher zu verwenden und den Nulleiter fest an die Speicher anzuschließen (Bild 194b).

Berührungsspannungs- und Überstromschutz an Drehstrommotoren. Bei Errichtung von Maschinenanlagen wurde oft der Berührungsspannungsschutz unberücksichtigt gelassen. Günstigstenfalls wurde eine Nullung oder Erdung angewandt, von denen die letztere oft als unzulässig abgelehnt werden mußte. Dagegen wurden Motorschutzschalter mit thermischer Überstromauslösung häufiger eingebaut. Mit Rücksicht darauf, daß Motorschutzschalter mit 2 und 3 Überstromauslösern im Handel sind, müssen bei dem Berührungsspannungs- und Überstromschutz folgende Gesichtspunkte beachtet werden:

a) Ist bei Drehstrommotoren das Motorgehäuse schutzgeerdet oder genullt oder sonst auf irgendeine Weise mit gut geerdeten Teilen verbunden (z. B. bei Pumpenmotoren u. ä.), so ist bei Verwendung eines Motorschutzschalters mit zwei thermischen Auslösern ein ausreichender Überstromschutz insofern nicht gewährleistet, als durch einen Erdschluß in dem ungeschützten Wicklungsteil des Motors eine Überlastung eintreten kann, ohne daß eine Auslösung des Motorschutzschalters zu erfolgen braucht (Bild 195). Bild 196a zeigt die Versuchsanordnung bei einem in Stern geschalteten Motor. Bild 196b zeigt die Ströme der gesunden und der mit Erdschluß behafteten Wicklungsteile in Abhängigkeit von der Lage des Erdschlusses[1]. . In solchen Fällen müssen also Motorschutzschalter mit drei thermischen Auslösern verwendet werden.

b) Werden für Drehstrommotoren Motorschutzschalter mit nur zwei thermischen Auslösern verwendet, so ist nur dann ein ausreichender Überstromschutz vorhanden, wenn ein Erdschluß des Motors nicht zu erwarten ist. Das ist im allgemeinen nur dann der Fall, wenn als Berührungsspannungsschutz entweder die Isolierung oder die Schutzschaltung angewendet wird. In diesen Fällen kann ein Erdschluß

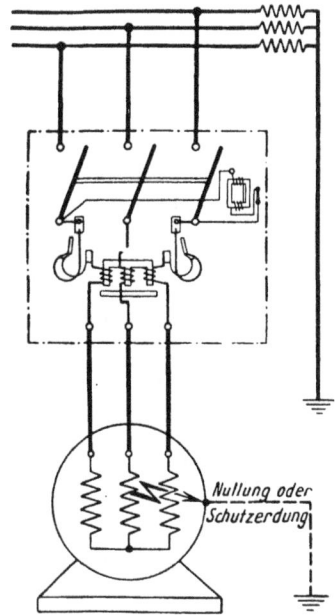

Bild 195. Ungenügender Überstromschutz an geerdeten oder genullten Drehstrommotoren.

---

[1] Die Kurven in Bild 196b sind Ergebnisse der von G. Zimmermann durchgeführten vektoriellen Rechnungen, die durch Messungen des Verfassers bestätigt wurden.

14*

nicht auftreten bzw. wird er sofort durch die Fehlerspannungsauslösung zur Abschaltung gebracht.

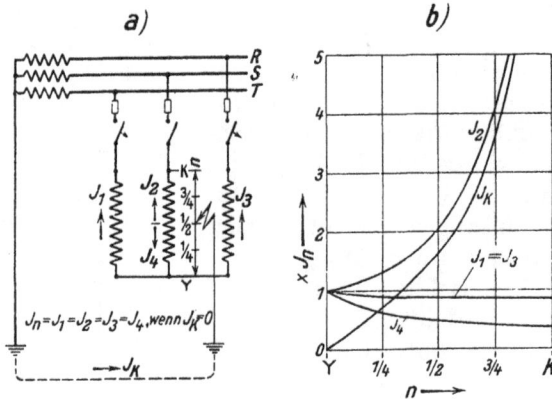

Bild 196. Überstromschutz an Drehstrommotoren im Erdschlußfall.
a) Versuchsanordnung bei einem in Stern geschalteten Motor,
b) Ströme in den Wicklungen in Abhängigkeit von der Erdschlußlage.

c) Werden Motoren, für die als Berührungsspannungsschutz die Schutzschaltung in Frage kommt, gegen Überlastung durch einen Motorschutzschalter mit Überstromauslösung geschützt, so empfiehlt es sich, solch einen Schalter zu verwenden, der neben der Überstromauslösung auch eine Fehlerspannungsauslösung besitzt. Ist die Voraussetzung für einen Erdschluß, der möglicherweise in einer zwangsläufigen Erdung besteht, nicht vorhanden, so genügen zwei thermische Auslöser (Bild 197).

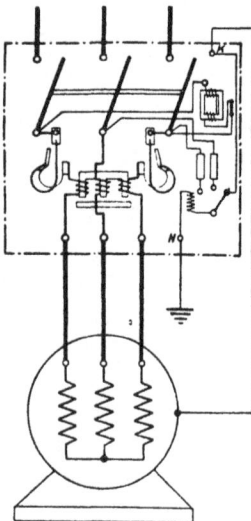

Bild 197. Einwandfreier Überstrom- und Berührungsspannungsschutz an Drehstrommotoren.

d) Von der unter c) erwähnten Forderung kann abgesehen werden, wenn entweder die vorschriftsmäßige Schutzerdung noch angewendet werden kann, oder die Nullung in Betracht kommt. In diesen Fällen müssen aber Schalter mit drei thermischen Auslösern verwendet werden[1].

Gegen diese Regeln wurde besonders in einer großen Anzahl von Fällen verstoßen, so daß ein ausreichender Berührungsspannungs- und Überstromschutz der Motoren selten sichergestellt war.

[1] Vgl. VDE 0665/1930, Abschn. C, Ziff. 4.

Versagen der Schutzschaltung an Werkzeugmaschinen. In zahlreichen Fällen wurde die Schutzwirkung schutzgeschalteter Werkzeugmaschinen (Bohrmaschinen, Drehbänke) dadurch aufgehoben, daß an diesen Maschinen Werkplatzleuchten, Supportschleifmaschinen und ähnliche elektrische Hilfseinrichtungen angebracht und an einem besonderen ungeschützten Stromkreis angeschlossen waren. Wenn an den Hilfseinrichtungen Körperschlüsse auftraten, wurden die Berührungsspannungen nicht abgeschaltet. Es erwies sich daher als notwendig, diese Hilfseinrichtungen in den Schutzschaltungsstromkreis miteinzubeziehen.

Berührungsspannungsschutz an Elektrowerkzeugen. In Werkstätten und auf Baustellen, wo ortsveränderliche Elektrowerkzeuge (Handbohrmaschinen u. ä.) verwendet wurden, war der Berührungsspannungsschutz oft nicht hinreichend beachtet. Abgesehen davon, daß die Werkzeuge oft nicht die erforderliche Anschlußleitung mit Schutzleitung und Schutzkontaktstecker hatten, wurden in anderen Fällen vorschriftsmäßige Werkzeuge nicht an Schutzkontaktsteckdosen, sondern an normale Steckdosen angeschlossen. Ein Berührungsspannungsschutz war dann natürlich nicht vorhanden. Es muß deshalb in Werkstätten für Schutzkontaktsteckdosen in ausreichender Zahl Sorge getragen werden, so daß nicht durch Verwendung von Kupplungssteckvorrichtungen, Zwischensteckern und ähnlichen Verbindungen die Schutzmaßnahmen aufgehoben werden.

Zweifellos kann dieser Forderung bei Verwendung der Werkzeuge auf Baustellen schwer Rechnung getragen werden. Deshalb ist auch hier der Berührungsspannungsschutz sehr problematisch. Die in Einzelfällen angewandten Maßnahmen, z. B. Anschluß einer besonderen Erdleitung an den ersten besten Erder (Bild 198a) oder Isolierung des Standortes (Bild 198b) müssen als Schutzmaßnahmen abgelehnt werden, weil

a) bei der Erdung an jedem beliebigen Erder eine Gewähr für eine vorschriftsmäßige Schutzerdung nicht gegeben ist und somit Berührungsspannungen auch auf andere der Berührung zugänglichen Metallteile (Rohrsysteme, Gebäudeteile usw.) übertragen werden können,

b) bei der Isolierung des Standortes sich oftmals andere geerdete Teile in Reichweite befinden, so daß trotzdem Berührungsspannungen auftreten können,

c) beide Maßnahmen eine Sicherheitsmaßnahme vortäuschen, die in Wirklichkeit nicht vorhanden ist, und eine Betriebsanweisung darstellen, deren richtige Befolgung von dem Laien nicht beurteilt werden kann.

Soweit auf Baustellen Schutzkontaktsteckdosen für den Anschluß von Elektrowerkzeugen nicht zur Verfügung stehen, müssen isolierstoffgekapselte Werkzeuge, sofern sie nicht mit Kleinspannung oder über Isoliertransformatoren betrieben werden können, verwendet werden.

Welche von diesen drei Schutzmaßnahmen am vorteilhaftesten angewandt werden kann, richtet sich im wesentlichen nach den örtlichen Verhältnissen und dem Umfang der Verwendungsmöglichkeit. Soweit metallgekapselte Werkzeuge bereits vorhanden sind und Wechselstromanschluß zur Verfügung steht, werden sie am zweckmäßigsten über Isoliertransformatoren betrieben. Müssen Elektrowerkzeuge neu angeschafft werden, so sollten grundsätzlich nur isolierstoffgekapselte Geräte, die von Stromart und Verwendungsort unabhängig sind, bevorzugt werden. Auf die Auswahl einer zuverlässigen Konstruktion im Sinne der Schutzmaßnahmen (vgl. II. Teil, Abschn. C, S. 90) ist größter Wert zu legen. Für Kleinspannung ausgelegte Werkzeuge werden besonders auf Schiffswerften und in der Flugzeugindustrie verwendet, wo es sich lohnt, besondere Kleinspannungsstromkreise zu unterhalten. Gleichfalls wird es sich auf Großbaustellen oft lohnen, besondere Kleinspannungsstromquellen für den Betrieb von Elektrowerkzeugen bereit zu stellen.

Da elektrische Unfälle an Elektrowerkzeugen sehr oft vorkommen, kann nicht dringend genug gefordert werden, ausreichende Schutzmaßnahmen sicherzustellen.

Berührungsspannungen durch polunverwechselbare Stecker. In einem Bürohaus waren in den Maschinensälen die Buchungsmaschinen so aufgestellt, daß mehrere Maschinen gleichzeitig von einer Bedienungsperson berührt werden konnten. Da es sich um Räume mit isolierenden Fußböden handelte, waren nach den VDE-Vorschriften zusätzliche Schutzmaßnahmen nicht erforderlich und infolgedessen auch nicht angewandt worden. Gelegentlich eines elektrischen Unfalles, hervorgerufen durch zwei Körperschlüsse an zwei Maschinen in verschiedenen Leitern, wurde eine Nullung der Maschinen durchgeführt. Um an Kosten für die Durchführung der Nullung zu sparen, wurden vorhandene zweipolige polunverwechselbare Steckdosen angebracht und die Geräteanschlußleitungen auch mit entsprechenden Steckern versehen. Die Geräteanschlußleitungen wurden nicht durch dreiadrige Leitungen ersetzt, sondern der stromführende Nulleiter der Anschlußleitung unmittelbar mit den zu schützenden Maschinenteilen verbunden. Gleichfalls wurde nicht überall darauf geachtet, daß die zum Teil vorhandenen Geräteschalter im Nulleiter lagen und der Nulleiter erst hinter dem Schalter mit dem Gerätekörper verbunden war. Da ferner der Nulleiter am polunverwechselbaren Stecker nicht die erforderliche Voreilung hatte, traten sehr häufig Berührungsspannungen auf, die durch die Unterbrechung des Nulleiters bedingt waren. Mit Rücksicht auf die zur Verfügung stehenden Mittel wurden in den

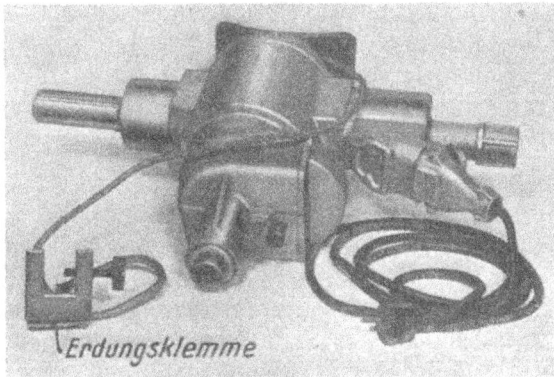

a) Vorschriftswidriger Schutzleitungsanschluß.

b) Berührungsspannung trotz Isolierung des Standortes durch gleichzeitige Umfassung eines geerdeten Zentralheizkörpers.

Bild 198. Vorschriftswidrige Schutzmaßnahmen an Handbohrmaschinen.

Räumen, in denen außer den Maschinen noch geerdete Teile vorhanden waren, die ordnungsmäßige Nullung über vorschriftsmäßige Schutzkontaktsteckvorrichtungen durchgeführt, während in den Räumen, in denen sich keine geerdeten Teile befanden, die Maschinengestelle durch eine Leitung untereinander verbunden wurden.

Berührungsspannungen durch Erdungsmaßnahmen gegen statische Aufladungen. In einer Buchdruckerei wurden die mittels Riemen angetriebenen Druckpressen zum Schutze gegen statische Aufladungen über eine außerhalb des Raumes liegende Wasserrohrleitung geerdet. Durch diese Maßnahme wurde zwar die statische Aufladung der Metallmassen verhindert, aber gleichzeitig das Erdpotential in den Raum gebracht, so daß der vorher vom Standpunkt des Berührungsspannungsschutzes völlig ungefährliche Raum jetzt als gefährlich zu betrachten war. Die Folgen wirkten sich auch bald im Auftreten von Berührungsspannungen zwischen fehlerhaften elektrischen Geräten, Metall-Lampenfassungen über den Pressen einerseits und den geerdeten Maschinengestellen andererseits aus, weil gleichzeitige Berührungen betriebsmäßig nicht zu verhindern waren. Als Gegenmaßnahmen wurden im vorliegenden Falle die Geräte genullt und die Metallfassungen durch solche aus Isolierstoff ersetzt.

In einer Tuchfabrik wurden die Elektromotoren gegen statische Erscheinungen über ein Zentralheizungsrohr geerdet. Der Erdungswiderstand des Heizungsrohres war zwar klein genug die statischen Aufladungen abzuleiten, aber nicht klein genug, auftretende Berührungsspannungen zu verhindern; denn diese Erdung mußte ja auch ungewollt als Schutzerdung wirken. Bei einem Körperschluß in einem Motor nahmen denn auch sämtliche Motoren und ausgedehnte Rohrlängen der Zentralheizung hohe Berührungsspannungen gegen Erde an. Da das fragliche Netz außerdem noch einen für die Nullung zugelassenen Nulleiter hatte, war diese Erdungsmaßnahme, ganz abgesehen von dem hohen Erdungswiderstand der Zentralheizung und der unzulässigen Verwendung von Heizungsrohren als Schutzerder ohnehin vorschriftswidrig, weil sie der 2. Nullungsbedingung zuwiderläuft. Als Abhilfemaßnahme wurden sämtliche Motoren zusätzlich genullt.

Aus diesen Beispielen ist zu folgern, daß man die Erdungsmaßnahmen zum Schutze gegen statische Aufladungen nicht ohne Rücksichtnahme auf den Berührungsspannungsschutz durchführen kann. Gegebenenfalls sind andere Maßnahmen, z. B. Heraufsetzung der Luftfeuchtigkeit, Leitendmachen der Treibriemen u. ä. in Erwägung zu ziehen. So wurde beispielsweise in einer Blechbearbeitungsfabrik, in der gleichfalls statische Aufladungen zu beseitigen waren, als vorbeugende Maßnahme mit Rücksicht auf den Berührungsspannungsschutz die Werkzeugmaschinen nicht unmittelbar, sondern über einen hochohmigen Widerstand von rd. 2 MΩ geerdet. Hierdurch wurde einerseits die statische Aufladung abgeleitet und andererseits der im Fehlerfalle netzseitig auftretende Berührungsstrom auf den ungefährlichen Wert von rd. 0,1 mA begrenzt.

Berührungsspannungen in Hauswasserversorgungsanlagen. Das wiederholte Auftreten von Berührungsspannungen an Wasserrohren hauseigener Wasserversorgungsanlagen mit Elektropumpen gab Veranlassung, eine Anzahl solcher Anlagen auf die Möglichkeiten einer Gefährdung durch Berührungsspannungen zu untersuchen[1]). In fast allen Fällen wurde ermittelt, daß zusätzliche Schutzmaßnahmen nicht ange-

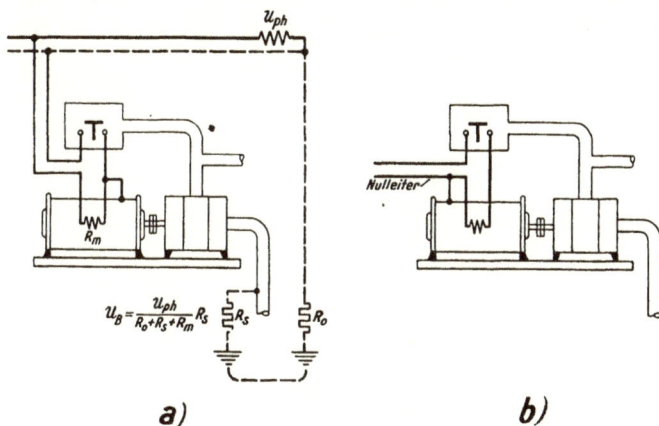

Bild 199. Nullung von Elektropumpen mit Wasserdruckschalter
a) vorschriftswidrige Nullung, b) richtige Nullung.

wandt waren und somit Berührungsspannungen, wie schon in Bild 70 und 71 gezeigt, auftreten konnten. Lediglich in Nulleiternetzen war hin und wieder der Pumpenmotor genullt. Diese Nullung war oft insofern noch fehlerhaft durchgeführt, als der Nulleiter im automatischen Wasserdruckschalter bei der Abschaltung der Anlage unterbrochen und erst hinter der Unterbrechungsstelle mit dem Motorgehäuse verbunden war. Bei Einphasenmotoren, die durch den Druckschalter nur einpolig abgeschaltet wurden, war somit in dem Fall, wenn der Nulleiter im Druckschalter unterbrochen war, die Nullung nur im Betriebszustande wirksam, während im ausgeschalteten Zustand der Anlage mehr oder weniger hohe Berührungsspannungen vorhanden waren (Bild 199a). Bei der Nullung muß deshalb darauf geachtet werden, daß der Nulleiter in seinem ganzen Verlauf bis zur Anschlußstelle am Motorgehäuse nicht unterbrochen wird (Bild 199b).

---

[1]) Schrank, Berührungsspannungsschutz in Haus-Wasserversorgungsanlagen, Elektrotechn. Anzeig. 54 (1937), S. 989.

In Anlagen, die an Netze ohne Nulleiter angeschlossen waren, wurden in einzelnen Fällen hergestellte Verbindungsleitungen zwischen Wasser- und Abflußrohren vorgefunden. Teils waren die Gründe dieser Maßnahmen, die Wiederholung bereits schon einmal aufgetretener Berührungsspannungen zwischen Wasser- und Abflußrohren zu verhindern (vgl. Bild 70 und 71) teils sollten sie den unzureichenden Erdungswiderstand des Hauswasserrohrnetzes vermindern und somit seine Verwendbarkeit als Schutzerder ermöglichen. Obwohl solche Verbindungen sehr erwünscht sind, da sie das Auftreten von Berührungsspannungen an den gefährlichsten Stellen (Badeeinrichtungen) verhindern, können Berührungsspannungen aber wieder an anderen Stellen auftreten, wenn der Gesamterdungswiderstand zu hoch ist. Bild 200 zeigt die Berührungs-

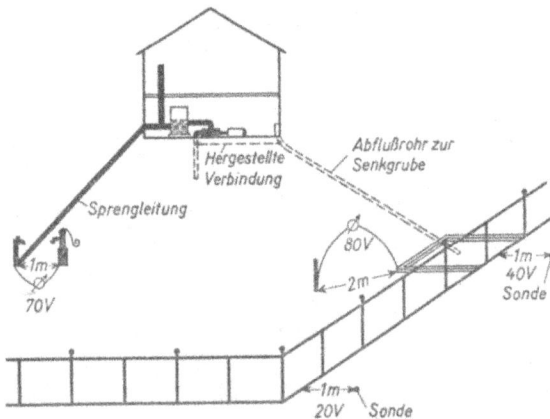

Bild 200. Berührungsspannungen in einer Hauswasserversorgungsanlage trotz Verbindung von Wasser- und Abflußrohr.

spannungen in einer Anlage, die durch Körperschluß des Pumpenmotors bei Verbindung von Wasser- und Abflußrohr aufgetreten sind. In Anerkennung dieser Untersuchungsergebnisse hat die Berliner Kraft- und Licht-(BEWAG)-Akt.-Ges. in ihrem Versorgungsgebiet für Hauswasserversorgungsanlagen die Anwendung zusätzlicher Schutzmaßnahmen grundsätzlich vorgeschrieben. Sofern der Erdungswiderstand des Hauswasserrohrnetzes nicht den VDE-mäßigen Bemessungsformeln für Schutzerder entspricht, muß entweder die Schutzschaltung mit einem außerhalb des Spannungstrichters liegenden Hilfserder angewendet werden, wenn nicht durch Verbindung mit anderen Erdern (Kabelbleimänteln) eine vorschriftsmäßige Schutzerdung sichergestellt werden kann.

Kontrolle von schutzgeschalteten Herdanlagen. Eine planmäßig durchgeführte Kontrolle von etwa 300 schutzgeschalteten Kochherdanlagen ergab, daß 34% aller Anlagen fehlerhaft waren. Bei 30% aller untersuchten Anlagen waren die Mängel auf unsachgemäße

Ausführung der Schutzschaltung und bei 4% auf mechanische und elektrische Fehler innerhalb der Schutzschalter zurückzuführen. Als besonders bemerkenswerte Störungen wurden festgestellt:

a) Verwechselung der Zu- und Ableitungsanschlüsse an den Schutzschaltern,

b) Verwechselung der Schutzleitungsanschlüsse an den Schutzschaltern,

c) Unterbrechungen der Schutzleitungen,

d) falsche Anschlüsse der Zusatzgeräte,

e) Kurzschlüsse der Fehlerstromspulen,

f) Unterbrechungen der Fehlerstromspulen,

g) Beeinträchtigung der Überwachungseinrichtungen,

h) Zerstörung der Schutzschalter durch äußere mechanische Einflüsse oder durch unsachgemäße Eingriffe,

i) Verschmutzung der Kontakte,

k) mechanische Hemmungen.

Zu a): Eine Vertauschung der Zu- und Ableitungen an dem Schutzschalter beeinträchtigt die Schutzwirkung an sich noch nicht. Bei Betätigung der Prüftaste wird der Prüfstrom jedoch nicht vom Schalter unterbrochen, so daß unter ungünstigen Umständen die Fehlerstromspule verbrennen kann und somit die Schutzwirkung aufgehoben ist.

Zu b): Eine Vertauschung der Schutzleitungsanschlüsse beeinträchtigt die Schutzwirkung zunächst auch nicht. Bei Betätigung der Prüftaste wird aber nicht die zum geschützten Gerät führende Leitung, sondern die Hilfserdleitung abgetrennt und das Gerätegehäuse unmittelbar mit dem Netz in Verbindung gebracht. Auf diese Weise erhält das Gerät bei der Prüfung eine gefährliche Berührungsspannung. Eine Auslösung des Schalters bei der Prüfung erfolgt nur, wenn das Gerät zufällig geerdet ist.

Zu c): Unterbrechungen der Schutzleitungen waren immer auf unsachgemäße Leitungsverlegung zurückzuführen. Die Schutzwirkung war dann stets aufgehoben.

Zu d): Falsche Anschlüsse der Zusatzgeräte ergaben sich oft in Verbindung des Schutzschalters mit Herdanschlußgeräten (Schukodosen). Die Schutzkontakte der Schukodosen waren nicht an die Schutzschaltungs-, sondern an die Hilfserdleitung angeschlossen. Je nach dem Erdungswiderstand des Hilfserders (Wasserrohr, neutraler Erder) war die Schutzwirkung der Zusatzgeräte mehr oder weniger aufgehoben. Ferner wurden in vielen Fällen die Zusatzgeräte nicht an die für sie bestimmten Schutzkontaktsteckdosen, sondern an normale Steckdosen angeschlossen. Zu diesem Anschluß wurden die Stromabnehmer verleitet, wenn die Anzahl der Schukodosen nicht ausreichte, oder die Dosen nicht an bequem erreichbaren Stellen angebracht waren, oder in der Nähe von Schukodosen auch normale Steckdosen vorhanden waren, oder Schukodosen überhaupt fehlten. Hierzu ist folgendes zu bemerken: Das Nebeneinanderbestehen von normalen und Schutzkontaktsteckdosen in ein und demselben Raum, z. B. in der Küche, muß als unzweckmäßig und gefahrbringend bezeichnet werden, da der Anwendungsbereich der Schutzmaßnahmen auf den Raum und nicht auf das Gerät abgestellt ist. Wenn also Schutzmaßnahmen in einem Raum als erforderlich angesehen werden, dann müssen auch alle Steckvorrichtungen in diesem Raum mit Schutzkontakten versehen sein, wenn nicht besondere Umstände eine Ausnahme rechtfertigen. In den Fällen, in denen nach den VDE-Vorschriften Schutzmaßnahmen nicht erforderlich sind, für den Elektroherd aber Schutzmaßnahmen vorgeschrieben und durchgeführt werden, müssen nicht nur die Zusatzgeräte Schutzeinrichtungen erhalten, sondern es muß auch einem Fehlanschluß der Zusatzgeräte an normale Steckdosen vorgebeugt werden, d. h. es dürfen ebenfalls nur Steckdosen mit Schutzkontakten vorhanden sein. Möglicherweise wird ja erst durch die Anwendung der Schutzmaßnahme am Elektroherd eine Berührungsgefahr in den Raum oder wenigstens in einen Teil desselben, hineingebracht.

Zu e): Kurzschlüsse der Fehlerstromspulen entstanden entweder durch vorschriftswidrige Verlegung der Schutzleitungen oder bei zwangsläufig geerdeten Kochherden (Elektroherde mit angebauter Kohlenfeuerung für Warmwasserheizung) durch gleichzeitige Verwendung des zwangsläufigen Erders als Hilfserder. In manchen Fällen bestanden auch mehr oder weniger zufällige Verbindungen des schutzgeschalteten Herdkörpers mit nebenstehenden Gasherden, die noch an die Gasleitung angeschlossen waren. In einigen Fällen war für die Schutzschaltungsleistung der Beidraht in Rohrdrähten verwendet worden. Durch Verlegung der Rohrdrähte an geerdeten Gebäudeteilen war ebenfalls die Fehlerstromspule kurzgeschlossen[1]). Die Schutzwirkung war in diesen

---

[1]) Gegen die allgemeine Verwendung des Beidrahtes in Rohrdrähten als Schutzleitung für die Schutzschaltung bestehen Bedenken grundsätzlicher Art. Die Verwendung bedeutet nämlich eine blanke Verlegung der Schutzleitung. Seine Verwendung ist deshalb nur in den Fällen zulässig, in denen die Schutzleitung blank verlegt werden darf; d. h. bei von Erde isolierten schutzgeschalteten Anlageteilen ist seine Verwendung als Hilfserdleitung und bei geerdeten schutzgeschalteten Anlagenteilen als Schutzschaltungsleitung an sich mit der Maßgabe zulässig, daß die Verlegungsweise einen Kurzschluß der Fehlerstromspule ausschließt. Soll in Ausnahmefällen die Rohrdrahtleitung selbst schutzgeschaltet werden, so muß der Beidraht als Schutzschaltungsleitung herangezogen werden. Bei Beidrähten in kabelähnlichen Leitungen bestehen diese Bedenken nicht, da die isolierende Umhüllung meistens einen Erdschluß verhindert. Vgl. auch Fußnote 3 im II. Teil, Abschn. C, S. 87.

Fällen stets unterbunden, zum Teil war die Hilfserdung als Schutzerdung wirksam, so daß im Fehlerfalle mit einer Überlastung der Erdleitung zu rechnen war.

Zu f): Unterbrechungen der Fehlerstromspule waren fast stets die Folge von Überspannungen durch atmosphärische Entladungen. Ein Schutz war dann nicht mehr vorhanden.

Zu g): Die Ursachen von Störungen in den Überwachungseinrichtungen waren Prüfeinrichtungen, bei denen nur ein Phasenleiter zur Prüfung herangezogen wird, der in vorliegenden Fällen keine Spannung gegen Erde hatte. In mehreren Fällen hatte sich auch der Widerstandswert des zur Prüfung zwischen Phasenleiter und Spule eingeschalteten Silitwiderstandes erhöht. Es konnten Widerstandsänderungen von 250 Ω auf 30 kΩ festgestellt werden. Die Widerstandserhöhungen waren auf die Alterung des Widerstandsbaustoffes zurückzuführen.

Zu h): Zerstörung der Schutzschalter durch äußere mechanische Einflüsse waren meist durch ungeeignete Anordnung bedingt, während die unsachgemäßen Eingriffe vermutlich bei dem Versuch von Instandsetzungen vorgenommen wurden.

Zu i): Verschmutzung der Kontakte an den Prüftasten sowie auch an den Schutzkontakten der Gerätestecker verursachte meistens hohe Übergangswiderstände, die manchmal erst bei Spannungen von über 100 V durchschlagen wurden. Die Schutzwirkung war dadurch sehr in Frage gestellt und in manchen Fällen ganz aufgehoben.

Zu k): Mechanische Hemmungen zeigten sich im Schalterschloß, in der Freiauslösung und in der Prüfeinrichtung. Soweit sie nur zu Einschaltschwierigkeiten führten, lag nur eine, wenn auch unangenehme Betriebsstörung vor. Gefährlich wirkten sich aber die Hemmungen aus, wenn Ausschaltschwierigkeiten bestanden. Besonders gefährlich waren mechanische Hemmungen in der Umschalttaste der Prüfeinrichtung. Es kam vor, daß die Umschalttaste nicht in ihre Normallage zurückging, was gleichbedeutend mit einer Unterbrechung der Schutzleitung ist. Hierzu ist zu bemerken, daß die zum Zwecke der Prüfung erfolgende Unterbrechung der Schutzleitung ein grundsätzlicher Mangel der Schutzschaltung ist. Es ist an dieser Stelle nicht beabsichtigt, Vorschläge zu konstruktiven Änderungen zu machen. Indessen soll hier wenigstens angeregt werden, diesen grundsätzlichen Mangel von der konstruktiven Seite her zu beheben.

Folgerungen: Wie aus den Beispielen ersichtlich, machen die bei der Durchführung der Schutzmaßnahmen begangenen Fehler den größten Teil aller Mängel aus, während die im Laufe der Betriebszeit eintretenden Störungen verhältnismäßig gering sind. Die Fehler in Netzen wirken sich insofern besonders ungünstig aus, als der Gefahrenkreis sehr umfangreich sein kann, weil eine größere Anzahl von Geräten gleichzeitig

Berührungsspannungen annehmen. Bei Fehlern oder Störungen in Anschlußanlagen bleibt die Berührungsspannung meist nur auf den fehlerhaften Anlagenteil beschränkt. Grundsätzlich lassen die angeführten Beispiele erkennen, daß es bei der Ausführung der Schutzmaßnahmen an der nötigen Aufmerksamkeit gefehlt hat. Das ist lediglich darauf zurückzuführen, daß den Ausführenden die Eigenschaften und Anwendungsbedingungen der verschiedenen Schutzmaßnahmen nicht genügend bekannt sind. Vergleicht man die Prüfungsberichte von Anlagen, so wird mit erschreckender Deutlichkeit erkennbar, wie viele der aufgedeckten Fehler bei etwas größerer Aufmerksamkeit seitens der Ausführenden sich hätte vermeiden lassen. Es genügt nicht, die Fehler, wenn überhaupt möglich, zu beheben, viel wichtiger ist, der tieferen Ursache für die Fehlarbeit auf den Grund zu gehen. Ergibt es sich, daß die Fehlerquelle in nicht vorauszusehenden Umständen zu suchen ist, dann wird es die dringendste Aufgabe des Ausführenden sein, Vorkehrungen zu treffen, die der Wiederholung solcher Fehler für die Zukunft vorbeugen. Wird aber erkannt, daß nur mangelnde Aufmerksamkeit oder ungenügende Sachkenntnis den Fehler verschuldet haben, dann ist Aufklärung und Belehrung der Ausführenden dringend notwendig. Die Ansicht, Fehler seien dazu da, daß sie gemacht werden, ist so einfältig, daß es sich nicht lohnt, auf ihre innere Unlogik einzugehen. Die ungenügende Sachkenntnis entbindet nämlich die Ausführenden nicht von der Verpflichtung, die Schutzmaßnahmen vorschriftsmäßig durchzuführen. Im Gegenteil, die Unkenntnis verpflichtet sie erst recht, sich bei der Anwendung von Schutzmaßnahmen genauestens zu unterrichten. Falls die Mängel einen Unfall verschulden, kann der Ausführende zivil- und strafrechtlich zur Verantwortung gezogen werden[1]).

2. Schutzmaßnahmen für Sonderfälle[2]).

In der Praxis ergeben sich Fälle, in denen die Anwendung der VDE-mäßigen Schutzmaßnahmen auf Schwierigkeiten stößt. Es bilden sich hier Sonderfälle heraus, in denen geeignete Maßnahmen von Fall zu Fall festgelegt werden müssen. Unter Sonderfällen sollen hier solche Fälle verstanden werden, in denen

1. die Notwendigkeit zusätzlicher Schutzmaßnahmen im Sinne der VDE-Vorschriften von vornherein nicht eindeutig festzustehen scheint oder verkannt wird;

[1]) Jahresbericht der Berufsgenossenschaft der Feinmechanik und Elektrotechnik (1937), S. 23. — Wie weit geht die Verantwortlichkeit des Elektroinstallationsmeisters? Das Deutsche Elektrohandwerk 18 (1940), S. 250.

[2]) Schrank, Wahl der Schutzmaßnahmen gegen zu hohe Berührungsspannungen in Sonderfällen, ETZ 60 (1939), S. 901.

2. die VDE-mäßigen Schutzmaßnahmen nicht nur nach sicherheitstechnischen und wirtschaftlichen, sondern auch nach betriebstechnischen Gesichtspunkten gewählt werden müssen, und

3. die VDE-mäßigen Schutzmaßnahmen einer Abänderung oder Ergänzung bedürfen.

Es erheben sich somit bei der Behandlung von Sonderfällen stets zwei Hauptfragen:

1. Ist eine zusätzliche Schutzmaßnahme notwendig?

2. Welche Schutzmaßnahme kann oder muß angewendet werden?

Die Beantwortung dieser Fragen setzt Gewissenhaftigkeit, gute Sachkenntnis, besondere Erfahrungen, eingehende Besichtigungen und u. U. notwendige Messungen voraus. Nachstehend sollen einige vom Verfasser bearbeitete Fälle, soweit sie geeignet sind, als Schulbeispiel zu dienen, mitgeteilt werden.

Schutzschaltung einer Wasserwerkspumpe. In einem Wasserwerk war ein Drehstrommotor von 90 kW zum Antrieb einer Kreiselpumpe aufgestellt. Der mit 100 A gesicherte Motor, der mit der Pumpe auf einer gemeinsamen gußeisernen Fundamentplatte stand, war über Saug- und Druckrohre zwangsläufig geerdet. Der Erdungswiderstand der zwangsläufigen Erdung war $R_w = 0,03\ \Omega$, der Erdungswiderstand der Betriebserdung des speisenden Drehstromnetzes betrug $R_0 = 0,63\ \Omega$. Nach den VDE-Vorschriften wäre R_w ausreichend gewesen, denn nach Gleichung (27) brauchte nur ein Schutzerderwiderstand von 0,254 Ω gefordert werden. Die Betriebserdung müßte aber dann mindestens den gleichen Wert haben. Da das nicht der Fall war, war die Abschaltbedingung nicht erfüllt, denn der Abschaltstrom betrug nur 200 A. Die zwangsläufige Erdung konnte somit nicht als betriebssichere Schutzmaßnahme gelten. Da dem Motor bereits ein Motorschutzschalter mit Fehlerstromauslösung vorgeschaltet war, wurde versucht, die Schutzschaltung anzuwenden. Die Versuche, eine Auslösung des Schutzschalters bei Anschluß der Fehlerstromspule an einen neutralen Hilfserder zu erreichen, verliefen erfolglos, da bei einem Erdschluß-

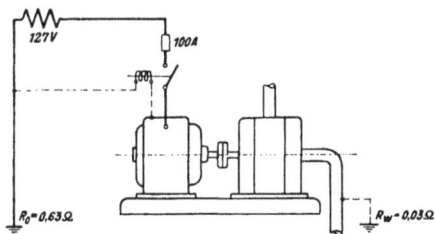

Bild 201. Schutzschaltung eines Pumpenmotors durch Anschluß der Hilfserdleitung an die Betriebserdung.

strom von 87,5 A (maximal zulässiger Erdschlußstrom im fraglichen Netz, da die Schutzerdung mit Rücksicht auf die ausreichende Bemessung von R_0 in Stromkreisen bis zu 35 A zulässig war) nur eine Auslösespannung von 1,75 V erreichbar war. Das lag zum Teil daran, daß auf dem Gelände überall Wasserrohre verlegt waren, so daß, abgesehen von der schon unübersichtlichen Sperrfläche, aus ihrem Gebiet nicht herauszukommen war. An Stelle des neutralen Hilfserders wurde die Betriebserdung der im Maschinenhaus befindlichen Netzstation als Hilfserder verwendet. Bei einem Erdschlußstrom von nur 11 A ergab sich eine einwandfreie Auslösung des Schutzschalters (Bild 201).

Schutzerdung von Brennstoffpumpen. In einem Großtanklager waren 50 Pumpenmotoren zur Förderung von Benzin so aufgestellt, daß sie zwangsläufig mit dem ganzen Rohrsystem der zum Teil in der Erde verlegten Brennstoffleitungen verbunden waren. Obwohl der Erdungswiderstand der Rohrleitungen nur 0,05 Ω war, konnte die zwangsläufige Erdung nicht als Schutzerdung in Betracht kommen, weil der im Fehlerfall fließende Strom die Benzinleitung durchfließen würde, was u. U. zu Explosionen führen könnte, und die Schutzerdung der zum Teil mit 35 A gesicherten Motoren mit Rücksicht auf die Bemessung der Betriebserdung des speisenden 3×220-V-Drehstromnetzes ohnehin unzulässig war. Abgesehen davon, daß die Errichtung eines geeigneten Hilfserders für die Schutzschaltung auch Schwierigkeiten bereitet hätte, war die Schutzschaltung nicht anwendbar, weil bei einem Fehler in nur einem Motor sämtliche Motoren abgeschaltet werden würden. Das war aber mit Rücksicht auf die automatische Steuerung der Motoren in Abhängigkeit vom Inhalt der Öltanks nicht zu verantworten. Es wurde deshalb eine Erdungsleitung verlegt, an die sämtliche Motoren angeschlossen wurden, so daß die Brennstoffrohrleitungen von Fehlerströmen ausreichend entlastet wurden. Die Erdungsleitung und Betriebserdung wurden an Oberflächenerder angeschlossen, so daß die VDE-mäßigen Erdungswiderstände erreicht waren.

Schutzerdung eines Röntgentransformators. In einem Krankenhaus wurde eine medizinische Röntgenanlage an ein sternpunktgeerdetes Drehstromnetz von 3×220 V angeschlossen. Der Netzanschlußteil und der Röntgentransformator waren in einem gemeinsamen, mit Bedienungsgriffen versehenen und somit schutzbedürftigen Metallgehäuse untergebracht. Dieses Metallgehäuse war über die Wasserleitung mit einem Erdungswiderstand von 0,85 Ω schutzgeerdet. Da die Anlage netzseitig mit 35 A gesichert war, mußte ein Schutzerderwiderstand nach Gleichung (27) von 0,72 Ω verlangt werden, wobei vorausgesetzt war, daß die Betriebserdung mindestens den gleichen Wert habe. Die Schutzerdung war somit unzulässig. Es wurde deshalb erwogen, als Berührungsspannungsschutz die Isolierung des Standortes zu wählen, so daß das Bedienungspersonal nicht gefährdet ist. Diese Maßnahme mußte jedoch abgelehnt werden, weil einerseits der Mittelpunkt der Oberspannungsseite des Röntgentransformators geerdet werden mußte[1]), andererseits aber der Transformatorkern fabrikmäßig mit den zu schützenden Geräteteilen in leitender Verbindung stand. Es war somit eine Betriebserdung für den Röntgentransformator erforderlich, für die an sich der vorhandene Erdungswiderstand völlig ausreichend war. Infolge Zusammenlegung von Betriebs- und Schutzerdung mußte aber der für die Schutzerdung erforderliche kleinere Erdungswiderstand gefordert werden. Bei der Isolierung des Standortes wäre zwar das Bedienungspersonal gegen Berührungsspannungen geschützt gewesen, doch hätte das Wasserrohr im Fehlerfalle eine Berührungsspannung angenommen. Es wurde deshalb das Wasserrohr mit in der Nähe liegenden Kabelbleimänteln verbunden, so daß

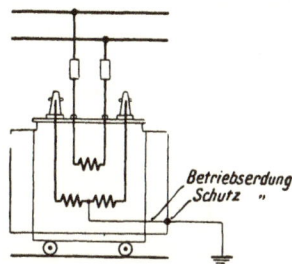

Bild 202. Zusammenlegung von Betriebs- und Schutzerdung eines Röntgentransformators.

der Schutzerderwiderstand von 0,85 auf 0,57 Ω vermindert werden konnte. Da auch die Betriebserdung der Netzstation einen Wert von 0,6 Ω hatte, war die Abschaltbedingung erfüllt (Bild 202).

Sonderschutzschaltung für Grundwasserpumpen. In einem Untergrundbahnhof waren Pumpenmotoren zur Absenkung des Grundwasserspiegels so aufgestellt, daß sie über die Saug- und Druckrohre mit dem geerdeten Bahnrückleiter leitend verbunden und somit zwangsläufig geerdet waren. Da das speisende Drehstromnetz von 380/220 V einen für die Nullung zugelassenen Nulleiter hatte, war beabsichtigt, die geerdeten Motoren gemäß der zweiten Nullungsbedingung zu nullen, da reine Erdungen ohne Verbindung mit dem Nulleiter unzulässig sind. Bei dem Versuch, die Motoren zu nullen, wurde aber festgestellt, daß zufolge der zwischen dem Bahnrückleiter (Bahnspannung 750 V Gleichstrom) und dem Netznulleiter bestehenden Gleichspannung, hervorgerufen durch den Spannungsabfall auf dem Bahnrückleiter, der Nulleiter zusätzlich mit dem Bahngleichstrom von 25...45 A belastet wurde. Die Nullung konnte somit nicht angewendet werden[2]). Abgesehen davon, daß eine reine Schutzerdung grundsätzlich nicht zugelassen werden konnte, war auch der Erdungswiderstand des Bahnrückleiters als Schutzerder zu hoch. Die Schutzerdung war somit aus diesem Grunde schon nicht anwendbar. Es wurde deshalb die in Bild 203 dargestellte Schutzschaltung durchgeführt. Der in die Hilfserdleitung eingebaute Kondensator hat den Zweck, die zwischen Pumpenmotor und Nulleiter bestehende Gleichspannung zu sperren, da andernfalls sofort eine Fehlauslösung des Schutzschalters eintreten würde. Tritt ein

---

[1]) VDE 0120/1933. § 8, Abs. b.

[2]) Nach VDE 0150/1910, § 4 darf ohnehin keine leitende Verbindung zwischen der Fahrschiene und geerdeten Leitern, also auch nicht dem Nulleiter, bestehen.

S c h r a n k , Berührungsspannungen. 15

Körperschluß am Motor ein, so entsteht zwischen Motorgehäuse und Nulleiter eine Wechselspannung, die über den Kondensator die Auslösespule des Schutzschalters erregt und zur Abschaltung führt. Mit Rücksicht auf die VDE-mäßige Forderung, daß der Schalter bei einem Erdungswiderstand des Hilfserders von 200 Ω schon bei $u = 22$ V auslösen muß, wurde die Kapazität des Kondensators unter Berücksichtigung des Auslösestromes $i_f = 60$ mA zu

$$C = \frac{i_f\, 9 \cdot 10^6}{\omega\, u} = \frac{0{,}06 \cdot 9 \cdot 10^6}{314 \cdot 22} = 9\ \mu F \quad \ldots \ldots (44)$$

gewählt.

Sonderschutzschaltung für eine Verchromungsanlage. In einer Instrumentenfabrik wurde ein elektrisch beheiztes Chrombad an ein 380/220-V-Drehstromnetz angeschlossen. Nach Angaben des Herstellers mußte das Bad mit Rücksicht auf die Vermeidung elektrolytischer Zersetzungen von Erde

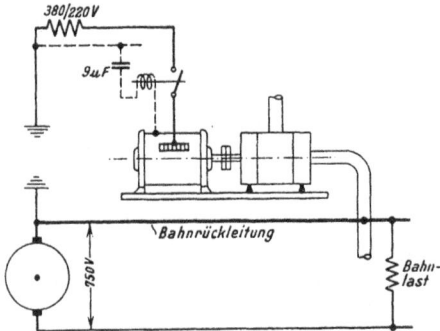

Bild 203. Schutzschaltung eines Pumpenmotors in einem Untergrundbahnhof.

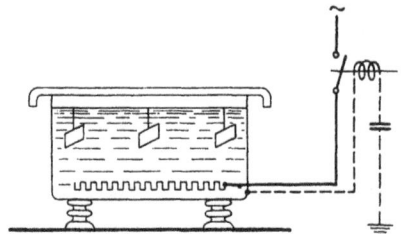

Bild 204. Schutzschaltung für ein elektrisch beheiztes Chrombad.

gut isoliert werden und wurde deshalb auf Isolatoren gesetzt. Aus diesem Grunde wurden vom Hersteller die Anwendung von Nullung, Erdung oder Schutzschaltung abgelehnt. Auf Schutzmaßnahmen konnte aber nicht verzichtet werden, weil der Standort des an dem Bad beschäftigten Arbeiters naß und säuredurchtränkt war und die Badwanne betriebsmäßig großflächig umfaßt werden mußte. Die zuerst in Erwägung gezogene Isolierung des Standortes mußte verworfen werden, weil der Isolationswert durch dauernde Chromniederschläge nach kurzer Zeit herabgesetzt worden wäre. Der Betrieb mit Kleinspannung mußte wegen der hohen Leistung der Heizkörper (6 kW) und der neu anzuschaffenden Schutztransformatoren aus wirtschaftlichen Gründen abgelehnt werden. Es wurde daher die in Bild 204 dargestellte Schutzschaltung durchgeführt. Durch den Einbau des nach Gleichung (44) berechneten Kondensators war den Forderungen des Herstellers — Abriegelung von Gleichströmen nach Erde — Rechnung getragen.

Notwendigkeit von Schutzmaßnahmen bei isoliertem
Standort. In einem Gaststättenbetrieb war eine Anzahl von Elektro-
geräten so angebracht, daß bei ihrer betriebsmäßigen Bedienung mit
einer gleichzeitigen Berührung des metallisch verkleideten geerdeten
Schanktisches durch das Bedie-
nungspersonal gerechnet werden
mußte, wie z. B. Bild 205 zeigt.
Obwohl es sich im vorliegenden
Falle um Räume mit gut isolie-
rendem Fußboden handelte und
auch mit einer vorübergehenden
Heraufsetzung der Leitfähigkeit
des Standortes nicht zu rechnen
war, lag hier die besondere Gefährdung lediglich in der gleichzeitigen Berührung der Gerätegehäuse einerseits und des geerdeten Schanktisches andererseits,
wozu noch als erschwerender Umstand die betriebsbedingte Hand-
feuchtigkeit kam. Mit Rücksicht
auf die besondere Gefährdung
konnte auf zusätzliche Schutz-

Bild 205. Notwendigkeit von Schutzmaßnahmen
an einer Kaffeemaschine in einem Gaststättenbetrieb.

maßnahmen nicht verzichtet werden, obwohl sie nach den zur Zeit
geltenden VDE-Bestimmungen nicht erforderlich waren.

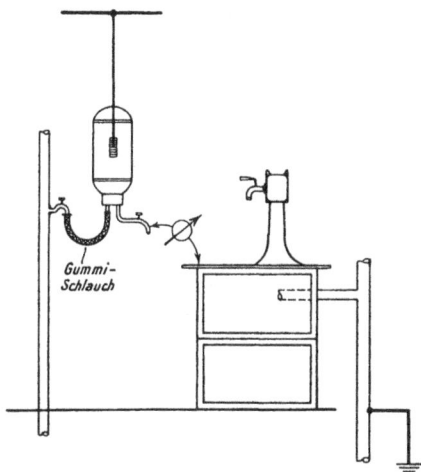

Schutzschaltung von Elektro-Schweißanlagen. Bei elektrischen Schweißanlagen (Schweißumformer, Schweißtransformatoren,
Schweißgleichrichter) ergeben sich für den Fall, wenn das mit der einen
Schweißelektrode verbundene Werkstück geerdet ist (z. B. bei Schweißun-
gen an Schienen, Rohren, Eisenkonstruktionen), und der Schweißer mit
der anderen Elektrode das Gehäuse des Schweißumformers berührt, was
erfahrungsgemäß beim Ablegen der Elektrode vorkommt, bei Anwendung
von Nullung, Schutzerdung und Schutzschaltung folgende Verhältnisse:

Nullung: Der Schweißstrom schließt sich über das geerdete Werkstück zur Betriebserdung des Netzes, so daß der Nulleiter zusätzlich
mit dem Schweißstrom belastet wird, eine unzulässige Erwärmung annimmt und als Folge eine Unterbrechung des Nulleiters mit all ihren
Gefahren eintreten kann (Bild 206).

Schutzerdung: Der Schweißstrom schließt sich über das geerdete
Werkstück zur Schutzerdung des Umformers und wird die Erdleitung
unzulässig erwärmen, so daß in kurzer Zeit eine Unterbrechung zu befürchten ist. Bleibt dieser Vorgang unbemerkt, so ist die Anlage vollkommen schutzlos.

15*

Schutzschaltung: Der Schweißstrom schließt sich über die geerdete Elektrode zum Hilfserder des Schutzschalters und bringt somit die Auslösespule zum Ansprechen.

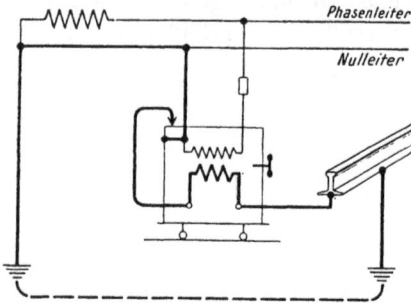

Bild 206. Nullung von Schweißumformern kann zu Unterbrechungen des Nulleiters führen, wenn sich der Schweißstrom über eine geerdete Elektrode zum genullten Gehäuse schließt.

Folgerung: Mit Rücksicht auf diese Verhältnisse sind Nullung und Schutzerdung als Schutzmaßnahmen für Schweißanlagen dort, wo die gemachten Voraussetzungen zutreffen, abzulehnen. Da auch die Isolierung des Standortes meistens ausscheiden muß, wenn der Schweißumformer ortsveränderlich ist, bleibt als anzuwendende Schutzmaßnahme nur die Schutzschaltung übrig.

Schutzmaßnahmen für Batterie-Ladeanlagen. Bei der Inbetriebsetzung größerer Ladeanlagen für Elektrofahrzeug-Batterien wurde festgestellt, daß die batterieseitigen Schutzmaßnahmen vernachlässigt waren. Mit dem Auftreten von Berührungsspannungen auf der Batterieseite mußte aber gerechnet werden, weil

1. eine Spannung von mehr als 65 V zwischen den nicht zum Betriebsstromkreis gehörenden Metallteilen und der Erde auftreten konnte, da eine Ladegleichspannung von über 200 V benötigt wurde;

2. die an den Ladestromkreis angeschlossenen Elektrofahrzeuge betriebsmäßig großflächig umfaßt wurden, da die Batterien während der Ladung in den Fahrzeugen blieben, und

3. die Leitfähigkeit des Fußbodens durch Säure und Feuchtigkeit wesentlich heraufgesetzt wurde und dadurch der Widerstand des menschlichen Körpers gegen Erde bedeutend herabgesetzt war.

Nach Bild 207 lag somit die Möglichkeit einer besonderen Gefährdung vor. Zu schützen sind alle nicht zum Betriebsstromkreis gehörigen leitfähigen Teile, die unmittelbar Spannung annehmen können, wie Gleichrichtergestelle, Umformer, Motorgeneratoren, Anschlußdosen, Schalter und die Fahrgestelle der Elektrofahrzeuge. Folglich sind alle genannten Teile an die Schutzleitung anzuschließen. Der Anschluß der Schutzleitungen an die Fahrzeuge hat über eine nicht an der Stromzuführung beteiligte Leitung entsprechend den Schutzleitungsanschlüssen für ortsveränderliche Geräte (s. S. 188) zu erfolgen. Zur Sicherstellung des Berührungsschutzes müssen mit Rücksicht auf die beiderseitige Spannungsführung der Ladeleitungen berührungsschutzsichere

Kragensteckvorrichtungen verwendet werden. Bei Durchführung der Schutzmaßnahmen ist folgendes zu beachten:

Schutzerdung: Für den Fall, daß der batterieseitige Teil höher als der netzseitige Teil der Anlage abgesichert ist, muß für die Bemessung der Schutzerdung nicht der Abschaltstrom der netzseitigen Sicherung I_N, sondern der Abschaltstrom der größeren batterieseitigen Siche-

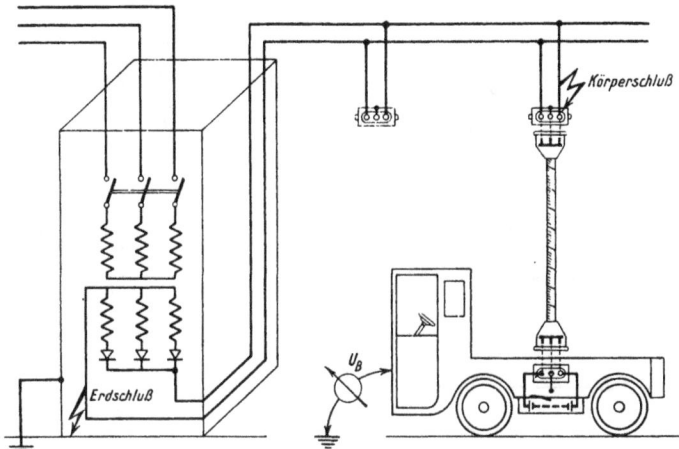

Bild 207. Notwendigkeit von Schutzmaßnahmen an Ladeeinrichtungen für Elektro-Fahrzeug-Batterien.

rung I_B zugrunde gelegt werden, weil bei einem Erdschluß und einem Körperschluß auf der Ladeseite der Erdschlußstrom die Schutzerdung durchfließt. Indessen braucht die Betriebserdung des Netzes nur der Abschaltstromstärke der netzseitigen Sicherung zu entsprechen (Bild 208a).

Nullung: Besitzt das Netz einen für die Nullung zugelassenen Nulleiter, so können alle schutzbedürftigen Anlagenteile genullt werden. Dabei ist jedoch zu beachten, daß bei einem Erdschluß und einem Körperschluß auf der Ladeseite der batterieseitige Erdschlußstrom die Betriebserdung des Nulleiters durchfließen würde. Um das zu verhindern, müssen alle im Bereich der Ladeleitungen liegenden Erder mit dem Nulleiter verbunden werden, damit ein Erdschluß und ein Körperschluß auf der Batterieseite zu einem Kurzschluß führen. Der Querschnitt der Nullungsleitungen ist so zu bemessen, daß der 2,5fache Nennstrom der höchsten ladeseitigen Sicherung zum Fließen kommt (Bild 208b).

Schutzschaltung: Bei Anwendung der Schutzschaltung muß der Schutzschalter mit Rücksicht auf die Ausnutzung der Überwachungseinrichtung netzseitig eingebaut werden. Bei Auftreten einer Berührungsspannung zwischen Erde und den an die Schutzschaltungsleitung angeschlossenen Teilen wird der Schalter die ganze Anlage netzseitig abschalten. Sind dem jeweiligen Ladeanschluß Null- oder Rückstrom-

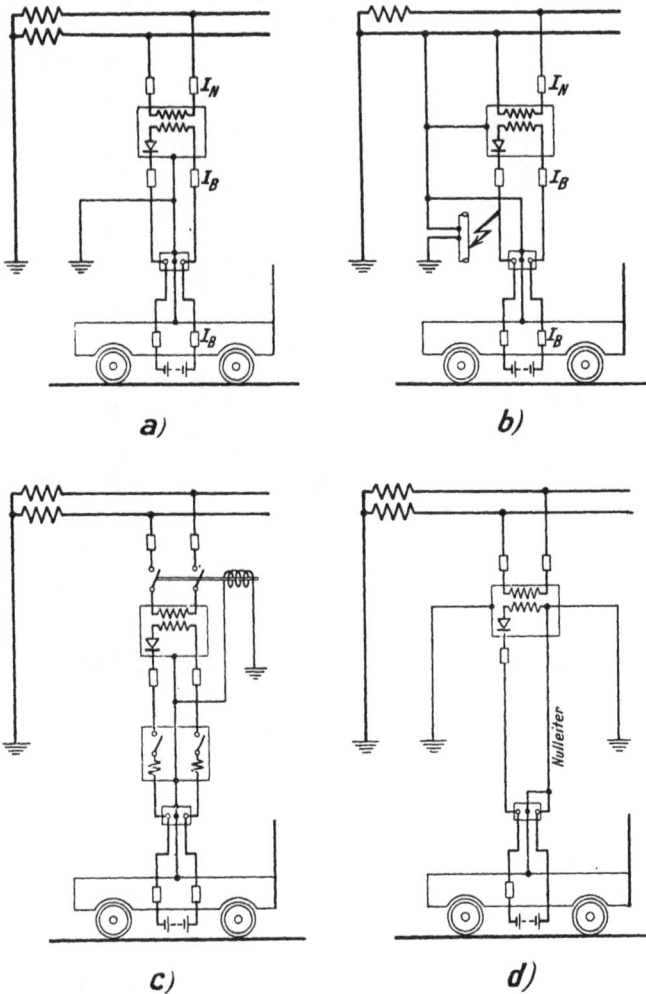

Bild 208. Schutzmaßnahmen an Batterie-Ladeeinrichtungen.
a) Schutzerdung,   c) Schutzschaltung
b) Nullung,   d) batterieseitige Nullung.

schalter vorgeschaltet, so wird auch die zur Ladung angeschlossene Batterie vom Ladestromkreis abgetrennt, so daß von der Batterie herrührende Berührungsspannungen nicht bestehen bleiben können, wenn dafür Sorge getragen wird, daß in dem zwischen Nullstromschalter und Batterie liegenden Leitungsstück kein Erdschluß auftritt. Erfolgt die

Abschaltung durch solche Schalter nicht, so kann die Berührungsspannung bestehen bleiben, wenn sie von der Batterie herrührt, und zum Verbrennen der Auslösespule des Schutzschalters führen. Die Schutzschaltung ist daher normalerweise nur anwendbar, wenn den Batterieanschlüssen Null- oder Rückstromschalter vorgebaut sind (Bild 208c). Das wird oft, aber nicht immer der Fall sein[1]).

Batterieseitige Nullung: Ein Schutz gegen Berührungsspannungen auf der Ladeseite kann auch dadurch erreicht werden, daß ein Pol der Ladeleitung als Nulleiter ausgebildet wird. Hierzu ist der negative Pol der Ladeleitung zu erden. Die Nullungsbedingungen müssen sinngemäß eingehalten werden. Insbesondere müssen die im Nulleiter liegenden Schalter und Sicherungen überbrückt werden (Bild 208d). Schutzerdung und ladeseitige Nulleitererdung können zusammengelegt werden. Der Erdungswiderstand ist wie in Bild 208a zu bemessen.

Einbau von Schutzschaltern in Steuerleitungen für Fernschalter. In einer Großwäscherei wurden die Elektromotoren und elektrisch beheizten Kessel über Schaltschütze mit Arbeitsstromauslösung ferngesteuert. Da als Schutzmaßnahme zunächst die Schutzerdung vorgesehen war, wurden die Schaltschütze nicht mit einer Fehlerspannungsauslösung versehen. Vor der Inbetriebsetzung stellte sich jedoch heraus, daß die Schutzerdung nicht angewendet werden konnte, so daß auf die Schutzschaltung zurückgegriffen werden mußte. Da aber der nachträgliche Einbau von Fehlerspannungsauslösern in die Fernschalter nicht mehr möglich war und andere Schalter der geforderten Schaltleistung nicht so schnell, wie erforderlich, beschafft werden konnten, wurden normale Trennschutzschalter kleinster Schaltleistung in die Steuerstromkreise der Fernschalter eingebaut, wie Bild 209 zeigt. Bei einem unzulässigen Isolationsfehler in dem geschützten Gerät wird die Fehlerstromspule eine

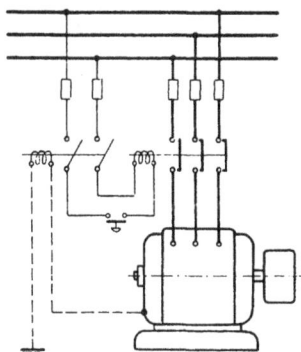

Bild 209. Einbau von Schutzschaltern in Steuerleitungen für Fernschalter.

Auslösung des Trennschutzschalters bewirken, so daß der Arbeitsstromkreis des Fernschalters unterbrochen wird und eine Abschaltung des fehlerhaften Anlagenteils durch den Fernschalter erfolgt. Der Vorteil dieser Schaltung liegt vor allem darin, daß mit dem geringsten Aufwand wirtschaftlicher Mittel ein einwandfreier Berührungsspannungsschutz erreicht worden ist.

---

[1]) Null- oder Rückstromschalter sind im allgemeinen nur bei mehreren parallelen Ladeanschlüssen oder bei Lademaschinen eingebaut.

Schutzschaltung geerdeter Anlagenteile in Nulleiternetzen. In einem ländlichen Versorgungsgebiet ergaben sich bei der
Verwendung von Hausanschluß-Schutzschaltern folgende Verhältnisse:
Obwohl die Stromverteilung durch Nulleiternetze erfolgte, sollte
von der Nullung als Schutzmaßnahme in den landwirtschaftlichen Anlagen grundsätzlich abgesehen werden. Demzufolge brauchten auch die
Nullungsbedingungen nicht erfüllt zu sein. Auch die Schutzerdung
sollte nicht angewendet werden. Es wurde deshalb jede Anschlußanlage
mit einem Hausanschluß-Schutzschalter versehen und eine besondere
Schutzschaltungsleitung durch die ganze Installation mitgeführt. An
diese Leitung wurden nicht
nur die schutzbedürftigen
Gerätegehäuse, sondern auch
die Rohrleitungen (Stahlpan-
zerrohr, metallummanteltes
Isolierrohr) angeschlossen. Je
nach den örtlichen Verhältnissen wurden ferner die leitenden Gebäudeteile (Eisenträger in Viehställen u. ä.)
mit dem Schutzleiter ver-
bunden. Da die zu schützenden Teile zwangsläufig mehr
oder weniger gut geerdet
waren (z. B. leitende Ge-
bäudeteile, Pumpenmotoren

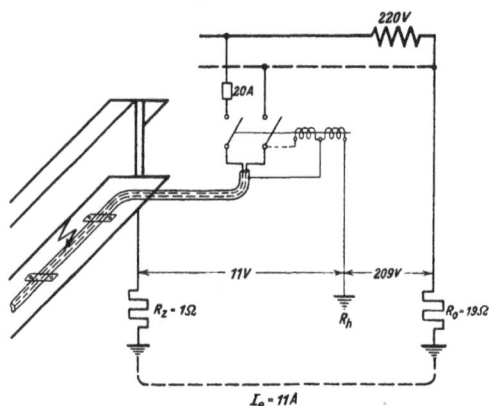

Bild 210. Schutzschaltung nach R. Meckel mit
angezapfter Fehlerstromspule.

mit angeschlossenen Hauswasserrohren), wurde deshalb der Schutzleiter
blank in Rohr verlegt, während die Hilfserdleitung, um Kurzschlüsse
der Fehlerstromspule zu vermeiden, isoliert verlegt und an einen besonderen Hilfserder angeschlossen wurde. Hier stellten sich nun folgende Abschaltschwierigkeiten ein, die an dem in Bild 210 dargestellten
Beispiel erklärt werden können:
Durch Verlegung der mit dem Schutzleiter verbundenen Rohrleitungen an leitenden, zwangsläufig geerdeten Gebäudeteilen wurden oftmals sehr geringe Erdungswiderstände erreicht, so daß mit Erdschlüssen
über Erdungswiderstände bis zu $R_z = 1\ \Omega$ gerechnet werden konnte.
Der Erdschlußstrom wurde jedoch meistens durch den hohen Erdungswiderstand der Betriebserdung $R_0 = 19\ \Omega$ begrenzt, so daß die vorgeschalteten 20-A-Sicherungen nicht abschmelzen konnten. Auch der
Schutzschalter konnte nicht abschalten, da die Berührungsspannung
nur 11 V betrug, also unterhalb der Auslösespannung lag. Der fehlerhafte Zustand würde also bestehen bleiben. Eine Abschaltung wäre
auch vom Standpunkt des Berührungsspannungsschutzes nicht erforderlich, da keine gefährliche Berührungsspannung besteht. Nun hat sich

aber gezeigt, daß der Fehlerstrom zu einer Erwärmung an der Fehlerstelle oder an sonstigen nicht betriebsmäßigen Stromübergangsstellen führen und die Erwärmung bis zur Gluttemperatur anwachsen kann. Untersuchungen haben ergeben, daß diese Umstände oft zu Bränden, denen große volkswirtschaftliche Werte zum Opfer fielen, führten[1]). In Anbetracht der besonders feuergefährdeten Gebäude (Viehställe, Scheunen, Speicher u. ä.) wurde die Notwendigkeit einer Abschaltung der fehlerhaften Anlage anerkannt. Um eine Abschaltung zu erreichen, wurde eine Fehlerstromspule mit einer Anzapfung versehen und die Schaltung so durchgeführt, wie in Bild 210 gezeigt ist[2]). Auf diese Weise wurde die Fehlerstromspule an die Spannung des Nulleiters gegen den Hilfserder R_h von 209 V gelegt, so daß eine Auslösung erfolgte. Durch diese Sondermaßnahme, die natürlich nur bei den vorliegenden Netzverhältnissen Vorteile bietet, konnte im fraglichen Versorgungsgebiet der Berührungsspannungs- und Brandschutz einwandfrei beherrscht werden[3]).

Schutzmaßnahmen in einem Vorführungsraum für elektrische Geräte. In einem Vorführungsraum für elektrische Haushaltsgeräte waren umfangreiche geerdete Metallverkleidungen an Vorführungstischen u. dgl. so angebracht, daß bei der Vorführung der Geräte und gleichzeitiger Berührung der Metallverkleidungen wiederholt Berührungsspannungen auftraten. Abgesehen von den Gefahren, denen das Vorführungspersonal und die Interessenten ausgesetzt waren, konnte dieser Zustand auch die Werbung für elektrische Geräte ungünstig beeinflussen. Die Anwendung zusätzlicher augenfälliger Schutzmaßnahmen schien nicht ratsam, da die Geräte im Vorführungsraum unter den gleichen Bedingungen wie im Haushalt — im allgemeinen also ohne Schutzmaßnahmen — benutzt werden sollten. Es wurden deshalb folgende Maßnahmen durchgeführt: Für den Anschluß von Haushaltgeräten, für die im allgemeinen auch im Haushalt Schutzmaßnahmen erforderlich sind (Waschautomaten u. ä.) wurden Schutzkontaktsteckdosen vorgesehen, deren Schutzkontakt genullt wurde. Solche Geräte, für die im allgemeinen keine zusätzlichen Schutzmaßnahmen erforderlich sind (Staubsauger u. ä.), wurden über normale Steckdosen an einen Sonderstromkreis angeschlossen, der vom Netz über einen Isoliertransformator versorgt wurde. Da die Anlage laufend vom Betriebspersonal betreut wurde, konnten diese Schutzmaßnahmen als völlig ausreichend angesehen werden.

---

[1]) Schnell, Erdung, Nullung und Schutzschaltung in Installationen landwirtschaftlicher Betriebe, ETZ 59 (1938), S. 1197.

[2]) Nach einem Vorschlag von R. Meckel, RWE-Wesel.

[3]) Für solche oder ähnliche Fälle kann auch der auf S. 181 beschriebene Differentialschutzschalter sehr gut verwendet werden.

Schutzmaßnahmen für Verkehrsbeleuchtungsanlagen. Es war beabsichtigt, die erforderlichen Schutzmaßnahmen für Verkehrsbeleuchtungsanlagen (Leuchtsäulen, öffentliche Fernsprechzellen u. ä.) einheitlich festzulegen. Mit Rücksicht auf die verschiedenen örtlichen und Netzverhältnisse wurden bisher Nullung, Schutzerdung und Schutzschaltung angewandt und z. T. auch gänzlich auf Schutzmaßnahmen verzichtet. Bei Anwendung dieser Schutzmaßnahmen ergaben sich aber sowohl Betriebs- als auch Anwendungsschwierigkeiten. Die Durchführung der Nullung führte oftmals zu Störungen, wenn die Verkehrsbeleuchtungsanlagen auch noch andere technische Einrichtungen (Fernmeldeanlagen) enthielten, während für die Schutzerdung die erforderlichen Erdungswiderstände mit wirtschaftlichen Mitteln nicht immer erreichbar waren. Dagegen traten bei der Durchführung der Schutzschaltung sehr oft Anwendungsschwierigkeiten auf, die durch die zwangsläufige Erdung des Gehäuses über Kabel und Fundamente bedingt waren. Indessen konnte aber auf zusätzliche Schutzmaßnahmen nicht verzichtet werden, da eine besondere Gefährdung im Sinne der VDE-Vorschriften vorlag. Da eine Sonderbehandlung eines jeden Einzelfalles als zu zeitraubend angesehen werden mußte, wurde es als wünschenswert empfunden, eine Schutzmaßnahme ausfindig zu machen, die

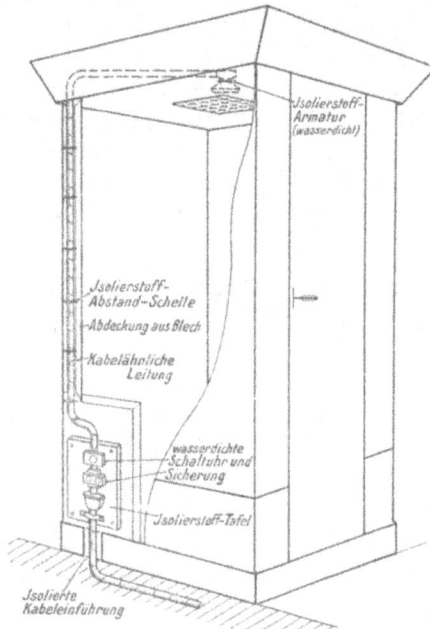

Bild 211. Installation einer öffentlichen Fernsprechzelle, bei der zusätzliche Schutzmaßnahmen nicht erforderlich sind.

1. in allen Fällen unabhängig von den Netzverhältnissen angewendet werden kann,

2. eine Beeinflussung anderer technischer Einrichtungen ausschließt und

3. einen ausreichenden Sicherheitsgrad verbürgt.

Diese Bedingungen erfüllt eine Installationsbauweise, bei deren Durchführung die leitfähigen Konstruktionsteile der Gehäuse nicht unmittelbar Spannung annehmen können. Bild 211 zeigt ein Beispiel dieser Ausführung. Das Starkstromkabel wird isoliert in die Zelle eingeführt.

Eine Isolierstofftafel dient zur Aufnahme der erforderlichen Installationselemente. Die von der Tafel abgehende Leitung zum Isolierstoff-Beleuchtungskörper wird als kabelähnliche Leitung auf Isolierstoff-Abstandschellen verlegt. Alle Schaltgeräte, Leitungen usw. werden durch Abdeckung der Berührung durch Unbefugte entzogen. Alle zur Verwendung gelangenden Isolierstoffe müssen feuchtigkeits- und kriechstromsicher sein und notwendigenfalls auf diese Eigenschaften geprüft werden. Ein unmittelbarer Spannungsübertritt von der Starkstromanlage auf die leitfähigen Teile der Zelle ist bei dieser Bauweise nicht möglich, da die leitfähigen Konstruktionsteile der Zelle mit den nicht zum Betriebsstromkreis gehörenden Metallteilen, die unmittelbar Spannung annehmen können (Metallmäntel der kabelähnlichen Leitungen, Schaltuhren) nicht in leitender Verbindung stehen. Nach VDE 0140 § 4, Abs. 3 sind somit weitere zusätzliche Schutzmaßnahmen nicht mehr erforderlich. Da die Herstellung solcher Zellen sowie der Einbau der Installation fabrikmäßig erfolgt, ist eine einheitliche Ausführung gewährleistet.

Schutzmaßnahmen für elektrische Lötkolben. Bei der Verlötung von gegen Erde spannungführenden Fernmeldeleitungen mittels elektrischer Lötkolben, für die zusätzliche Berührungsspannungsschutzmaßnahmen (Erdung, Nullung oder Schutzschaltung) angewandt waren, ergaben sich folgende Schwierigkeiten:

1. Bei Anwendung von Erdung und Nullung schmolzen bei Berührung des Lötkupfers mit den Fernmeldeleitungen die Fernmeldesicherungen ab.

2. Die Anwendung der Schutzschaltung führte zu Fehlauslösungen des Schutzschalters, weil die Fernmeldespannung (60 V) einen Auslösestrom bewirkte.

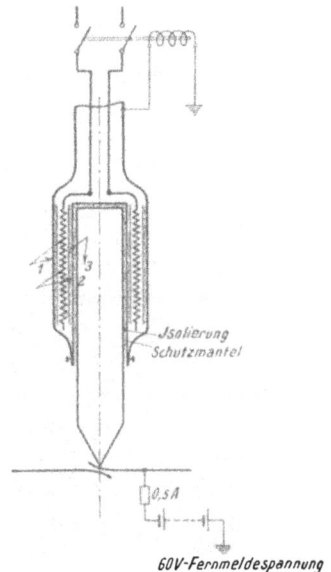

Bild 212. Schutzmaßnahmen an Lötkolben, mit denen gegen Erde Spannung führende Fernmeldeleitungen gelötet werden.

Es wurden deshalb die Lötkolben ohne zusätzliche Schutzmaßnahmen betrieben, obwohl meistens eine besondere Gefährdung im Sinne der VDE-Vorschriften vorlag, die zur Anwendung zusätzlicher Schutzmaßnahmen verpflichtete. Abgesehen hiervon bestand die Gefahr, daß während des Lötvorganges durch einen mit Körperschluß behafteten Lötkolben die Spannung des Starkstromnetzes auf das Fernmeldenetz übertragen und somit der Gefahrenkreis erheblich erweitert wurde.

Bild 212 zeigt eine Maßnahme, bei deren Durchführung diese Mängel und Gefahren beseitigt werden und die die Anwendung an sich beliebiger Schutzmaßnahmen ermöglicht[1]). Das Lötkupfer ist mit einer Isolierung umgeben und über diese Isolierung ein Schutzmantel geschoben, der mit dem Gehäuse des Lökolbens in leitender Verbindung steht.

Durch diese Maßnahme wird das Lötkupfer von dem Gehäuse des Kolbens elektrisch isoliert, so daß das Gehäuse durch beliebige Schutzmaßnahmen geschützt werden kann. Bei den in dem Bild angedeuteten Körperschlüssen 1 und 2, die eine Berührungsspannung zur Folge haben würden, erfolgt Abschaltung durch den Schutzschalter. Bei einem Durchschlag der zusätzlichen Isolierung (3) bewirkt die Fernmeldespannung eine Auslösung des Schutzschalters. Grundsätzlich können auch Erdung und Nullung angewendet werden, jedoch erfolgt beim Durchschlag der Isolierung (3) ein Abschmelzen der Fernmeldesicherung. Die durch die zusätzliche Isolierung des Lötkupfers entstehenden Wärmeverluste bewegen sich innerhalb tragbarer Grenzen, so daß die Heizleistung nicht erhöht zu werden braucht. Der so ausgebildete Lötkupfereinsatz kann an Stelle des bisherigen Einsatzes in den Kolben eingesetzt werden, so daß eine Weiterverwendung des Kolbens möglich ist.

Schutzmaßnahmen an Buchhaltungs-Lochkartenmaschinen. Für Buchhaltungs-Lochkartenmaschinen, die nach dem elektrischen Abtastverfahren arbeiten und nur mit Gleichstrom von 110 oder 220 V betrieben werden, können im allgemeinen Schutzerdung, Nullung oder die Schutzschaltung in normaler Ausführung nicht angewendet werden. Die Erfahrungen haben ergeben, daß bei Anwendung dieser Schutzmaßnahmen Falschbuchungen in den Maschinen auftreten, die ihre Ursache im Fehlansprechen der in den Maschinen zahlreich eingebauten hochempfindlichen Arbeitsrelais hatten. Solch Fehlansprechen kam durch geringe Isolationsfehler zustande, so daß sich Fehlerströme in der Größenordnung von einigen mA über die hochempfindlichen Relais schlossen. Die Fehlerströme, die einerseits so klein sein konnten, daß sie die Abschaltorgane der Schutzeinrichtungen nicht zum Ansprechen brachten, waren andererseits aber groß genug, Fehlansprechen der Relais zu verursachen. Aus diesen Gründen mußte von der Anwendung dieser Schutzmaßnahmen abgesehen werden. Mit Rücksicht auf die örtlichen Umstände sollte aber auf Schutzmaßnahmen nicht verzichtet werden. Außerdem waren ohnehin Sondermaßnahmen gegen die zufällige Berührung spannungführender Teile zu treffen. Diese Teile waren zwar durch Klappen verschlossen, mußten aber zur Abwicklung des Arbeitsvorganges während des Betriebes geöffnet werden, wobei eine Abschaltung der Maschine nicht durchgeführt wurde, obwohl sie zulässig war. Als Berührungsspannungs- und Berührungsschutzmaßnahme wurde

---

[1]) Vgl. Deutsche Patentschrift Nr. 712 905, Schutzmaßnahmen für elektrische Lötkolben mit Widerstandsheizung.

die in Bild 213 dargestellte Schaltung entwickelt. Die Schaltung besteht im wesentlichen aus dem Körperschlußrelais R_K und einem normalen Fehlerspannungsschutzschalter. Das Körperschlußrelais ist als hochempfindliches Differentialrelais mit einem Ansprechstrom von 2 mA ausgebildet. Der Mittelpunkt der hintereinandergeschalteten Relaisspulen ist mit dem zu schützenden, von Erde isolierten Maschinengehäuse verbunden. Da auch der Netzmittelpunkt geerdet ist, hat das Maschinengehäuse im Normalzustand Erdpotential. Bei Eintreten eines Körperschlusses — also Überbrückung der einen Relaisspule — spricht das Körperschlußrelais an und schließt den Stromkreis der Auslösespule des Fehlerspannungsschutzschalters, so daß eine Abschaltung der Maschine erfolgt. Die in Betracht kommenden Abdeckklappen, die während des Betriebes geöffnet werden können, so daß spannungführende Teile freigelegt sind, stehen mechanisch mit einem Kontakt K in Verbindung. Sobald eine dieser Klappen geöffnet wird, erfolgt zwangsläufige Abschaltung durch den Schutzschalter.

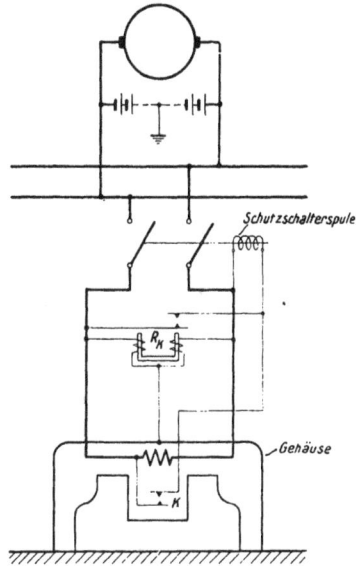

Bild 213. Erdschlußfreie Schutzschaltung einer Buchhaltungs-Lochkartenmaschine.

Eine grundsätzliche Voraussetzung für die Anwendung dieser Schaltung ist die Erdung des Netzmittelpunktes[1]. Ist diese Voraussetzung nicht gegeben und hat ein Netzleiter Erdschluß, so führt das Maschinengehäuse stets die halbe Netzspannung gegen Erde. Der Berührungsstrom ist zwar begrenzt durch den hohen Widerstand der Relaisspulen von je 25 000 Ω, ist aber immerhin größer, als für ähnliche Maßnahmen nach den VDE-Vorschriften[2] zulässig ist, z. B. bei 220 V Netzspannung 4,4 mA. Dieser Strom fließt zwar nur innerhalb der Auslösezeit, indessen kann ein Strom unterhalb des Auslösestromes von 2 mA dauernd fließen. Hinzu kommt aber der Umstand, daß auch mit dem Eintreten eines Isolationsfehlers im elektrischen Mittelpunkt der Maschine gerechnet werden muß. In diesem Falle würde grundsätzlich das Relais nicht ansprechen, gleichgültig ob der Netzmittelpunkt geerdet ist oder nicht.

---

[1] An sich ist es gleichgültig, ob der Netzmittelpunkt starr geerdet ist oder mit Hilfe eines künstlich gebildeten Mittelpunktes durch Erdschlußrelais gehalten wird.

[2] Nach VDE 0874/1936, § 7, Abs. 1 ist für Rundfunkentstörungsmaßnahmen an von Erde isoliert aufgestellten Maschinen ein Berührungsstrom von höchstens 0,8 mA zulässig.

Während jedoch im ersten Falle auch keine Berührungsspannung auftritt, würde im zweiten Falle sich die schon bestehende Berührungsspannung in Höhe der halben Netzspannung auch nicht verändern. Jedoch ist der Berührungsstrom jetzt nicht mehr durch den Relaisspulenwiderstand begrenzt, sondern nur durch den verhältnismäßig kleinen Widerstand der Maschinenwicklung; von einer Berührungsstrombegrenzung kann also gar nicht mehr gesprochen werden.

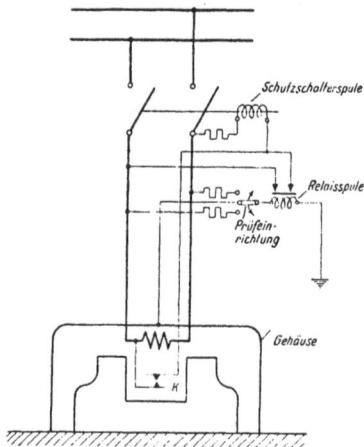

Bild 214. Hochempfindliche Schutzschaltung einer Buchhaltungs-Lochkartenmaschine.

Aus diesen Erwägungen heraus wurde die in Bild 214 dargestellte Schaltung angewendet. Ein besonders hochempfindliches Arbeitsstromrelais mit einem Ansprechstrom von rd. 1 mA und einer Ansprechspannung von rd. 20 V liegt zwischen dem Maschinengehäuse und der Erde, welches den Fehlerspannungsschutzschalter steuert. Die Berührungsspannung wird also lediglich von dem Relais überwacht, d. h. es ist eine normale, hochempfindliche Schutzschaltung entstanden. Mit Rücksicht auf die Ausnutzung der Überwachungseinrichtung wurde schaltungsmäßig an Stelle der Fehlerstromspule des Schutzschalters die Relaisspule gesetzt. Die Abschaltmaßnahmen gegen zufällige Berührung spannungführender Teile bei geöffneten Klappen sind die gleichen wie die in Bild 213 dargestellten.

Mit Rücksicht auf den fabrikmäßigen Einbau der Schutzeinrichtungen in die Maschinen mußten noch folgende installationstechnische Maßnahmen getroffen werden:

1. Isolierung des Relaiskörpers vom Maschinengehäuse und körperschlußsichere Verlegung der Zu- und Erdleitung, so daß Kurzschlüsse der Relaisspulen und Körperschlüsse der Zuleitungen ausgeschlossen sind.

·2. Verwendung von Spezial-Schutzkontaktsteckvorrichtungen für den Anschluß der ortsveränderlichen Maschinen, um den Anschluß anderer Verbraucher, die nicht mit entsprechenden Schutzeinrichtungen versehen sind, auszuschließen, weil an den Erdungswiderstand der mit dem Schutzkontakt verbundenen Erdleitung billigerweise nur mäßige Anforderungen gestellt zu werden brauchen.

Weil die zuletzt beschriebene Schaltung im Gegensatz zu der zuerst beschriebenen unabhängig von den Netzverhältnissen ist und durch die außerordentlich hohe Empfindlichkeit die Arbeitsweise der Maschinen in keiner Weise beeinträchtigt wird, wurde diese Schaltung allgemein durchgeführt.

Folgerungen: Die geschilderten Sonderfälle vermitteln die Erkenntnis, daß der Installationstechniker oftmals vor Aufgaben gestellt wird, deren einwandfreie Lösungen zunächst nicht als ganz einfach erscheinen. Das gilt für den nur praktisch tätigen Installateur mehr als für den Ingenieur. Es ist daher verständlich, daß sich die Elektrizitätswerke selbst mit diesen Aufgaben befassen, denen es auf Grund ihrer vielseitigen Erfahrungen und den ihnen zur Verfügung stehenden Mitteln leichter fällt, die richtigen Lösungen zu finden. Unbeschadet dessen soll der Zweck der geschilderten Sonderfälle sein, ähnlich liegende Fälle durch sinngemäße Anwendung der Schutzmaßnahmen einer Lösung zuzuführen. Oft werden eingehende Besichtigungen und notwendigenfalls erforderliche Messungen schon zur Klärung der oft umstrittenen Fragen führen.

3. Vergleich und Wahl der Schutzmaßnahmen.

a) Sicherheitstechnische Gesichtspunkte.

Vergleicht man die verschiedenen Schutzmaßnahmen, so ist es nicht möglich, der einen oder der anderen den Vorzug zu geben. Es wird nämlich jede Schutzmaßnahme, sofern sie den örtlichen und Netzverhältnissen angepaßt ist, einen völlig ausreichenden Schutz gewähren. Aus diesem Grunde werden auch von den meisten Elektrizitätswerken sämtliche Schutzmaßnahmen zugelassen. Das gilt natürlich mit der Einschränkung, daß sich die Schutzmaßnahmen nicht gegenseitig beeinflussen oder sogar aufheben, oder insofern, als beispielsweise im gleichen Netz nicht Nullung und Schutzerdung angewandt werden dürfen.

In Anbetracht dessen, daß die Schutzmaßnahmen alle einen gleichwertigen Sicherheitsgrad bieten, darf eine Schutzmaßnahme nur dann als unzuverlässig bezeichnet werden, wenn die Bedingungen für ihre ordnungsgemäße Durchführung nicht gegeben sind. Sie muß aber als zuverlässig angesprochen werden, wenn diese Bedingungen tatsächlich erfüllt sind. Es darf also die Entscheidung darüber, welche Schutzmaßnahme jeweils gewählt wird, nur davon abhängig gemacht werden, daß die Einhaltung der Bedingungen, insbesondere der VDE-Vorschriften, gewährleistet ist. Zutreffendenfalls muß grundsätzlich jede der zur Wahl stehenden Schutzmaßnahmen als gleichwertig und gleichberechtigt angesehen werden. Lediglich in Sonderfällen kann es vorkommen, daß je nach den Begleitumständen diese oder jene Schutzmaßnahme ausgeschlossen und an ihre Stelle eine bestimmte zu setzen ist.

In jüngster Zeit wird aber seitens der Feuer- und Sachversicherungsgesellschaften angestrebt, in landwirtschaftlichen Anlagen an Stelle von

Nullung und Schutzerdung grundsätzlich die Schutzschaltung durchzuführen[1]). Aus der Erkenntnis, daß die stromabhängig wirkende und auf eine zulässige Berührungsspannung von 65 V abgestellte Nullung und Schutzerdung in den Fällen, in denen

1. die erforderlichen VDE-mäßigen Sicherungsabschaltströme durch Übergangswiderstände begrenzt werden, so daß beim Zusammentreffen ungünstigster Umstände die Brandgefahr erhöht wird und

2. der Berührungsspannungsschutz auch auf Tiere ausgedehnt werden muß,

nicht immer einen ausreichenden Schutz ermöglicht, sind diese Bestrebungen gerechtfertigt. Da die Schutzschaltung in diesen Fällen einen zuverlässigen Schutz gewährleistet, weil

1. das Auslöseorgan spannungsabhängig wirkt, so daß im allgemeinen feuergefährliche Ströme nicht zustande kommen und

2. die Auslösespannung ohne großen Aufwand auf Werte (< 24 V) eingestellt werden kann, die erfahrungsgemäß innerhalb der Auslösezeit von Tieren ohne Schaden ertragen werden können,

ist ihre bevorzugte Anwendung auch empfehlenswert, wenn die gemachten Voraussetzungen zutreffen. Aus der vorzugsweisen Anwendung der Schutzschaltung darf jedoch nicht auf eine Unzuverlässigkeit der Nullung und Schutzerdung als VDE-mäßiger Berührungsspannungsschutz geschlossen werden, weil durch die beabsichtigte alleinige Anwendung der Schutzschaltung in landwirtschaftlichen Betrieben ein Schutz angestrebt wird, der über die VDE-mäßigen Forderungen hinausgeht. Im Interesse der an sich sehr schadenanfälligen landwirtschaftlichen Betriebe und im Hinblick auf ihre große volkswirtschaftliche Bedeutung sind aber die gestellten Forderungen berechtigt, so daß der Einsatz besonderer technischer Schadenverhütungsmaßnahmen vertretbar ist (vgl. a. II. Teil, Abschn. K, S. 232, insbesondere Bild 210).

Daß die örtlichen Verhältnisse für die Bevorzugung einer bestimmten Schutzmaßnahme entscheidend sein können, beweisen auch die Erfahrungen der Berliner Kraft- und Licht (BEWAG) Akt.-Ges. Im großstädtischen Berliner Versorgungsgebiet wurde bis zum Jahre 1936 in den Drehstromnetzen ohne Nulleiter vorzugsweise die Schutzschaltung angewandt. Im Laufe der Jahre stellten sich jedoch eine Reihe von Mängeln ein, die nicht vorauszuahnen und in erster Linie auf unsorgfältige Installationen und schwer erkennbare Fehlschaltungen zurückzuführen waren (vgl. a. S. 218 dieses Abschn.). Die Prüfung und Beseitigung dieser Mängel erforderte naturgemäß eine große Belastung des Abnahmepersonals, ganz abgesehen davon, daß oft eine

---

[1]) Schnell, Erdung, Nullung und Schutzschaltung in Installationen landwirtschaftlicher Betriebe. ETZ 59 (1938), S. 1197.

Schutzmaßnahme nur vorgetäuscht, also in Wirklichkeit gar nicht vorhanden war. Um diesen Schwierigkeiten zu begegnen, ging man nach eingehender Prüfung der Netz- und Erdungsverhältnisse, wie unter b) dieses Unterabschnittes genauer dargelegt, zur bevorzugten Anwendung der Schutzerdung über. Wenn auch dieser Übergang gleichzeitig von wirtschaftlichen Gesichtspunkten getragen war, so stand doch über allem die Forderung, dem Stromabnehmer eine äußerst sichere Schutzmaßnahme zur Verfügung zu stellen. Eine bevorzugte Anwendung der Schutzerdung hätte nicht verantwortet werden können, wenn die Bevorzugung auf Kosten des Sicherheitsgrades gegangen wäre. Gleichfalls darf aus der bevorzugten Anwendung der Schutzerdung nicht auf eine allgemeine Unzuverlässigkeit der Schutzschaltung geschlossen werden. Im vorliegenden Falle war dieser Weg aber einfacher, als wenn durch organisierte Belehrungsmaßnahmen versucht worden wäre, die Installateure mit den Eigenarten der Schutzschaltung vertraut zu machen, die sich ohnehin aus eigenen Erfahrungen von selbst ergeben, ganz abgesehen davon, daß die bevorzugte Anwendung der Schutzerdung nicht vernachlässigbare wirtschaftliche Vorteile hatte.

b) Wirtschaftliche Gesichtspunkte.

Die Schutzmaßnahmen werden oft als eine wirtschaftliche Belastung empfunden und sind es auch, wenn sie einen beträchtlichen Anteil der Gesamtkosten einer Anlage ausmachen.

Mit Rücksicht auf die Eigenart und Anwendungsbedingungen der verschiedenen Schutzmaßnahmen können die Kosten zum überwiegenden Teil vom Elektrizitätsversorgungsunternehmen getragen oder auch ganz oder teilweise dem Stromabnehmer aufgebürdet werden. Der letzte Fall kann natürlich zu Hemmungen in der Anschlußbewegung führen, wenn die Kosten für die Schutzmaßnahmen die Herstellungskosten der Anlage wesentlich heraufsetzen.

Um die Anschlußbewegung zu fördern, wird daher schon von sich aus jedes Versorgungsunternehmen bestrebt sein, die Kosten für die Schutzmaßnahmen soweit wie möglich zu senken. Z. B. wurde in den 3×220 V-Drehstromnetzen der Berliner Kraft- und Licht (BEWAG) Akt.-Ges. bis zum Jahre 1936 die Schutzerdung nur in Stromkreisen, die bis zu 10 A gesichert waren, zugelassen. In höher abgesicherten Stromkreisen wurde die Schutzschaltung angewandt. Die Entwicklung der Anschlußbewegung von Elektroherden machte es notwendig, sich beizeiten mit einer Verbilligung der Schutzmaßnahmen für die mit 15 und 20 A abgesicherten Elektroherde zu befassen[1]. Die angestellten Überlegungen führten zur Prüfung der Aufgabe, an Stelle der teuren

---

[1] Die technischen Einzelheiten sind bereits im II. Teil, Abschn. D, unter 6 und 7 niedergelegt. Vgl. auch unter a) dieses Unterabschnittes.

Schutzschaltung die billige Schutzerdung auch in Stromkreisen bis zu 20 A zuzulassen. In Verfolg .dieser Aufgabe wurden vom Verfasser Untersuchungen vorgenommen, deren Ergebnisse es erlaubten, die geplante erweiterte Anwendung der Schutzerdung durchzuführen, weil

1. das überall zur Verfügung stehende Frischwasserrohrnetz als Schutzerder mitverwendet werden konnte und

2. die netztechnischen Voraussetzungen — Ersatz der Durchschlagsicherungen zwischen den Netztransformatorensternpunkten und Erde durch eine starre Sternpunkts-Betriebserdung im Sinne von VDE 0140 § 20, — die allein eine einfache Prüfung der Schutzerdung ermöglichten, geschaffen wurden.

Auf diese Weise konnte bisher von 8000 Anlagen, die an das sternpunktsgeerdete 3×220 V-Drehstromnetz ohne Nulleiter angeschlossen wurden, in 82 % aller Fälle die Schutzerdung angewendet werden, während in nur 18 % der Fälle auf die Schutzschaltung zurückgegriffen werden mußte. Man sollte daher, wenn es die örtlichen und Netzverhältnisse gestatten, solche Schutzmaßnahmen wählen, die mit den geringsten wirtschaftlichen Mitteln durchführbar sind. Indessen muß zugegeben werden, daß in Einzelfällen nicht immer nach diesen Gesichtspunkten verfahren werden kann. Unterstellt man beispielsweise den Fall, daß in einem Netz weder Nullung noch Schutzerdung angewendet werden kann und somit im allgemeinen auf die für den Abnehmer etwas kostspielige Schutzschaltung zurückgegriffen werden muß, so wird diese Schutzmaßnahme als wirtschaftlich belastend empfunden, wenn die Kosten für die Schutzmaßnahme die Anschaffungskosten des zu schützenden Objekts nahezu erreichen oder sogar noch übersteigen. Hierbei ist aber zu bedenken, daß das Gefahrenmoment ja nicht von dem Anschaffungswert, der Leistungsaufnahme oder dem Energieverbrauch des Anschlußobjektes, sondern von anderen schon genannten Umständen abhängig ist. Als Beispiel seien genannt: eine elektrische Raumheizung, deren Heizkörper in allen Teilen trotz größter Leistungsaufnahme mit einfachsten Mitteln so gut isoliert werden können, und ein Tauchsieder von wenigen 100 W, dessen Bauform aber mit Rücksicht auf die bequeme Handhabung auf so kleine Ausmaße beschränkt werden muß, daß hier infolge der hohen Temperatur die Isolierung größte Schwierigkeiten bereitet. Hinzu kommt die Tatsache, daß Tauchsieder als Massenartikel infolge ihrer Billigkeit und ihrer vielseitigen Verwendbarkeit eine sehr weite Verbreitung gefunden haben, während die Raumheizung zur Zeit immer noch auf Einzelfälle beschränkt bleiben muß. Während also bei der Raumheizung oft jede zusätzliche Schutzmaßnahme entbehrlich ist, und wenn sie schon erforderlich ist, die Kosten dafür keine Rolle spielen, ist bei dem Tauchsieder bei seiner Verwendung in gefährdeten Räumen eine Schutzmaßnahme stets erforderlich die naturgemäß zusätzliche Kosten verursacht. Diese

Erkenntnis hat sich auch schon durchgesetzt insofern, als Tauchsieder u. ä. Geräte schon vielfach mit Schutzkontaktsteckern fabrikationsmäßig hergestellt werden. So bedauerlich es ist, daß der Absatz solcher Geräte durch die Forderung zusätzlicher Schutzmaßnahmen erschwert wird, so kann doch keineswegs etwa mit Rücksicht auf entstehende Kosten für Schutzmaßnahmen von deren Durchführung abgesehen werden. Die Erkenntnis, daß die Wirtschaftlichkeit der Schutzmaßnahmen nicht auf die entstehenden Kosten, sondern auf den Wert des Menschenlebens abgestellt werden muß, hat sich leider noch nicht überall durchgesetzt. In bezug auf den Schutz von Menschenleben kann somit von einer Unwirtschaftlichkeit der Schutzmaßnahmen niemals die Rede sein. Auch die gewerblichen Berufsgenossenschaften als Träger der Unfallverhütung vertreten diesen Standpunkt, indem sie in vielen Fällen die Anwendung von Schutzmaßnahmen fordern (Kleinspannung für Leuchten in Kesseln, Bäckereien u. ä.), die in bezug auf ihre Kosten als unwirtschaftlich bezeichnet werden müßten.

Steht die Schutzbedürftigkeit eines Anlagenteils fest, so sind für die Wahl der Schutzmaßnahme, wenn man von der Isolierung und Kleinspannung absieht, grundsätzlich nur die Netzverhältnisse entscheidend. Es ist deshalb z. B. nicht einzusehen, wenn für ein wertvolles Gerät (Elektroherd) die teure Schutzschaltung und in der gleichen Anlage für die weniger wertvollen Geräte die billige Schutzerdung über das Wasserrohr angewendet wird, es sei denn, daß eine höhere Absicherung des wertvollen Geräts die Anwendung der Schutzerdung ausschließt, die niedrigere Absicherung der weniger wertvollen Geräte aber noch die Anwendung der Schutzerdung erlaubt, oder aber die Schutzschaltung neben dem Berührungsspannungsschutz noch andere Aufgaben (Schutz gegen zu hohe Erdschlußströme innerhalb des Geräts) erfüllen soll. Auch besteht kein Anlaß, für besonders gefährdete Räume (Badezimmer) die Schutzschaltung zu fordern und sich für weniger gefährliche Räume mit der Schutzerdung zu begnügen. Leider wird oft nach diesen oder ähnlichen Gesichtspunkten die Wahl der Schutzmaßnahmen getroffen[1]). Hieraus wäre dann zu schließen, daß die teure Schutzmaßnahme als besonders zuverlässig und die billige Schutzmaßnahme als weniger zuverlässig anzusprechen ist, oder daß in weniger gefährdeten Räumen bzw. bei weniger wertvollen Geräten mit einer unzureichenden Schutzmaßnahme auszukommen ist. Ersteres ist aber nicht zutreffend, weil bei vorschriftsmäßiger Durchführung alle Schutzmaßnahmen einen gleich guten Sicherheitsgrad verbürgen, und letzteres bedeutet eine Verantwortungslosigkeit gegenüber dem Stromabnehmer, da ihm eine Schutzmaßnahme nicht nur vorgetäuscht,

---

[1]) Altstaedt u. Horn, Bemerkungen zu dem Aufsatz von H. Laurick: »Die Stromversorgung der künftigen Wohnungsbauten« ETZ 62 (1941), S. 815.

sondern in seine Anlage auch noch eine Gefahr hineingebracht wird, die ohne Anwendung der unzureichenden Schutzmaßnahme vielleicht nicht vorhanden wäre. Es muß deshalb mit Nachdruck stets darauf hingewiesen werden, daß die Wahl der Schutzmaßnahmen niemals auf Kosten des Sicherheitsgrades getroffen werden darf.

4. Die Berücksichtigung der Schutzmaßnahmen bei der Planung elektrischer Anlagen[1]).

Es ist verständlich, daß die Elektrizitätsversorgungsunternehmen in ihren Sondervorschriften und Anschlußbedingungen den Schutzmaßnahmen die Bedeutung beimessen, die ihnen zukommt. Denn erstens haben die Elektrizitätswerke selbst das allergrößte Interesse an der Verhütung elektrischer Unfälle, und zweitens kann die Gefahrlosigkeit hinsichtlich der Inanspruchnahme elektrischer Anlagen die Anschlußbewegung nur fördern.

Daß die Elektrizitätswerke auch bei der Inbetriebsetzung der Anlagen eine Prüfung der Schutzmaßnahmen vornehmen und notwendigenfalls entsprechende Weisungen erteilen und in Sonderfällen mindestens die Richtung angeben, in welcher erfolgversprechende Maßnahmen zu treffen sind, muß zweifellos als ein weiterer wesentlicher Beitrag zur Verhütung elektrischer Unfälle angesehen werden. Diese Bereitwilligkeit wird von dem Ersteller der Anlagen jedoch oft als Bevormundung angesehen oder bestenfalls als eine Selbstverständlichkeit hingenommen. In der Praxis wirkt sich das dann häufig so aus, daß bis zur Inbetriebsetzung der Anlage die Schutzmaßnahmen ganz vernachlässigt oder erst auf Weisung des mit der Prüfung betrauten Elektrizitätswerkes durchgeführt werden. Abgesehen davon, daß dem Elektrizitätswerk bei der Inbetriebsetzung elektrischer Anlagen andere Aufgaben zufallen, führt dieser Zustand oft zu Unzuträglichkeiten zwischen den Stromabnehmern, Elektrizitätswerken und Installationsfirmen. Diese Unzuträglichkeiten wirken sich besonders durch Verzögerung der Inbetriebsetzung, Arbeits- und Zeitverluste, unnötigen Materialaufwand, Überschreitung der Kostenanschläge, Verunstaltung der Anlagen und hohe Inanspruchnahme der Abnahmebeamten aus. Der Verlust an kostbarem Material, an Zeit und Geld ist so groß, daß die vielleicht an anderer Stelle erzielte Leistungssteigerung dadurch wieder bedeutungslos wird. Manche Anlagen lassen sich zwar durch Umgestaltung noch verbessern, aber die dafür aufgewendete Zeit bedeutet unwiederbringlichen Verlust. Bei vorzeitiger Inbetriebsetzung seitens der Installationsfirmen wird dann auch öfter eine Verzögerung in der Anwendung der Schutzmaßnahmen entstehen, so daß die Anlagen ohne Schutzmaßnahmen in Betrieb genom-

---

[1]) Schrank, Die Berücksichtigung des Berührungsspannungsschutzes bei der Planung von Niederspannungsanlagen, ETZ 61 (1940), S. 925.

men werden. Die Elektrizitätswerke müssen deshalb dem Ersteller der Anlagen die Aufgabe zuweisen, schon bei der Planung die Schutzmaßnahmen zu berücksichtigen. Es ist also nicht nur Aufgabe des planenden Ingenieurs, die elektrischen Anlagen nach betriebstechnischen und wirtschaftlichen Gesichtspunkten zu planen, sondern auch die erforderlichen Schutzmaßnahmen müssen in die Planung nach sicherheitstechnischen Gesichtspunkten einbezogen werden. Nur dann kann der Ingenieur der großen Verantwortung, die er beim Bau technischer Anlagen dem Auftraggeber und der Allgemeinheit schuldet, Rechnung tragen.

Anhang.

A. Schrifttumsverzeichnis.

Das nachstehende Schrifttumsverzeichnis beschränkt sich nicht nur auf Quellenangaben und Verweisungen im Text des Buches, sondern soll eine Zusammenfassung der wichtigsten Veröffentlichungen über das Gebiet des Berührungsspannungsschutzes sowie seiner Randgebiete überhaupt darstellen, soweit sie dem Verfasser bis zur Drucklegung bekannt geworden sind.

1. Bücher.

H. Freiberger, Der elektrische Widerstand des menschlichen Körpers gegen technischen Gleich- und Wechselstrom. Jul. Springer, Berlin 1934.

Jellinek, Elektrische Verletzungen, Verlag Barth, Leipzig 1932.

S. Jellinek, Der elektrische Unfall. Deuticke, Leipzig-Wien 1931.

O. Löbl, Erdung, Nullung und Schutzschaltung. Jul. Springer, Berlin 1933.

Ollendorf, Erdströme. Jul. Springer, Berlin 1928.

Rüdenberg, Elektrische Schaltvorgänge, S. 149. Jul. Springer, Berlin 1926.

Schering, Die Isolierstoffe der Elektrotechnik, S. 39. Jul. Springer, Berlin 1924.

W. Skirl, Elektrische Messungen, S. 609. Walter de Gruyter & Co., Berlin-Leipzig 1936.

VDE, Vorschriften des Verbandes Deutscher Elektrotechniker. ETZ-Verlag Berlin 1939.

M. Walter, Kurzschlußströme in Drehstromnetzen. Oldenbourg, München-Berlin 1938.

H. Weber, Der Erdschluß in Hochspannungsnetzen. Oldenbourg, München-Berlin 1936.

2. Zeitschriftenaufsätze.

Albers-Schönberg, Über die Empfindlichkeit des menschlichen Körpers für schwachen Wechselstrom. ETZ 52 (1931), S. 1249.

Albrecht, Über die Messung von Erdungswiderständen. Siemens-Zeitschrift 6 (1926), S. 248.

Alvensleben, Elektrische Unfälle[1]). ETZ 47 (1926), S. 986.

Alvensleben, Physiologie und Technik der elektrischen Betäubung[2]). ETZ 54 (1933), S. 741.

Alvensleben, Stand der Forschung über die Wirkung industrieller Ströme auf lebenswichtige Organe, ETZ 62 (1941), S. 706.

Amerk. Kom. f. Erdungsuntersuchungen. Erdungen an Wasserleitungen[3]). Wat a Wat Enging. 42 (1940), S. 71.

G. Bach, Sichern und Ausbrennen von Niederspannungsmaschennetzen[4]). ETZ 61 (1940), S. 935.

---

[1]) Vortrag im Elektrotechn. Verein Berlin am 21. 1. 1926.

[2]) Vortrag im Elektrotechn. Verein Berlin am 29. 11. 32 (s. a. Nachtrag, S. 757).

[3]) Referat ETZ 61 (1940), S. 908.

[4]) Vortrag in der Arbeitsgemeinschaft Kabeltechnik des VDE-Bezirks Berlin am 8. 4. 40.

Buchholz, Die Ausbreitung des Wechselstromes im Erdreich zwischen zwei in der Erdoberfläche liegenden Elektroden[1]). Archiv für Elektrotechn. 29 (1935), S. 741.

A. G. Conrad, H. W. Haggard, Versuche über den elektrischen Tod[2]). Electr. Engng. 53, (1933) S. 399.

A. Croce, Umbau von Dreileiterkabelnetzen auf Vierleiternetze (Der Bleimantel als Nulleiter)[3]). E. u. M. 54 (1936), S. 497.

Denzler, Über einen elektrischen Unfall im Badezimmer. Bull. schweiz. Elektrotechn. Verein 31 (1940), S. 21.

Dittrich, Über Schutzleiter für Schutzschaltung[4]). ETZ 56 (1935), S. 585.

Dobson, Erdungen in elektrischen Anlagen. Enging. Journ. 40 (1940), S. 152.

Elektrizitätswerke des Kantons Zürich, Beitrag zur Kenntnis der Vorgänge bei Stromdurchgang durch den menschlichen Körper. Bull. schweiz. elektrot. Ver. 20 (1929), S. 428.

Estorff-Weber, Einfluß von Wechselstrom auf den menschlichen Körper. Arch. f. Wärmewirtsch. u. Dampfkesselwes. 21 (1940), S. 251.

Freiberger, Der elektrische Widerstand des menschlichen Körpers gegen technischen Gleich- und Wechselstrom[5]). El. Wirtsch. 32 (1933), S. 373.

Fritsch, Die Anlage von Erdern und die Messung ihres Widerstandes. Elektr. Nachrichtentechn. 17 (1940), S. 77.

Fritsch, Zur Frage des Widerstandes von Blitzableitererdern in gebirgigem Gelände. ETZ 61 (1940), S. 737.

Gilbert, Erdung, Nullung und Schutzschaltung in Australien[6]). Electr. Review London 122 (1938), S. 872.

Götting, Heimische Baustoffe in der Wasserversorgung. Gas- u. Wasserfach 84 (1941), S. 121.

Gonsior, Berührungsspannungen in Abbaubeleuchtungen und ihre Bekämpfung. ETZ 61 (1940), S. 233.

Induni, Ein Erdungsprüfer für geerdete oder genullte Objekte. Bull. schweiz. elektrot. Verein 29 (1938), S. 34.

Koeppen, Der elektrische Tod[7]). ETZ 55 (1934), S. 835.

Krohne, Betriebserfahrungen mit Erdungs-, Nullungs- und Schutzschaltungseinrichtungen in der großstädtischen Elektrizitätsversorgung[8]). ETZ 58 (1937), S. 1153.

Krönert, Messung von Erdwiderständen. ATM V 35, 192-1, (1932).

Ludwig, Beitrag zur Untersuchung von Normalspannungsnetzen in bezug auf Fehlerströme und Berührungsspannungen. Bull. schweiz. elektrot. Verein 26 (1935), S. 117.

Mauduit, Schutzmaßnahmen in Niederspannungsanlagen[9]). Rev. Gen. de l'El. 25 (1930), S. 875.

Mayr, Die Erde als Wechselstromleiter. ETZ 46 (1925), S. 1352.

Molly, Gesichtspunkte für die Anwendung von Kleinspannung als zusätzliche Schutzmaßnahme in Starkstromanlagen. ETZ 53 (1932), S. 521.

---

[1]) Referat ETZ 56 (1935), S. 1334.
[2]) Referat ETZ 56 (1935), S. 224.
[3]) S. a. E. u. M. 53 (1935), S. 224.
[4]) S. a. Brief an ETZ von Walter, ETZ 56 (1935), S. 979.
[5]) Vortrag im Elektrotechn. Verein Berlin am 25. 4. 33.
[6]) Referat ETZ 59 (1938), S. 1242.
[7]) S. a. Briefe an ETZ von Körmöczi u. Jellinek, ETZ 56 (1935), S. 470.
[8]) Vortrag im Reichsverband Techn. Überwachungsverein EV. in Frankfurt a. M. am 12. 7. 37 (s. a. Brief an ETZ von Boeninger, ETZ 59 (1938), S. 510).
[9]) Referat ETZ 51 (1930), S. 468.

Münger, Erdungswiderstand verschiedener Bodenarten. Bull. schweiz. elektrot. Ver. 31 (1940), S. 529.

Nauck, Unfälle durch elektrischen Strom. Elektrotechn. Anzeig. 55 (1938), S. 26.

Oßwald, Die Anwendung von Hochfrequenzströmen in der Medizin. Elektrowärme 11 (1941), S. 7.

Oels, Ein tödlicher Unfall beim Elektroschweißen. Dtsch. Elektrohandw. 14 (1936), S. 1264.

Passavant, Unfallstatistik und Errichtungsvorschriften[1]). Elt.-Wirtsch. 33 (1934), S. 441.

Passavant, Über Anlagen und Apparate für Niederspannung. Elektr.-Wirtsch. 25 (1926), H. 418, S. 413.

Pflier, Prüfgerät für Erdung und Nullung. ETZ 57 (1936), S. 1425.

Pflier, Die Siemens-Erdungsmesser[2]). Siemens-Zeitschr. 19 (1939), S. 396.

Pflier u. Marsch, Bodenuntersuchung und Erdungsmessung. ETZ 62 (1941), S. 919.

Rüdenberg, Sternpunktserdung bei Hochspannungsleitungen. ETZ 47 (1926), S. 324.

Schad, Über das Wesen der elektrischen Betäubung und des elektrischen Todes. Elektro-Techn. 41 (1941), H. 24, S. 17.

Schahfer u. Knutz, Tafeln zum Vorausbestimmen von Erdungswiderständen. Electr. Wld., N. Y. 114 (1940), S. 1163.

Schilf, Belebung Scheintoter durch Elektrizität. ETZ 51 (1930), S. 255.

Schneidermann, Die Gefahren bei unvorschriftsmäßigen Außenantennen für den Rundfunkempfang. ETZ 48 (1927), S. 807.

Schnell, Erdung, Nullung und Schutzschaltung in Installationen landwirtschaftlicher Betriebe, ETZ 59 (1938), S. 1187.

Schrank, Schmelzsicherungen, Installationsselbstschalter und Motorschutzschalter als Leitungs- und Geräteschutz[3]). ETZ 58 (1937), S. 773.

Schrank, Wahl der Schutzmaßnahmen gegen zu hohe Berührungsspannungen in Sonderfällen[4]). ETZ 60 (1939), S. 901.

Schrank, Die Berücksichtigung des Berührungsspannungschutzes bei der Planung von Niederspannungsanlagen[5]). ETZ 61 (1940), S. 925.

Schrank, Berührungsspannungsschutz in Hauswasserversorgungsanlagen. Elektrotechn. Anz. 54 (1937), S. 989.

Schrank, Berührungsspannungsschutz an Elektropumpen und Heißwasserspeichern in landwirtschaftlichen Betrieben. Techn. in der Landwirtschaft 20 (1939), S. 189.

Schrank, Sicherheitsmaßnahmen gegen Übertritt von Netzspannung auf Fernmeldeanlagen. Elektrotechn. Anzeiger 56 (1939), S. 19.

Schrank, Die feuersicherheitstechnische Ausführung von Kleinspannungsanlagen. Elektrotechn. Anzeiger 52 (1935), S. 971.

Schrank, Fehlerquellen in schutzgeschalteten Anlagen. Elektrotechn. Anzeig. 53 (1936), S. 157—184.

Schrank, Die meßtechnische und rechnerische Behandlung von Erdungswiderständen. Elektrotechn. Anzeig. 54 (1937), S. 335—382 (Berichtigung S. 426).

[1]) S. a. Elt-Wirtsch. 30 (1931), S. 301 und Bd. 31 (1932), S. 371.

[2]) S. a. ATM, V 35, 192-2 (1933).

[3]) Vortrag in der Arbeitsgemeinschaft Installationstechnik des VDE-Bezirks Berlin-Brandenburg am 9. 3. 37.

[4]) Vortrag in der Arbeitsgemeinschaft Installationstechnik des VDE-Bezirks Berlin am 8. 11. 38.

[5]) Vortrag im VDE-Bezirk Ostpreußen in Königsberg am 4. 3. 40.

Schrank, Soll man Installationsanlagen erden, nullen oder schutzschalten? Das Deutsche Elektrohandwerk 14 (1936), S. 358.

Schrank, Umschaltung von Rundfunkempfängern von Gleich- auf Wechselstrom (Stellungnahme zum Sicherheitsgrad). Radiomarkt (1935), H. 4, S. 9.

Schrank, Elektrische Überstromschutzorgane. Arch. f. Wärmewirtsch. u. Dampfkesselwes. 19 (1938), S. 51.

Schrank, Betriebliches Verhalten und Anwendungsgebiete elektrischer Überstromschutzorgane. Elektrotechn. Anzeig. 55 (1938), S. 558.

Sprecher, Der Erdungswiderstand verschiedener Bodenarten und die Vorausberechnung der Elektroden[1]). Bull. schweiz. elektrot. Verein 25 (1934), S. 397.

Starck, Erdungswiderstände in Hochhäusern. Elt-Wirtsch. 31 (1932), S. 418.

Starkstrominspektorat der Schweiz, Unfälle an elektrischen Starkstromanlagen in der Schweiz[2]). Bull. schweiz. elektrot. Verein 21 (1930), S. 421.

Starkstrominspektorat der Schweiz, Erfolgsaussichten der künstlichen Atmung bei elektrischen Unfällen. Bull. schweiz. elektrot. Verein 29 (1937), S. 597.

Starkstrominspektorat der Schweiz, Eine lebensgefährliche Vorrichtung zum Schutze gegen unbefugtes Betreten eines Hauses. Bull. schweiz. elektr. Ver. 32 (1941), S. 214.

Starkstrominspektorat der Schweiz, Schutzmaßnahmen bei Zentralheizungsradiatoren mit elektrischen Heizeinsätzen. Bull. schweiz. elektr. Ver. 31 (1940), S. 410.

Stauß, Die Wirkung von Kondensatorentladungen auf den menschlichen Körper. Elt-Wirtsch. 34 (1935), S. 508.

Taylor, Erdung, Nullung und Schutzschaltung in ländlichen Versorgungsgebieten[3]). Inst. electr. Engis. 81 (1937), S. 761.

Theinert, Elektrische Unfälle an Lichtbogenschweißanlagen. Die Wärme 64 (1941), S. 207.

Titze u. Goertz, Zwei bemerkenswerte Unfälle durch elektrischen Strom. Reichsarbeitsblatt (1938), H. 29, S. 260.

Vieweg, Einige Versuche über Schreckwirkungen bei Durchgang kleiner Wechselströme durch den menschlichen Körper. Elektr.-Wirtsch. 32 (1933), S. 311.

Weber, Welche Spannung ist für den Menschen gefährlich[4])? Bull. schweiz. elektrot. Verein 19 (1928), S. 703.

Wirtschaftsgruppen Elektrizitäts-, Gas- u. Wasserversorgung, Richtlinien für die Benutzung des Wasserrohrnetzes zur Erdung in elektrischen Starkstromanlagen mit Betriebsspannungen bis 250 V gegen Erde. Elt.-Wirtschaft 39 (1940), S. 251. Gas- und Wasserfach 83 (1940), S. 290.

Wöhr, Unfallverhütung in der Elektrotechnik. ETZ 58 (1937), S. 40.

Wettstein, Schutzmaßnahmen zur Vermeidung elektr. Unfälle in Hausinstallationen. Bull. schweiz. elektrot. Verein 25 (1934), S. 605.

Zipp, Erdung und Nullung in Niederspannungsanlagen, Elektr.-Wirtsch. 25 (1926), H. 418, S. 420.

G. Zimmermann, Der künstliche Nullpunkt zwischen zwei Hauptleitern eines Mehrphasennetzes[5]). ETZ 60 (1939), S. 1209.

W. Zimmermann, Die Empfindlichkeit des Menschen gegen Elektrisierung und ihre Bedeutung für den Bau elektrischer Geräte. Elt-Wirtsch. 32 (1933), S. 383.

---

[1]) Referat ETZ 56 (1935), S. 411.
[2]) Weitere Berichte s. Bulletin schweiz. elektrotechn. Verein Bd. 23...32.
[3]) Referat ETZ 59 (1938), S. 763.
[4]) Referat ETZ 51 (1930), S. 290.
[5]) S. a. P. Werners, ETZ 61 (1940), S. 869.

W. Zimmermann, Über die Schutzmaßnahmen gegen zu hohe Berührungsspannungen[1]). ETZ 60 (1939), S. 1279.

Rundfunkgerät geriet ins Stromnetz. Deutsch. Klempnerzeit. 60 (1940), S. 357.

Elektrische Unfälle und richterliche Entscheidungen. Elektro.-Großhändl. 12 (1940), S. 250.

Wie weit geht die Verantwortlichkeit des Elektroinstallationsmeisters? Deutsch. Elektrohandwerk 18 (1940), S. 250.

3. Sonstige Veröffentlichungen.

Aigner, Ausnutzung vorhandener Kabel unter Benutzung des Bleimantels als vierten Leiter. VDE-Fachberichte (1937), S. 37.

BEWAG, Anschlußbedingungen für Starkstromanlagen der Berliner Kraft- und Licht- (BEWAG)-Akt.-Ges., Blatt 19, 3. Ausg. BEWAG-Ringbuch (1938).

Dellwig, Schädigungen des Zentralnervensystems infolge Starkstromverletzungen[2]). Dissertation Med. Akademie Düsseldorf (1938).

Freiberger, Neue Forschungen auf dem Gebiet des elektrischen Unfalls[3]). Sonderdruck der Allianz- und Stuttgarter Ver. AG.

Gundlach, Über einen Fall von Starkstromverbrennung. Dissertation Med. Fakultät der Universität Heidelberg (1941).

Jellinek, Der elektrische Scheintod. VDE-Fachber. (1927), S. 70.

Pohlhausen, Grundlagen der Bemessung von Starkstromerdern. VDE-Fachberichte (1927), S. 39.

Reichsunfallversicherung, Jahresberichte der Berufsgenossenschaft der Feinmechanik und Elektrotechnik. Jahresberichte von 1930...1940.

---

[1]) S. a. Briefe an ETZ von Jark und Schrank, ETZ 61 (1940), S. 983.

[2]) Enthält weitere Schrifttumsangaben.

[3]) Vortrag auf der Betriebsleitertagung in Berlin Oktober 1935.

B. Sachverzeichnis.

Transformatoren mit Stufenregelung unter Last. Theorie, Aufbau, Anwendung. Von Karl Bölte und Rudolf Küchler. 182 S., 159 Abb. Gr.-8°. 1938. Lw. RM. 9.60

Sicherung einer Zugfahrt auf einer zweigleisigen Bahnlinie mit Streckenblockeinrichtung. Von Dr.-Ing. Karl Günther. 2 Seiten mit einem Beiblatt und einer dreifarb. lithogr. Tafel 46,7 × 60,4 cm. Gr.-8°. 1920. RM. —.70

Freileitungsbau, Ortsnetzbau. Von F. Kapper. 4., umgearb. Aufl. 395 S., 374 Abb. 2 Taf., 55 Tab. Gr.-8°, 1923. RM. 10.80. geb. RM. 12.10

Die Trockengleichrichter. Von Ing. Karl Maier. Theorie, Aufbau und Anwendung. 313 S., 313 Abb. Gr.-8°. 1938. Lw. RM. 18.—

Stromrichter unter besonderer Berücksichtigung der Quecksilberdampf-Großgleichrichter. Von D. K. Marti und H. Winograd. Bearbeitet von Dr.-Ing. Gramisch. 405 S., 279 Abb. Gr.-8°. 1933. Lw. RM. 22.—

Die Technik selbsttätiger Steuerungen und Anlagen. Neuzeitliche schaltungstechnische Mittel und Verfahren, ihre Anwendung auf den Gebieten der Verriegelungen und der selbsttätigen Steuerungen. Von Dipl.-Ing. G. Meiners. 225 S., 144 Abb. Gr.-8°. 1936. Lw. RM. 12.—

Quecksilberdampf-Gleichrichter. Wirkungsweise, Konstruktion und Schaltung. Von D. C. Prince und F. B. Vogdes. Deutsche Ausgabe bearbeitet von Dr.-Ing. Gramisch. 199 S., 172 Abb. Gr.-8°. 1931. RM. 11.70. Lw. RM. 13.50

Die Phasenkompensation in Drehstromanlagen. Ein Hilfsbuch für praktische Leistungsfaktor-Verbesserung. Von Ing. H. Rengert. 106 S., 98 Abb. 8°. 1931. RM. 5.—

Die Gleichrichterschaltungen. Ihre Berechnung und Arbeitsweise. Von Dr.-Ing. Walter Schilling. 279 S., 121 Abb. Gr.-8°. 1939. Lw. RM. 17.50.

Die Wechselrichter und Umrichter. Ihre Berechnung und Arbeitsweise. Von Dr.-Ing. habil. Walter Schilling. 161 S., 83 Abb. Gr.-8°. 1940. Lw. RM. 12.—

Elektrische Leitungen. Von Prof. Dr.-Ing. Anton Schwaiger. 220 S., 134 Bilder, 8 Zahlentafeln. 8°. 1941. RM. 10.—

Der Schutzbereich von Blitzableitern. Neue Regeln für den Bau von Blitz-Fangvorrichtungen. Von Prof. Dr.-Ing. Anton Schwaiger. 115 S., 27 Abb. 3 Kurventafeln. 8°. 1938. RM. 5.—

Kurzschlußströme in Drehstromnetzen. Berechnung und Begrenzung. Von Dr.-Ing. Michael Walter. 2. Aufl. 167 S., 124 Abb. Gr.-8°. 1938. Lw. RM. 8.80

Selektivschutzeinrichtungen für Hochspannungsanlagen mit Anleitung zu ihrer Projektierung. Von Obering. Michael Walter. 134 S., 77 Abb. Gr.-8.° 1929 RM. 6.30

Strom- und Spannungswandler. Von Dr.-Ing. Michael Walter. 159 S., 163 Abb. Gr.-8°. 1937. Lw. RM. 8.80

Der Erdschluß in Hochspannungsnetzen. Von Ing. Hans Weber. 107 S , 86 Abb. Gr.-8°. 1936. RM. 5.80

Die Transformatoren. Theorie, Aufbau und Berechnung. Ein Handbuch für Studierende und Praktiker. Von Prof. Dr. R. Wotruba und Ing. A. Stifter. 207 S., 102 Abb., 1 Tab. Gr.-8°. RM. 9.—, Lw. RM. 10.30

Verlag R. Oldenbourg, München 1 und Berlin